Enzyme Engineering

Methods and Protocols

酶工程
方法和规程

(意) 弗朗西斯卡·马格纳尼
Francesca Magnani

(意) 克拉拉·马拉贝利　　　　主编
Chiara Marabelli

(瑞士) 弗朗西斯卡·帕拉迪西
Francesca Paradisi

李翔宇　柴　颖　姜兴益 等译

化学工业出版社
·北京·

内容简介

　　本书详细介绍了酶工程的基本原理、关键技术和应用实例，包括酶的定向进化、基因工程技术、酶催化机制、酶的设计与改造等。结合最新的科研成果，为酶工程在制药、食品工业、环境保护等领域的应用提供了丰富的实验方法和案例分析。

　　本书结合理论与实践，以清晰的结构和深入浅出的方式呈现复杂的科学概念，不仅提供了深入的科学理论基础，还提供了实际应用的详细指导。即可为生物催化领域的新手提供系统指导，也能为资深研究人员提供技术参考。

Enzyme Engineering: Methods and Protocols，1ˢᵗ edition/by Francesca Magnani, Chiara Marabelli, Francesca Paradisi

ISBN 978-1-0716-1825-7

北京市版权局著作权合同登记号：01-2025-2654

图书在版编目（CIP）数据

　　酶工程：方法和规程 /（意）弗朗西斯卡·马格纳尼（Francesca Magnani），（意）克拉拉·马拉贝利（Chiara Marabelli），（瑞士）弗朗西斯卡·帕拉迪西（Francesca Paradisi）主编；李翔宇等译. -- 北京：化学工业出版社，2025. 7. -- ISBN 978-7-122-48567-0

　　Ⅰ. Q814

　　中国国家版本馆 CIP 数据核字第 20251T7F64 号

责任编辑：李晓红　王　琰
文字编辑：刘洋洋　李宁馨
责任校对：王　静
装帧设计：刘丽华

出版发行：化学工业出版社
　　　　　（北京市东城区青年湖南街 13 号　邮政编码 100011）
印　　装：中煤（北京）印务有限公司
710mm×1000mm　1/16　印张 20¾　字数 367 千字
2025 年 7 月北京第 1 版第 1 次印刷

购书咨询：010-64518888　　　　　售后服务：010-64518899
网　　址：http://www.cip.com.cn
凡购买本书，如有缺损质量问题，本社销售中心负责调换。

定　　价：198.00元　　　　　　　　版权所有　违者必究

《酶工程：方法和规程》译者名单

李翔宇　国家烟草质量监督检验中心
柴　颖　内蒙古昆明卷烟有限责任公司
姜兴益　国家烟草质量监督检验中心
郝　娜　内蒙古昆明卷烟有限责任公司
罗彦波　国家烟草质量监督检验中心
高　磊　内蒙古昆明卷烟有限责任公司
庞永强　国家烟草质量监督检验中心
刘　强　内蒙古昆明卷烟有限责任公司
张洪非　国家烟草质量监督检验中心
王书维　内蒙古昆明卷烟有限责任公司
朱风鹏　国家烟草质量监督检验中心
田大勇　内蒙古自治区烟草质量监督检测站
道日娜　内蒙古昆明卷烟有限责任公司
张善林　内蒙古昆明卷烟有限责任公司

前　言

我们的时代既需要合成新材料，又要求开发可持续工业流程，而酶正是实现这一使命的关键所在。与传统催化剂相比，酶具有更优越的化学选择性和立体选择性，在推动新的（生物）化学反应、精减工艺流程以及开发化学惰性底物（如纤维素、木质素和塑料）的价值转化新策略方面展现出巨大潜力。此外，它们温和的反应条件和无副产品的特性使得开发高性价比且环境友好的工业过程成为可能。作为多功能催化剂，酶不仅能通过设计和优化突破其天然异构体的局限（如严苛条件下的活性丧失、昂贵原料需求及低产率等问题），还能被定向改造以催化各种非常规反应。在过去的十年中，酶工程的力量已经显现出来，该领域的技术开发蓬勃发展。2018 年，弗朗西斯·阿诺德教授因"酶的定向进化"的研究荣获诺贝尔化学奖，正是对这些突破性成果的最佳印证。因此本书的出版恰逢其时。酶工程策略被用来设计全新的生物催化剂或改变酶的氨基酸序列，以便精准雕琢其新功能。

本书为对生物催化感兴趣的初学者和资深研究人员提供了全面的酶设计方法和规程。各章节按主题分类，从描述文库制备和筛选的方法开始，到定向进化和理性设计的最新技术，再到酶在可持续聚合物上的固定化实例，以及由均相酶制剂或全细胞介导的生物催化转化。大多数章节沿袭《分子生物学方法》（*Methods in Molecular Biology*）丛书的经典体例：开篇是总体概述，然后是材料清单，接着提供清晰翔实的方法论。本部分采用循序渐进的顺序指令确保任何读者都能够逐步复现实验流程。正如该系列图书的典型特点，作者们始终会提供实用技巧，这些技巧能有效协助读者排查实验中可能遇到的故障问题。

编辑团队谨向所有参与本书撰写的作者致以诚挚谢意。众所周知，在 SARS-CoV2 大流行期间，学者们面临着各类书稿撰写邀约应接不暇的困境。诸位作者仍能鼎力支持本书的撰稿工作，我们非常感谢。

Francesca Magnani　Pavia, Italy

Chiara Marabelli　Pavia, Italy

Francesca Paradisi　Bern, Switzerland

DAVID F. ACKERLEY　School of Biological Sciences, Victoria University of Wellington, Wellington, New Zealand; Centre for Biodiscovery and Maurice Wilkins Centre for Biodiscovery, Victoria University of Wellington, Wellington, New Zealand

J. L. ROSS ANDERSON　School of Biochemistry, University of Bristol, University Walk, Bristol, UK; BrisSynBio Synthetic Biology Research Centre, Life Sciences Building, University of Bristol, Bristol, UK

PIYANUCH ANUWAN　School of Biomolecular Science and Engineering, Vidyasirimedhi Institute of Science and Technology (VISTEC), Wangchan Valley, Rayong, Thailand

ANA I. BENÍTEZ-MATEOS　Department of Chemistry, Biochemistry and Pharmaceutical Sciences, University of Bern, Bern, Switzerland

MIKAEL BODEN　School of Chemistry and Molecular Biosciences, The University of Queensland, St. Lucia, QLD, Australia

JUAN M. BOLIVAR　Chemical and Materials Engineering Department, Faculty of Chemical Sciences, Complutense University of Madrid, Madrid, Spain

DAVIDE AGOSTINO CECCHINI　Department of Molecular Biology, Center for Molecular Biology "Severo Ochoa" (UAM-CSIC), Universidad Aut_onoma de Madrid, Madrid, Spain

HAIYANG CUI　Institute of Biotechnology, RWTH Aachen University, Aachen, Germany; DWI-Leibniz Institute for Interactive Materials, Aachen, Germany

PAUL CURNOW　School of Biochemistry, University of Bristol, University Walk, Bristol, UK; BrisSynBio Synthetic Biology Research Centre, Life Sciences Building, University of Bristol, Bristol, UK

MEHDI D. DAVARI　Institute of Biotechnology, RWTH Aachen University, Aachen, Germany

CHRIS DAVIS　UCD Earth Institute and School of Biomolecular and Biomedical Science, University College Dublin, Belfield, Dublin, Ireland; BiOrbic Bioeconomy

Research Centre, University College Dublin, Belfield, Dublin, Ireland

JESÚ S FERNÁNDEZ-LUCAS Applied Biotechnology Group, Universidad Europea de Madrid, Madrid, Spain

GABRIEL FOLEY School of Chemistry and Molecular Biosciences, The University of Queensland, St. Lucia, QLD, Australia

SOMAYYEH GANDOMKAR Institute of Chemistry, University of Graz, Graz, Austria

ALBERTO GARCIA-MARTIN Chemical and Materials Engineering Department, Faculty of Chemical Sciences, Complutense University of Madrid, Madrid, Spain

ALFONSO GAUTIERI Biomolecular Engineering Lab, Dipartimento di Elettronica, Informazione e Bioingegneria, Politecnico di Milano, Milan, Italy

VICTOR GIL Zymvol Biomodeling SL, Carrer Roc Boronat 117, Barcelona, Spain

ELIZABETH M. J. GILLAM School of Chemistry and Molecular Biosciences, The University of Queensland, St. Lucia, QLD, Australia

MÉLANIE HALL Institute of Chemistry, University of Graz, Graz, Austria; Field of Excellence BioHealth, University of Graz, Graz, Austria

AURELIO HIDALGO Department of Molecular Biology, Center for Molecular Biology "Severo Ochoa" (UAM-CSIC), Universidad Aut_onoma de Madrid, Madrid, Spain

HEATHER J. KULIK Department of Chemical Engineering, Massachusetts Institute of Technology, Cambridge, MA, USA

MIGUEL LADERO Chemical and Materials Engineering Department, Faculty of Chemical Sciences, Complutense University of Madrid, Madrid, Spain

SI LIU UCD Earth Institute and School of Biomolecular and Biomedical Science, University College Dublin, Belfield, Dublin, Ireland; BiOrbic Bioeconomy Research Centre, University College Dublin, Belfield, Dublin, Ireland

ALVARO LORENTE-AREVALO Chemical and Materials Engineering Department, Faculty of Chemical Sciences, Complutense University of Madrid, Madrid, Spain

MARIA FATIMA LUCAS   Zymvol Biomodeling SL, Carrer Roc Boronat 117, Barcelona, Spain

SOMCHART MAENPUEN   Department of Biochemistry, Faculty of Science, Burapha University, Chonburi, Thailand

MARIA LAURA MASCOTTI   Molecular Enzymology Group, University of Groningen, Groningen, The Netherlands; IMIBIO-SL CONICET, Facultad de Quı́mica Bioquı́mica y Farmacia, Universidad Nacional de San Luis, San Luis, Argentina

RIMSHA MEHMOOD   Department of Chemical Engineering, Massachusetts Institute of Technology, Cambridge, MA, USA; Department of Chemistry, Massachusetts Institute of Technology, Cambridge, MA, USA

EMANUELE MONZA   Zymvol Biomodeling SL, Carrer Roc Boronat 117, Barcelona, Spain

TANJA NARANCIC   UCD Earth Institute and School of Biomolecular and Biomedical Science, University College Dublin, Belfield, Dublin, Ireland; BiOrbic Bioeconomy Research Centre, University College Dublin, Belfield, Dublin, Ireland

KEVIN E. O'CONNOR   UCD Earth Institute and School of Biomolecular and Biomedical Science, University College Dublin, Belfield, Dublin, Ireland; BiOrbic Bioeconomy Research Centre, University College Dublin, Belfield, Dublin, Ireland

ALEJANDRO H. ORREGO   Department of Molecular Biology, Center for Molecular Biology "Severo Ochoa" (UAM-CSIC), Universidad Aut_onoma de Madrid, Madrid, Spain

JEREMY G. OWEN   School of Biological Sciences, Victoria University of Wellington, Wellington, New Zealand; Centre for Biodiscovery and Maurice Wilkins Centre for Biodiscovery, Victoria University of Wellington, Wellington, New Zealand

FRANCESCA PARADISI   Department of Chemistry, Biochemistry and Pharmaceutical Sciences, University of Bern, Bern, Switzerland

EMILIO PARISINI   Center for Nano Science and Technology @Polimi, Istituto

Italiano di Tecnologia, Milan, Italy; Latvian Institute of Organic Synthesis, Riga, Latvia

VINUTSADA PONGSUPASA   School of Biomolecular Science and Engineering, Vidyasirimedhi Institute of Science and Technology (VISTEC), Wangchan Valley, Rayong, Thailand

GE QU   Tianjin Institute of Industrial Biotechnology, Chinese Academy of Sciences, Tianjin, China; National Technology Innovation Center of Synthetic Biology, Tianjin, China

ALBERTO REDAELLI   Biomolecular Engineering Lab, Dipartimento di Elettronica, Informazione e Bioingegneria, Politecnico di Milano, Milan, Italy

FEDERICA RIGOLDI   Biomolecular Engineering Lab, Dipartimento di Elettronica, Informazione e Bioingegneria, Politecnico di Milano, Milan, Italy

CONNIE M. ROSS   School of Chemistry and Molecular Biosciences, The University of Queensland, St. Lucia, QLD, Australia

MERCEDES SÁNCHEZ-COSTA   Department of Molecular Biology, Center for Molecular Biology "Severo Ochoa" (UAM-CSIC), Universidad Aut_onoma de Madrid, Madrid, Spain

ULRICH SCHWANEBERG   Institute of Biotechnology, RWTH Aachen University, Aachen, Germany; DWI Leibniz-Institute for Interactive Materials, Aachen, Germany

LUKE J. STEVENSON   School of Biological Sciences, Victoria University of Wellington, Wellington, New Zealand; Centre for Biodiscovery and Maurice Wilkins Centre for Biodiscovery, Victoria University of Wellington, Wellington, New Zealand

ZHOUTONG SUN   Tianjin Institute of Industrial Biotechnology, Chinese Academy of Sciences, Tianjin, China; National Technology Innovation Center of Synthetic Biology, Tianjin, China

MICHELE TAVANTI   Early Chemical development Pharmaceutical Sciences,

R&D AstraZeneca, Cambridge Biomedical Campus, Cambridge, UK; Synthetic Biochemistry, Medicinal Science and Technology, Pharma R&D GlaxoSmithKline Medicines Research Centre, Stevenage, UK

ARCHIMEDE TORRETTA   Center for Nano Science and Technology @Polimi, Istituto Italiano di Tecnologia, Milan, Italy

MARKUS VEDDER   Lehrstuhl für Biotechnologie, RWTH Aachen University, Aachen, Germany

THANYAPORN WONGNATE   School of Biomolecular Science and Engineering, Vidyasirimedhi Institute of Science and Technology (VISTEC), Wangchan Valley, Rayong, Thailand

目　　录

第四部分
理性设计

第五部分
生物催化过程开发

第一部分

酶库的制备
和筛选

第一章

土壤宏基因组文库制备与基因特异性扩增子筛选

Luke J. Stevenson，David F. Ackerley，Jeremy G. Owen

摘要

从环境宏基因组样本构建的黏粒（Cosmid）文库是捕捉复杂微生物群落基因组多样性的强大工具。这种文库的插入片段较大（约 35 kb），这意味着它们与大型生物合成基因簇（BGC）的下游表达兼容。这样就能发现以前未曾描述过的天然产物，而传统的基于培养的筛选方法是无法发现这些产物的。本章介绍了从土壤样本中构建黏粒宏基因组文库的方法，以及使用针对酮合成酶 α（KSα）基因的简并引物筛选该文库中含有芳香族多酮 BGC 的单个Cosmid 克隆的过程。

关键词： eDNA，宏基因组文库，天然产物基因簇，多酮合成酶，基于序列的筛选，合成生物学

第一节 引言

据估计，土壤样本中的微生物多样性要比目前使用标准实验室培养技术获取的微生物多样性高出两个数量级[1,2]。越来越多的研究人员正在通过基因组和宏基因组分析来探究这些"未被培养的微生物"，以期发现新型酶和天然产物[3-5]。黏粒宏基因组文库是制备环境 DNA（eDNA）以进行储存和分析的有效方法，因为黏粒载体的插入片段相对较大，克隆效率高，有可能有效覆盖土壤宏基因组。文库可以进行阵列化处理并按照不同复杂度分级混合，这有助于检出文库中可能存在但丰度较低的序列类型[6,7]。此外，将 DNA 储存在可复制的文库中，可为不同技术的持续检查和筛选以及各种用途提供资源。

Ⅱ型聚酮化合物源自迭代生物合成体系，在这个过程中，酰基/丙二酰-CoA 单体不断添加到延伸中的聚酮链中，每循环一次，碳链长度增加 2 个碳单位[8,9]。最低限度的聚酮生物合成需要三个核心蛋白——酮合成酶 α（KSα）、酮合成酶 β（KSβ）和酰基载体蛋白（ACP），其他酶则起装饰聚酮核心的作用[8,9]。由于化合物生产所需的核心基因数量较少，Ⅱ型聚酮生物合成基因簇成为宏基因组文库中筛选的理想靶点，这类文库在单个黏粒载体上可捕获的基因序列长度有限[3,10,11]。

在本章中，我们描述了从土壤样品中提取和制备干净的高分子量 DNA 的方法，并将纯化的 eDNA 强制克隆到阵列的黏粒宏基因组文库中。然后，描述了一种基于 PCR 扩增子的筛选方案，用于使用靶向 KSα 基因的简并引物回收含有Ⅱ型聚酮生物合成基因簇的单个黏粒。理论上，这个相同的过程适用于任何可以设计简并引物的保守标记基因。因此，这里描述的方案可以很容易地应用于其他 BGC 类型以及感兴趣的单个酶。

第二节　材料

用双蒸水配制所有缓冲液和培养基。

一、土壤DNA提取和准备工作

1. 裂解缓冲液：100 mmol/L Tris-HCl（pH 8.0），100 mmol/L Na$_2$EDTA、1.5 mol/L NaCl，10 g/L 十六烷基三甲基溴化铵。
2. 十二烷基硫酸钠（SDS）：200 g/L 水溶液。
3. 水浴锅预热至70 ℃。
4. 离心机，最好配有转子和能够容纳 1 L 样品的离心瓶，且最大相对离心力（RCF）不低于4500 g。可重复使用较小的离心管，但这会增加处理每个样品所需的操作。预冷至4 ℃。
5. 异丙醇：100%。
6. 乙醇：70%（体积分数）水溶液。
7. TE缓冲液：10 mmol/L Tris-HCl，1 mmol/L Na$_2$EDTA，pH 8.0。
8. TAE缓冲液：40 mmol/L Tris，20 mmol/L 乙酸，1 mmol/L Na$_2$EDTA，pH 8.3。
9. 琼脂糖。

10. SYBR安全DNA凝胶染色剂（Invitrogen公司）。

11. 电洗脱装置：如CBS Scientific公司的电洗脱/浓缩器（型号ECU-040-20）。

12. 30 kDa分子质量截留柱离心浓缩器：如Amicon®Ultra-15离心过滤装置。

13. 精确定量DNA的方法：如Qubit（Invitrogen公司）。

14. DNA末端修复酶混合液：如NEB Next End Repair Module（NEB）、End-It DNA End-Repair Kit（Lucigen）。

15. 醋酸钠溶液：3 mol/L水溶液，pH 5.2。

二、　黏粒文库构建

1. Cosmid载体：如pWEB、pWEB::tnc。

2. *Sma* I 或其他平末端限制性内切酶，可在适当的切割位点使载体线性化。

3. 虾碱性磷酸酶，如rSAP（NEB）。

4. T4 DNA连接酶。

5. 噬菌体包装提取物：可使用实验室方案自行制备（见注释1）或使用商业化试剂，如Lucigen MaxPlax、Agilent SuperCos。

6. 噬菌体稀释缓冲液：10 mmol/L Tris-HCl（pH 8.3），100 mmol/L NaCl，10 mmol/L MgCl$_2$，过滤消毒。

7. 氯仿。

8. 经高压灭菌的溶菌肉汤培养基（LB）。

9. LB琼脂，高压灭菌。

10. 1 mol/L硫酸镁：溶于水，高压灭菌。

11. 适合载体筛选的抗生素：例如，用于pWEB的氨苄西林/卡那霉素，用于pWEB::tnc的氨苄西林/氯霉素，按要求过滤灭菌。

三、　黏粒文库扩增子筛选

1. 适用于菌落PCR的DNA聚合酶混合物。

2. 靶向相关基因内保守基团的简并引物：KSα筛选引物，KSα_fwd5′-TSGCSTGCTTGGAYGCSATC-3′，KSα_rev5TGGAANCCGCCGAABCCGCT-3′[12]。

3. 384孔培养板，无菌。

4. LB，高压灭菌。

5. LB琼脂，高压灭菌。

6. 适合载体筛选的抗生素：例如，用于pWEB的氨苄西林/卡那霉素，用于pWEB::tnc的氨苄西林/氯霉素，按要求过滤灭菌。

7. DNA琼脂糖凝胶提取试剂盒：如QIAquick（Qiagen）或Monarch（NEB）。

第三节　方法

一、 提取土壤eDNA

1. 采集约1 kg的土壤样本。沙质样本的DNA得率通常低于富含有机质的样本。在进一步处理前，清除污染物质（如树根、树枝、石头）。

2. 在水浴中将裂解缓冲液和SDS溶液预热至70 ℃。

3. 在1 L离心瓶中加入250 g土壤，然后加入270 mL预热的裂解缓冲液。短暂混合以确保所有土壤都被彻底浸湿。放置于70 ℃水浴中几分钟（见注释2）。

4. 向瓶中加入30 mL 20% SDS溶液，翻转短暂混合后，放回水浴中（见注释3）。

5. 培养2 h，每30 min轻轻翻转一次（见注释4）。

6. 将样品瓶放入冰桶/水桶中快速冷却30 min，在此过程中翻转样品瓶混合一次。可能会出现淡色沉淀。

7. 在4 ℃下以RCF 4500 g 离心35 min。

8. 从土壤/沉淀颗粒中回收澄清的上清液。用量筒测量上清液的体积，并将其转移到干净的1 L离心管中。在温水浴中短暂孵育，使样品温度恢复至室温（见注释5）。

9. 向样品中加入样品体积0.7倍的100% 异丙醇，轻轻倒置混合。室温下孵育30 min。

10. 在4 ℃下以RCF 4500 g 离心35 min。

11. 检查是否存在DNA沉淀，并丢弃上清液（见注释6）。

12. 在瓶中加入100 mL冰冷的70% 乙醇，冲洗瓶壁和DNA沉淀。

13. 在4 ℃下以RCF 4500 g 离心10 min。

14. 丢弃上清液，短暂离心收集剩余乙醇，然后用移液管移除。

15. 将沉淀短暂风干不超过15 min（见注释7）。

16. 加入最小体积的TE缓冲液以覆盖DNA颗粒（如5 mL通常就足够了）。室温下孵育过夜以重新悬浮。

17. 第二天早上，轻轻旋转离心瓶使样品混匀，确保DNA被完全重悬。有些样品可能需要添加过量的TE或在50 ℃下短暂孵育，以完全重悬eDNA沉淀。将完全重悬的样品转移到15 mL离心管中，在4 ℃保存。

18. 为了评估eDNA样品的浓度和质量，可将1 μL稀释到5 μL水中，与λ-Hind Ⅲ分子量标准品一起在0.8%琼脂糖凝胶上以100 V电泳2 h。质量好的eDNA提取物会在λ-Hind Ⅲ分子量标准品的23 kb条带上方产生一条明亮的带，而下方的剪切最少（图1-1）。

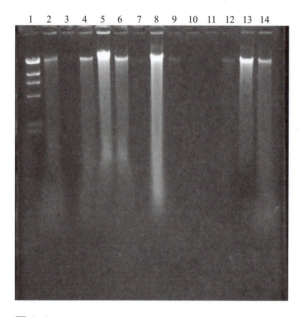

图1-1

13 种土壤 eDNA 提取物的琼脂糖凝胶电泳示意图

泳道 1 含有 λ-Hind Ⅲ 消化标记物，最上方条带对应 23 kb。第 2 ～ 14 泳道分别含有土壤 1 ～ 13 的 eDNA 提取物。土壤 4（泳道 5）在 λ-Hind Ⅲ 标记的 23 kb 带上方有大量高分子量 eDNA，是制备宏基因组文库的最佳选择。在其余 12 个样本中，只有土壤 7（泳道 8）和土壤 12（泳道 13）有可能产生质量足够高的文库

二、　eDNA的制备流程

1. 制备至少10 cm的0.8%的琼脂糖TAE凝胶，并配备足够大的样品梳，以容纳约1.5 mL的样品量（见注释8）。

2. 将大约1.2 mL粗eDNA与适当体积的上样染料轻轻混合，然后装入琼脂糖凝胶的大孔中。同时加入λ-*Hind*Ⅲ分子量标准品，在80 V下运行凝胶2 h。

3. 冲洗凝胶孔中的污物，将槽运行缓冲液换成新鲜的TAE在18 V下通宵进行凝胶电泳。

4. 丢弃运行缓冲液，电泳后在TAE缓冲液中使用1×SYBR安全DNA凝胶染色剂对凝胶进行染色30 min。

5. 在蓝光下观察琼脂糖凝胶（紫外线会损坏DNA），切除λ-*Hind*Ⅲ分子量标准品的23 kb条带上方对应的高分子量带（见注释9）。

6. 收集含有高分子量eDNA的琼脂糖凝胶切片，装入TAE缓冲液中的电洗脱装置。在100 V下运行电洗脱过夜（见注释10）。

7. 从洗脱室收集缓冲液，用截留分子质量为30 kDa的离心浓缩柱浓缩至大约500 μL体积。

8. 向浓缩样品中加入15 mL TE缓冲液以清洗DNA，然后更换缓冲液。

9. 浓缩样品，再重复一次洗涤步骤，最后浓缩到大约150 μL的体积。

10. 使用荧光测定法（如Qubit）测定样品的DNA浓度，并将2 μL样品与λ-*Hind*Ⅲ 标准品一起在0.8%琼脂糖凝胶上电泳以检测大小分布和质量（见注释11）。

11. 根据生产商的说明，使用商业试剂盒［如NEBNext End Repair Module (NEB) 或End-It DNA End-Repair Kit (Lucigen)］对5 μg eDNA进行末端修复，以获得钝化和磷酸化的DNA。

12. 用异丙醇沉淀法回收末端修复反应后的DNA，加入0.3 mol/L醋酸钠和0.7 mL异丙醇。室温下孵育30 min，然后在4 ℃下以RCF 17000 *g*离心30 min。

13. 弃去上清液，用1 mL冰冷的70% 乙醇清洗DNA沉淀，然后在4 ℃ 下以RCF 17000 *g*离心10 min。

14. 弃去上清液，短暂离心收集剩余乙醇，然后用移液管移除。在室温下短暂风干沉淀（约20 min），然后加入25 μL TE缓冲液。将DNA置于室温条件下重悬过夜。

15. 按照步骤10测定样本的DNA浓度。

三、 黏粒文库构建

1. 制备黏粒载体（如pWEB或pWEB::tnc）时，需要用单一位点平末端限制酶（如*Sma*Ⅰ）进行酶切，并通过虾碱性磷酸酶进行去磷酸化处理。

加热灭活所有酶，然后用旋流柱或异丙醇沉淀法纯化DNA载体（见注释12）。

2. 使用Blunt T/A连接酶主混合物（NEB）或快速连接剂试剂盒（NEB）将125 ng末端修复的eDNA与250 ng制备的黏粒载体连接剂，最终体积为10 μL。连接反应可以过夜，无需进行热灭活。连接反应和库构建的所有下游阶段可以根据需要以线性方式放大。

3. 用10 mmol/L MgSO$_4$将10 mL LB与所需的宿主菌株混合，在37 ℃、200 r/min条件下培养过夜。

4. 第二天，将10 mL用10 mmol/L MgSO$_4$改良过的新鲜LB接种到0.01 mL的过夜培养物中，在37 ℃、200 r/min条件下孵育，直到OD$_{600}$达到约0.6。将培养物置于冰上。

5. 快速解冻一部分黏粒噬菌体包装提取物。在每个连接反应中加入至少12.5 μL的包装提取物，在30 ℃水浴中孵育90 min（见注释13）。

6. 重复步骤5，再次加入相同体积的包装提取物以达到反应，并在30 ℃水浴中再培养90 min。

7. 在每个包装回流管中加入250 μL的噬菌体稀释缓冲液，轻轻搅拌，然后在每个试管中加入7 μL的氯仿。将试管倒转数次，然后在RCF＜5000 g的条件下用离心机短暂离心，使氯仿颗粒化。

8. 将包装好的噬菌体头部（避免吸取氯仿沉淀）加入10倍体积冰冻的大肠杆菌培养物中。倒转轻轻混合，室温培养20 min。

9. 将培养物分装至96孔板。对于少量培养物，可使用96孔深孔培养板，对于大于200 μL的培养物，可使用96个15 mL无菌离心管。在37 ℃、200 r/min下培养75 min。

10. 将补充有黏粒选择抗生素（例如，用于pWEB筛选的氨苄西林/卡那霉素，用于pWEB::tnc筛选的氨苄西林/氯霉素）的LB以适合培养容器的体积添加到每个文库的各个孔中。任意选取三个库孔，每个孔取100 μL未稀释液和100 μL 1:100稀释液，分别装入含有适当选择抗生素的LB琼脂培养皿中。液体培养物在37 ℃、200 r/min下培养，琼脂平板在37 ℃下培养过夜。

11. 早晨计数各琼脂平板上的菌落，根据数值计算每个文库孔中的独特克隆数（见注释14）。

12. 为每个文库孔制备甘油保存菌种，同时制备每块构建文库板准备行混合池和板混合池（图1-2）。剩余培养物应通过微量制备法

（miniprep）分离黏粒文库混合池（孔池、行池和板池），作为额外的备份（见注释15）。

13. 重复步骤1～11，生成更多的宏基因组文库"板"，直到达到足够的多样性，代表所需的土壤宏基因组覆盖范围。使用相同的eDNA、载体和噬菌体提取物制备的黏粒克隆效率应该是恒定的，因此本节中的步骤可以适当调整，以达到每个文库孔/板所需的特定克隆数量（见注释16）。

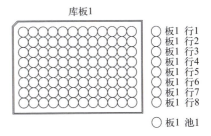

图1-2

在 96 孔中排列的宏基因组文库

过夜培养后，按行汇集库孔的样本；然后将各排的样本集中起来，形成一个整体的平板库。这三个层次的文库复杂性大大有助于编目和下游筛选工作

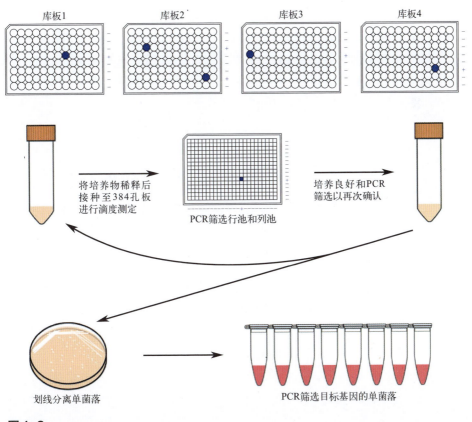

图1-3

阵列宏基因组文库的 PCR 扩增子筛选方法

完整的工作流程如图 1-3 所示。首先，用首选的简并 PCR 引物对筛选每个宏基因组文库板的行池。然后对阳性结果池进行单孔级再筛选。随后将文库孔甘油菌种储存液培养过夜，并根据该文库板所达到的库复杂程度进行稀释，然后滴加到 384 孔培养板上。培养结束后，为 384 孔稀释板生成行池和列池，并对含有目标黏粒的阳性孔进行 PCR 筛选。这一过程重复进行，直到培养物中含有约 10 个独立的黏粒原核克隆，然后将其在选择性琼脂上进行划线培养。最后进行 PCR 筛选单菌落，以找到含有目标黏粒的文库分离株。

四、　宏基因组文库扩增子筛选方案

1. 使用适当的筛选PCR引物，以分离的微量黏粒样本为模板，为每个宏基因组库行池建立一个反应体系。对于阳性对照反应，可使用从已知有Ⅱ型PKS生物合成基因簇的物种（如*Streptomyces coelicolor*）分离的基因组DNA，或含有目标基因类型的质粒/黏粒（见注释17）。

2. 通过琼脂糖凝胶电泳来评估每个PCR筛选的产物，记录在预期大小出现阳性条带的行池（此处推荐的KSα引物对约为600 bp）。

3. 对于结果呈阳性的每个行池样本，对该池中的每个单孔微量样本重复PCR筛选。

4. 从每个阳性PCR筛选结果中凝胶提取目标条带。对这些扩增子进行Sanger测序可确认目标KSα 基因的存在，并可进行初步的生物学分析，以推断每个序列的创新性以及与已知生物合成基因簇的潜在系统发育关系[13,14]。

5. 对每个出现阳性结果的库孔进行过夜LB培养。

6. 第二天早晨，以1 μL过夜培养物为模板，按照之前描述的相同PCR设置，通过PCR检查每个过夜培养物是否含有目标克隆。

7. 将每个过夜培养物中的1 mL转接到10 mL新鲜LB缓冲液中，在3 ℃、200 r/min下培养约2 h，生成新鲜的日间培养物。测量该日间培养物的OD_{600}，并由此确定细胞的浓度（见注释18）。

8. 将日间培养物稀释后，取50 μL分装到无菌384孔培养板的每个孔中，确保每个孔所含多样性原始培养物的百分之一左右。例如，如果原始库孔的多样性为大约10000个独立的黏粒克隆，那么新的384孔板的每个孔应包含大约100个独立的黏粒克隆。在这个例子中，应将培养物中的细胞稀释到2000个/mL，以达到每份50 μL等分试样中有100个细胞。

9. 盖上平板（或试管），在37 ℃、200 r/min下培养过夜。

10. 第二天上午，从每列或每行的每个孔中抽取5 μL样品，汇集在一起，为每个384孔板构建列池和行池，确保池中样品充分混合。

11. 用1 μL的行/列池作为模板进行PCR筛选。PCR反应完成后，通过琼脂糖凝胶电泳评估每个PCR筛选的产物，记录每一行/柱池中出现相应大小阳性条带的产物。

12. 在384孔板上，如果行池和列池的阳性结果相交，则使用相应的孔培养新的过夜培养物。如果在行/列池中发现多个阳性结果，则在交叉孔上重复PCR筛选，以确定哪些孔是真正的阳性结果。

13. 根据需要多次重复步骤6～11，直到发现多样性≤10个独立黏粒克隆的培养物出现阳性结果。一旦在多样性足够低的孔中发现阳性结果，将5 μL转移到琼脂平板上并进行划线分离，以分离单个菌落。

14. 第二天上午，通过菌落PCR筛选单个菌落，以确定含有目的基因的单个黏粒克隆。

15. 将阳性菌落培养过夜，制备甘油保藏菌种，并通过微量提取法分离黏粒。

16. 分离出的黏粒可使用二代测序平台进行完全测序，以进一步进行生物信息学分析（见注释19）。

17. 测序结果表明，分离的黏粒仅含有部分生物合成基因簇。根据已获得的黏粒插入末端序列设计新的筛选引物，可以重复步骤1～15，从包含目标基因簇剩余部分的宏基因组文库中回收额外的黏粒。

第四节　注释

1. 噬菌体包装提取物可以从商业供应商处购买，也可以自己生产，以节省大量成本。我们使用Winn和Norris[15]所描述的方法来生产噬菌体包装提取物，其克隆Cosmid单体的效率与商业供应的噬菌体包装提取物相似，甚至更高——请注意，在Winn和Norris方案中生成的两种噬菌体包装提取物要以不同的等分试样在-80 ℃冷冻保存，使用前要立即解冻并合并。

2. 非常干燥的土壤有时会吸收大量缓冲液——如果出现这种情况，请添加过量的裂解缓冲液，以确保土壤样品被浸没。在随后的离心步骤中平衡试管时，确保注意到这一过量的体积。

3. 如果土壤样品/溶解缓冲液混合物在SDS溶液加入前没有在70 ℃的水浴预热，SDS会在混合后析出。这种情况有时可以通过加热和轻轻搅拌来解决，但应避免剧烈搅拌，以尽量减少DNA剪切的风险。

4. 本方案的后续步骤需要高分子量DNA，因此在整个过程中必须小心谨慎，避免剪切DNA。轻轻倒转/摇动试管即可充分混合，并避免剧烈摇动可能产生的剪切力。

5. 在某些样品中，如果白色沉淀尚未完全凝结或特别软，则很难避免带入上清液中。如果有少量沉淀带入新试管中，加入异丙醇后就会溶解，对下游处理不会有太大影响。如果澄清土壤提取物和异丙醇之间的温差过大，两种溶剂将不易混合，提取物中的DNA可能无法沉淀。

6. DNA沉淀通常呈深棕色，这取决于澄清土壤提取物的颜色，可能在沉淀过程中收集了提取物中的其他成分。如果没有出现DNA沉淀，在冰上孵育30 min，然后重复离心步骤。如果之后仍未出现DNA沉淀，则样本中不可能含有足够的DNA来构建宏基因组库，应丢弃。

7. 过干的DNA可能难以重新悬浮，也可能根本无法进入溶液。DNA沉淀应该仍然微湿，但不再有乙醇气味。

8. 可以用胶带将梳子的两个或更多齿粘在一起，或在梳子背面粘一条塑料带，来制备较大的孔。移除梳子时应小心，因为低浓度琼脂糖凝胶较软/易碎。可纯化的高分子量eDNA数量受限于每个凝胶中粗eDNA的体积，因此最大限度地利用这一体积非常重要。

9. 黏粒克隆过程对插入片段的大小有要求，仅能容纳>30 kb的插入片段，因此若提取的eDNA分子量较低，将不利于后续克隆及包装反应的成功。

10. 我们使用专门的电洗脱装置从琼脂糖凝胶切片中回收高分子量DNA；不过，透析管电洗脱或其他DNA凝胶纯化技术也能获得类似的结果。无论采用哪种电洗脱方法，在加入琼脂糖凝胶切片或运行电流之前，都必须检查透析膜装置的任何连接/开口点是否有泄漏。任何渗漏都会导致DNA损失，因此在安装设备时一定要小心。同样，如果使用其他凝胶提取方案，也应该小心，因为一些技术（包括针柱）会导致高分子量DNA的剪切，使其不适合下游的黏粒克隆。

11. 建议使用荧光DNA定量法，如Qubit（Invitrogen公司）。也可以使用Nanodrop等基于吸光度的方法，但根据我们的经验，这些方法得出的结果不太准确。

12. 我们通常在25 ℃下用100 U *Sma* I 在500 μL容积中消化40 μg pWEB::tnc过夜，然后在早上再用60 U *Sma* I 消化2 h，以此来制备大批量的黏粒载体。然后我们在这批载体中加入8 U rSAP，并在37 ℃下培养2 h，然后在65 ℃下热灭活20 min。建议过度消化，以减少文库中出现空载体背景——在构建文库之前，可以用制备好的载体样品转化大肠杆菌，并用含适当的抗生素的LB平板筛选，以确定消化是否成功。出现菌落是由于制备的载体中存在未切割载体，表明可能需要进一步消化。

13. 包装提取物最好在解冻后新鲜使用，因此解冻量应根据需要而定。可以增加每次连接反应加入的包装提取物的量，以提高包装效率，使每次反应产生更多的克隆；但是，这会大大增加库构建过程的成本（使用商业包装提取物时）。请注意，如果使用实验室生产的包装提取物，使用Winn和Norris方案生成的两种噬菌体包装提取物应在-80 ℃冷冻储存，分别等分，使用前立即解冻并合并。

14. 利用每块琼脂平板上的菌落数计算出每块琼脂平板上单位体积培养物所含的独立黏粒克隆数，从而计算出每孔所含的独立克隆数。根据这些值，就可以计算出所有文库孔/板上黏粒原核生物多样性的代表性指标。这些值对宏基因组文库的后续分析非常重要，可确保达到足够的筛选和/或测序深度。这些值也决定了本章（四、宏基因组扩增子筛选方案）中用于扩增子筛选的稀释级数/筛选轮数。

15. 从单个文库孔中分离黏粒蛋白池是一项劳动密集型工作，但作为宏基因组文库存储的后备形式以及库池筛选和/或测序的资源都非常有用。基于PCR扩增片段的有效筛选（四、宏基因组扩增子筛选方案）在多样性培养物中可能比较困难，因此稀释的单个文库孔微量模板是初步筛选的首选PCR模板。

16. 一般来说，我们发现使用大于1000万个独立黏粒克隆的黏粒宏基因组文库可以实现对土壤宏基因组的合理覆盖。然而，不同环境样本的微生物多样性差异很大。我们建议为所有重要样本储存额外的eDNA提取物，以便日后发现已生成的宏基因组文库覆盖范围不足时，可以进一步生成黏粒蛋白库。如果需要重叠的黏粒来完整组装一个大型生物合成基因簇时，这一点尤为重要，因为覆盖率不足的宏基因组文库可能不包含每个基因组序列的冗余表示。

17. 为了获得一致的结果，建议使用含有除模板外所有反应成分的母液，在96孔冰盒中进行所有PCR反应。始终包括阳性对照和无模板阴性对照反应。PCR应直接放入预热的热循环仪（95 ℃）中启动PCR程序。

18. 将OD$_{600}$吸光度值与存活细胞浓度相关联，只有在细胞生长阶段相似的新鲜培养物中才准确——重要的是亚培养体积和日培养时间长度要一致。新鲜培养物的OD$_{600}$值为1.0，大约相当于大肠杆菌细胞数量为$1.0×10^8$个/mL；不过，这应该根据每个实验室环境的经验来确定，方法是将新鲜培养物用三联稀释液进行系列稀释，然后将100 μL的体积接种到琼脂平板上，对出现的菌落进行计数，并将这些计数与培养物中的存活细胞数及其吸光度值相关联。例如，如果将100 μL的1/100000培养液稀释成OD$_{600}$ = 0.800，平均发现200个菌落，那么在随后的培养中，可以假设OD$_{600}$ 1.0相当于大肠杆菌细胞数量为$2.50×10^8$个/mL。

19. 单个文库可测序至少50个黏粒克隆；但是，如果在同一文库中测序高度相似的基因簇，可能会出现组装伪影。我们发现，使用TruSeq PCR库进行PE150 bp Illumina测序，达到约50倍的覆盖深度，可以很好地完成这一过程。读数的组装可使用基于de-brujin的组装器（如SPAdes）[16]。在组装之前，应对测序读数进行质量过滤和接头去除。与黏粒载体序列（如pWEB、pWEB::tnc）映射的读数也应去除。

致谢

这项研究得到了新西兰健生研究委员会（项目编号16/172，资助对象：D.F.A. 和 J.G.O.，）和新西兰商业、创新和就业部（智能创意计划，项目编号RTVU1908，资助对象：J.G.O.）的支持。此外，J.G.O. 还获得了新西兰皇家学会授予的"卢瑟福发现学者"基金支持，L.J.S. 获得了莫里斯 - 威尔金斯中心博士奖学金支持。感谢 Magnani、Marabelli 和 Paradisi 博士对本书的辛勤编辑工作，感谢邀请我们撰写其中本章内容。

参考文献

[1] Torsvik V, Daae FL, Sandaa RA, Øvreås L (1998) Novel techniques for analysing microbial diversity in natural and pertu-rbedenvironments. J Biotechnol 64: 53-62.

[2] RappéMS, Giovannoni SJ (2003) The uncultured microbial majority. Annu Rev Microbiol 57: 369-394.

[3] Katz M, Hover BM, Brady SF (2016) Culture in dependent discovery of natural products from soil

metagenomes. J Ind Microbiol Biotechnol 43: 129-141.

[4] Hover BM, Kim SH, Katz M, Charlop-PowersZ, Owen JG, Ternei MA, Maniko J, Estrela AB, Molina H, Park S, Perlin DS, Brady SF (2018) Culture independent discovery of the malacidins as calcium dependentantibiotics with activity against multidrug-resistant grampositive pathogens. Nat Microbiol3: 415-422.

[5] Stevenson LJ, Owen JG, Ackerley DF (2019) Metagenome driven discovery of nonribosomal peptides. ACS Chem Biol 14: 2115-2126.

[6] Owen JG, Reddy BVB, Ternei MA, CharlopPowers Z, Calle PY, Kim JH, Brady SF (2013) Mapping gene clusters within arrayed metagenomic libraries to expand the structural diversity of biomedically relevant natural products. Proc Natl Acad Sci USA 110: 11797-11802.

[7] Owen JG, Charlop-Powers Z, Smith AG, Ternei MA, Calle P Y, Reddy BVB, Montiel D, Brady SF (2015) Multiplexed metagenome mining using short DNA sequence tags facilitatestargeted discovery of epoxyketone proteasome inhibitors. Proc Natl Acad Sci 112: 4221-4226.

[8] Hertweck C, Luzhetskyy A, Rebets Y, Bechthold A (2007) T-type II polyketide synthases:gaining a deeper insightintoenzymatic team.work. Nat Prod Rep 24: 162-190.

[9] Hertweck C (2009) The biosynthetic logic of polyketide diversity. Angew Chem Int Ed 48: 4688-4716.

[10] King RW, Bauer JD, Brady SF (2009) An environmental DNA derived type II polyketide bio-synthetic pathway encodes the biosynthesis of the pentacyclic polyketide erdacin. Angew Chem Int Ed 48: 6257-6261.

[11] Feng Z, Kallifidas D, Brady SF (2011) Functional analysis of environmental DNA-derived type II polyketide synthases reveals structurally diverse secondary metabolites. Proc NatlAcad Sci USA 108: 12629-12634.

[12] Metsä-Ketelä M, Salo V, Halo L, Hautala A, Hakala J, Mäntsälä P, Ylihonko K (1999) An efficient approach for screening minimal PKS genes from Stre-ptomyces. FEMS Microbiol Lett 180: 1-6.

[13] Kang HS, Brady SF (2014) Mining soil metagenomes to better understand the evolution of natural product structural diversity: Pentangular polyphenols as a case study. J Am Chem Soc 136:18111-18119.

[14] Kang HS (2017) Phylogenyguided (meta)-genome mining approach for the targeted discovery of new microbial natural products. J Ind Microbiol Biotechnol 44: 285-293.

[15] Winn R, Norris M (2010) Analysis of mutations in λ transgenic medaka using the cII mutation assay. In: Techniques in aquatic toxicology, vol 2. CRC Press, Boca Raton, Florida.

[16] Nurk S, Bankevich A, Antipov D, Gurevich AA, Korobeynikov A, Lapidus A, Prjibelski AD, Pyshkin A, Sirotkin A, Sirotkin Y, Stepanauskas R, Clingenpeel SR, Woyke T, Mclean JS, Lasken R, Tesler G, Alekseyev MA, Pevzner PA (2013) Assembling single-cell genomesand mini-metagenomes from chimeric MDA products. J Comput Biol 20:714-737.

第二章

基于液滴微流控的宏基因组文库超高通量筛选

Davide Agostino Cecchini, Mercedes Sánchez-Costa, Alejandro
H. Orrego, Jesús Fernández-Lucas, Aurelio Hidalgo

摘要

液滴微流控技术可对工业酶的天然或人造基因多样性进行超高通量筛选，与传统机器人筛选方案相比可减少试剂消耗，降低成本。在此，我们介绍一个利用荧光激活细胞分选术（FACS）进行核苷 2′- 脱氧核糖基转移酶宏基因组筛选的例子，FACS 比微流控芯片分拣机更普遍、更容易使用。通过替换文库构建步骤，该方案可轻松改造用于定向进化文库研究；也可通过更换耦联检测体系拓展至其他酶活性研究（如氧化酶）。

关键词： 功能性宏基因组学，微流控，核苷，2′- 脱氧核糖基转移酶，酶筛选

第一节 引言

酶是一种高效、精巧的催化剂，在自然界中进行分子的制造和修饰，经过数十亿年的自然进化而日臻完善。与"经典"化学和催化过程中相对"苛刻"的条件相比，酶具有极高的选择性、无与伦比的加快反应速度的能力并能在温和的反应条件下发挥作用。因此，应用酶来催化工业反应，即所谓的"生物催化"，有望使化学过程污染更少，更可持续，符合绿色化学的概念和原则 [1]，一个多世纪以来，在消费品和制造过程中已得到商业应用 [2]。将其应用于"更环保"的工业流程对于实现联合国的可持续发展目标、加强和循环发展生物经济日益重要。

然而，尽管酶具有诸多优势，但在工业应用方面仍面临两大障碍，即发现和改造活动的成功率较低，以及探索天然和人工基因多样性的方法繁

琐而昂贵。

　　自然界的多样性代表了工业应用酶不可估量的来源潜力，其中大部分酶来源于微生物。然而，根据采样环境的不同，高达 99.9% 的微生物多样性无法在实验室中培养，也无法通过传统的培养和提取技术获得。在过去的几十年里，不依赖培养方法的进步使人们能够研究完整的微生物多样性，并从微生物中挖掘其珍贵的酶资源。宏基因组学（Metagenomics）可以研究直接从环境样本中回收的遗传物质（宏基因组），包括来自不可培养生物的 DNA。尽管基于新一代测序技术（NGS）的鸟枪法宏基因组学可以通过复杂的生物信息学分析推测功能，但功能宏基因组学通过对环境 DNA（eDNA）大规模文库进行活性筛选，能够发现真正新颖的催化剂，包括仅通过功能（而非序列）筛选获得的杂泛性酶 [3]。鉴于自然多样性中的序列空间很大，而且基因在重组宿主中成功转录、翻译和折叠的概率很不稳定，无法检测到足够的数量，因此提高筛选方法的通量对于成功发现新颖的酶至关重要。

　　功能性宏基因组学只是酶发现和开发的第一步。除了来自极端微生物的酶以外，在自然环境中，酶通常在水介质、低底物浓度和温和温度下工作，而在工业中，则需要高底物负荷、共溶剂和较高温度。因此，通常需要通过蛋白质工程，例如通过定向进化，将发现的酶改进为与工业相关的生物催化剂。与功能性宏基因组学类似，酶的定向改性涉及创建大型遗传多样性库，需要对这些文库进行所需的功能测试，尽管在这种情况下，遗传多样性是人为创建的。同样，提高所用筛选方法的通量是酶工程活动取得成功的关键。

　　此外，工业生物催化的一个主要瓶颈是在符合工业需求的时限内发现并优化特定酶的特性，使其适合特定的工业生物过程或产品配方 [4]。短暂的开发时间，加上潜在工业酶的多样性和活性，必然需要快速、通用和负担得起的筛选方法，才能在自然遗传多样性的宏基因组文库或人工遗传多样性定向进化文库中找到候选酶。

　　在微米尺度上操纵流体，即微流体技术，可以产生并使用皮升级油包水（w/o）液滴作为酶测定的微型隔室。基于液滴的微流体技术是一项颠覆性的进步，可将文库个体封装在表面活性剂稳定的、单分散的皮升油包水（w/o）液滴或水包油包水（w/o/w）液滴中，进行单次吸附，利用显色或荧光底物等对其进行检测，随后回收所选基因的编码 DNA。通量和微型化的提高使得筛选时间（$10^7\,h^{-1}$）、试剂消耗（每个库 50 μL）和成本（10

欧元 / 库）减少[5]。除了符合上述速度和成本要求外，液滴微流控技术还具有多功能性，可适应各种活动和特性的筛选。"宏观实验室"中的大多数操作，如加热、冷却、混合内容物、稀释、添加试剂等，都可以通过定制芯片设计和仪器实现"微流体等效"，如微孔注射、梯度制备、混合和分割等，从而实现由连续操作组成的模块化多功能微流体工作流[6]。

目前基于液滴的功能测定技术主要依赖荧光读数，其次是吸光度检测，偶尔还有成像等其他检测手段[7]。这就限制了酶筛选，只能筛选那些与 w/o 液滴兼容的荧光底物或发色底物的活性，通常应用于水解酶类，但近年来应用于其他酶类的例子越来越多，如醛化酶[8]、多种氧化还原酶[9,10]和聚合酶[11]。

在本章中，我们将举例说明以转移酶 / 氧化酶 / 过氧化物酶耦合检测法对宏基因组中的 2- 脱氧核苷酸转移酶（NDT）进行超高通量筛选的方法。可以用基因多样化步骤取代宏基因组库构建步骤（如易出错的 PCR），并用与液滴和 FACS 兼容的其他标准荧光检测法取代建议的反应混合物，从而定制该工作流程。虽然基于荧光、吸光度和成像的分选设备在一些实验室中很容易获得，但我们还是选择描述基于 FACS 的水包油乳剂分选，因为 FACS 在研究机构中更为普及，因此也更容易获得。

第二节　材料

一、　生物制剂、化学材料和实验室器皿

1. Luria Bertani溶菌肉汤培养基（LB）：10 g/L胰蛋白胨，5 g/L酵母提取物，10 g/L NaCl。用2 mol/L NaOH将pH值调至7.0。

2. SOC肉汤培养基：0.5% 酵母提取物，2% 胰蛋白胨，10 mmol/L NaCl，2.5 mmol/L KCl，10 mmol/L MgCl$_2$，10 mmol/L MgSO$_4$，20 mmol/L葡萄糖。

3. LB琼脂平板：LB培养基，15 g/L琼脂，100 μg/mL氨苄西林，1 mmol/L 异丙基-β-D-1-硫代半乳糖苷（IPTG），40 μg/mL 5-溴-4-氯-3-吲哚基-β-D-吡喃半乳糖苷（X-Gal）。

4. 超纯LMP琼脂糖（Life Technologies）凝胶，用SYBR Safe（Thermo Scientific）染色。

5. XL10-Gold®Ultracompetent Cells（Stratagene）。

6. pBluescript Ⅱ SK(+) 载体（Stratagene）。

7. 酶

　　① *Sau*3A；

　　② FastDigest *Sma* Ⅰ；

　　③ FastAP 碱性磷酸酶；

　　④ T4 DNA 连接酶；

　　⑤ 牛乳中的黄嘌呤氧化酶；

　　⑥ 辣根中的过氧化物酶；

　　⑦ 从母鸡蛋白中提取的溶菌酶。

8. miniTUBE Blue 3.0 kb（Covaris）。

9. 凝胶和PCR纯化试剂盒：Wizard SV凝胶和PCR清理系统（Promega）。

10. 平端化和磷酸化DNA末端试剂盒：快速DNA末端修复试剂盒（Thermo Scientific）。

11. DNA纯化试剂盒-5（Zymo Research）。

12. 聚二甲基硅氧烷（PDMS）弹性体试剂盒：SYLGARD™184硅树脂弹性体试剂盒（道康宁）。

13. SU-8母模（Tekniker基金会）。

14. 母模硅烷化剂：三氯(1*H*,1*H*,2*H*,2*H*-全氟辛基)硅烷。

15. 亲氟处理液：HFE-7500 3 mol/L含氟油中含1%（体积分数）的三氯（1*H*,1*H*,2*H*,2*H*-全氟辛基）硅烷。

16. 亲水性处理解决方案

　　① 聚二烯丙基二甲基氯化铵（PDADMAC）溶液：将20%的PDADMAC溶液（平均 M_w 为 200000～300000）在 0.5 mol/L NaCl 中稀释至 0.2%。

　　② 聚 4- 苯乙烯磺酸钠（PSS）溶液：2 g/L PSS（平均 M_w 约 70000，粉末）水溶液。

　　③ MilliQ 水。

17. 破乳剂化合物：1*H*,1*H*,2*H*,2*H*-全氟-1-辛醇。

18. 氟化表面活性剂：纯净的FluoSurf（Emulseo）。

19. 氟化油：HFE-7500 3 mol/L（Novec 7500；Fluorochem），Fluorinert FC-40。

20. PBS-Tween溶液：含1%（体积分数）Tween 80的PBS缓冲液。

21. Percoll（Sigma-Aldrich）。
22. 底物溶液（2×）：2 mmol/L 20脱氧肌苷、2 mmol/L胸腺嘧啶、0.4 U/mL黄嘌呤氧化酶、0.4 U/mL辣根过氧化物酶、4 g/L Pluronic 127（Sigma-Aldrich）、200 μmol/L Amplex UltraRed（Invitrogen）和4 mg/mL溶于pH 6的100 mmol/L Bis-Tris缓冲液中的溶菌酶。
23. 25 mm针头式过滤器，0.2 μm聚醚砜膜。
24. 细孔聚乙烯导管（REF 800/100/120；史密斯医疗国际有限公司）。
25. Millex®-GS 0.22 μm无菌过滤装置（配备MF-Millipore MCE膜；德国默克密理博有限公司）。
26. 外径为1.0 mm的活检冲头。
27. 1 mL塑料注射器。
28. 1 mL密闭注射器。
29. 100 μL密封注射器。
30. 1.5 mL Eppendorf试管。

二、 设备

1. E220聚焦超声波仪（Covaris）。
2. 流式细胞仪（BD生物科学公司）。
3. 微流体平台组件：
   ① XDS-1R 显微镜（Optika Srl）；
   ② UI-3360CP Rev.2 (iDS Imaging)；
   ③ 低压压力注射器泵 neMESYS 290N (Cetoni GmbH)。
4. LabView 2015软件（美国国家仪器公司）。
5. FlowJo v10软件（BD生物科学公司）。
6. 600等离子蚀刻机（Tepla）。

第三节 方法

一、 微流体设备制造

要制备 PDMS 微流控芯片，需要一个具有所需微孔设计的 SU-8 母模（图 2-1）。SU-8 母模的制作需要光刻技术，可向提供光刻服务的公司订购（见注释1）。使用前，SU-8母模必须用三氯（1*H*,1*H*,2*H*,2*H*-全氟辛基）硅烷进行处理（见注释2）。

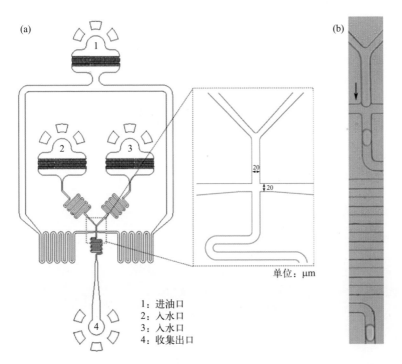

图2-1

单乳液生产微流控装置的设计

（a）该装置包含：1个连续相入口[含2%(质量分数)表面活性剂的FC40氟化油]、2个分别用于细胞和反应混合物的入口，以及1个收集出口。（b）液滴形成示意图：在流动聚焦接头处生成水包油(w/o)型液滴

1. 在塑料杯中按10:1的质量比称取30 g PDMS弹性体基料和固化剂并混合。此用量适用于3 in（1 in＝2.54 cm）掩模。

2. 将装有混合物的杯子放入真空干燥器中约30 min，直至气泡全部去除。

3. 用压缩空气清洁SU-8主晶片表面，并将其转移到培养皿中。将PDMS混合物倒入SU-8母模，厚度约为5 mm，然后将PDMS倒入培养皿中。将培养皿放入真空干燥器中约1 h，直至气泡全部去除（见注释3）。

4. 在65 ℃的烘箱中固化PDMS至少3 h（见注释4）。

5. 用手术刀切割PDMS板（见注释5），从SU-8母模上剥离PDMS，用宽度为1 mm的活检打孔器在每个入口和出口处打孔。用压缩空气清洁入口和出口，并用磨砂苏格兰胶带清洁PDMS板的两侧。

6. 使用氧等离子清洗器和以下条件对厚度为1 mm的PDMS板和玻璃载玻片进行等离子处理，通道朝上：O_2流量为150 mL/min，功率200 W，持续30 s，磁场频率13.56 MHz。

7. 立即将经过等离子处理的PDMS芯片面黏合到玻璃载玻片上，然后将该装置放在95 ℃的加热板上加热5 min。

二、 PDMS芯片的功能化

（一）亲氟处理

1. 在注射器中注入新配制的1%（体积分数）三氯（$1H,1H,2H,2H$-全氟辛基）硅烷氟碳油HFE-7500溶液（见注释6）。通过针头将注射器连接到聚乙烯微管上，然后将微管插入连续相入口并冲洗处理液，对通道进行处理。

2. 将处理过的设备放入65 ℃的烘箱中过夜。

（二）亲水性处理

1. 在四个不同的注射器中分别注入含0.5 mmol/L NaCl的2 mg/mL PDADMAC溶液、150 mmol/L NaCl、2 mg/mL PSS和MQ水。通过针头将它们连接到聚乙烯微管上，然后将微管插入连续相入口，按以下顺序冲洗通道（见注释6）：
   ① 将 2 mg/mL PDADMAC 注入芯片，并在室温下孵育 10 min。
   ② 用 150 mmol/L NaCl 溶液清洗通道。
   ③ 注入 2 mg/mL PSS 溶液并在室温下孵育 10 min。
   ④ 用 MQ 水清洗通道。

2. 将微流控芯片保存在潮湿的容器中，以防止芯片表面脱水。

三、 宏基因组库构建

1. 用E220聚焦超声仪（配备mini TUBE Blue 3.0 kb适配管）剪切至少2 μg环境DNA，以获得平均大小为3 kb的片段（见注释7和8）。按照供应商提供的标准设置处理样品。

2. 用FastDigest *Sma* Ⅰ 限制酶消化pBluescript Ⅱ 载体（见注释9和10），并用FastAP碱性磷酸酶对消化后的载体进行去磷酸化处理。

3. 使用超纯LMP琼脂糖（8 g/L）凝胶检测片段化DNA和酶切载体。从凝胶中取出所需大小的eDNA带（如3～5 kb）和消化后的质粒，使用Wizard SV Gel and PCR Clean-UpSystem或其他类似试剂盒进行纯化。

4. 使用快速DNA末端修复试剂盒使eDNA末端进行平端化和磷酸化处理。

5. 使用Wizard SV Gel and PCR Clean-Up System或其他类似试剂盒纯化修复的平末端eDNA样品。

6. 用T4 DNA连接酶连接纯化的eDNA和载体。典型的反应设置包括50～100 ng载体、摩尔比（载体与插入物）为1:3的插入DNA以及在1×T4 DNA连接酶缓冲液中最多5 U的连接酶。用无核酸酶的水将最终体积调整为10 μL，在16 ℃孵育过夜。

7. 使用最多5 μL的连接混合物转化50 μL化学感受态细胞（大肠杆菌XL 10-Gold Ultracom petent细胞）。将试管在42 ℃下热激30 s，并在冰上孵育2 min。加入450 μL SOC，在37 ℃下孵育1 h，同时以220 r/min振荡。在含有100 μg/mL氨苄西林作为选择性标记、1 mmol/L IPTG和40 μg/mL X-Gal的LB琼脂平板上转化，以估计带有蓝白色筛选插入物的克隆的百分比。在37 ℃下培养过夜。

8. 在补充有100 μg/mL氨苄西林的LB培养基中，用刮刀从琼脂平板上回收菌落，并按如下所述继续。

四、 生成皮升级油包水液滴（w/o；单一乳液）

使用亲氟流动聚焦芯片生成单一乳液（油包水液滴，约 4 pL，ϕ20 μm）（图 2-1）（通道尺寸：宽 20 μm × 高 20 μm），具有三个入口，两个水相通道和一个油相通道。

1. 通过0.22 μm针头式过滤器过滤含有20-脱氧肌苷、羟胺、黄嘌呤氧化酶、辣根过氧化物酶、Pluronic127、Amplex UltraRed和溶菌酶的底物溶液（见注释6和11）。

2. 用1 mL已过滤的pH为6的100 mmol/L Bis-Tris溶液洗涤细胞三次。在含有Percoll（25%，体积分数）的pH为6的100 mmol/L Bis-Tris溶液中调整细胞密度，使最终OD$_{600}$为0.1，以进行确定性包被（见注释6和12）。

3. 制备2 g/L Fluosurf表面活性剂的FC-40氟化油溶液，通过0.22 μm针头式过滤器过滤油相混合物（见注释6）。

4. 用1 mL密闭注射器取1 mL油相，通过一根聚乙烯管连接到PDMS芯片的连续相入口。开始以较低的流速（约200 μL/h）使该相流过芯片。

5. 在两个100 μL密封注射器中注入两种水溶液，并通过聚乙烯管连接到芯片的非连续相入口。

6. 为了在约6.9 kHz频率下产生4 pL液滴，油相流量设定为900 μL/h，水相流量设定为50 μL/h。一旦芯片被灌注并且流量稳定，连接出口管并在1.5 mL离心管中收集所需量的w/o乳液（见注释13和14）。

7. 制备好单一乳液后，断开出口管与芯片的连接，停止水相和油相的流动。

8. 取出装有单一乳液的离心管，在室温下静置3 h。

五、　生成水包油包水型皮升级液滴（w/o/w；双乳液）

　　双乳液（水包油包水，约 4 pL，ϕ20 μm）是利用亲水性流动聚焦芯片（图 2-2）（尺寸为宽 20 μm× 高 20 μm）生成的，该芯片有两个入口。

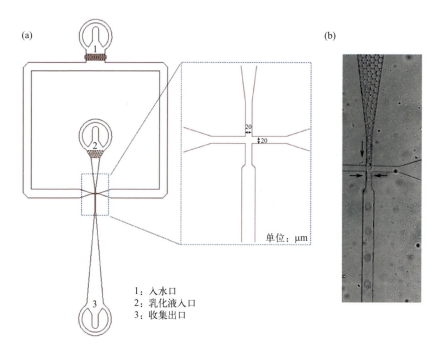

1：入水口
2：乳化液入口
3：收集出口

图 2-2
双乳液生产微流控装置的设计
（a）该装置包括一个连续相的入口用于含 1%（体积分数）Tween 80 的 100 mmol/L Bis-Tris 缓冲液（pH 6）的进入、一个非连续相入口（再注入乳液）和一个收集出口。（b）显示在流动聚焦交界处形成的水 / 包油包水液滴的图片

1. 用注射器或移液管从无油乳液中去除多余的油。用最高转速快速离心，可以更好地分离乳液和油层。

2. 将聚乙烯管连接到预装PBS的1 mL密封注射器上。留出3～5 cm的气垫，小心地吸入单一乳液，将其垂直放置在管内至少10 min（见注释15）（油相）。

3. 使用1 mL密闭注射器，取1 mL过滤后的PBS-Tween溶液，通过聚乙烯管连接到亲水芯片的连续相入口，开始以200 μL/h的速度流动。

4. 将装有乳化液的试管与非连续相入口连接，流速调整为20 μL/h。

5. 一旦液滴开始在芯片内部流动，即可调整流量得到w/o/w液滴。建议油相（w/o乳液）的流速为20～30 μL/h，水相为400～500 μL/h（见注释16）。

6. 流动稳定后，开始用1.5 mL离心管收集双乳液（见注释13和14）。

7. 制备好双乳液后，断开出口管与芯片的连接，停止两相流动。

六、 液滴分选和DNA回收

1. 为了达到适当的频率，在进行分拣实验前，（在相同的缓冲液中）将w/o/w双乳液稀释约20倍。

2. 在流式细胞仪中对w/o/w乳液进行分选，喷嘴直径为100 μm，激发波长为488 nm，发射波长为582 nm。在低吸附离心管中收集100 μL 10 mmol/L Tris-HCl、1 mmol/L EDTA（pH 8）中的阳性液滴（图2-3）（见注释17）。

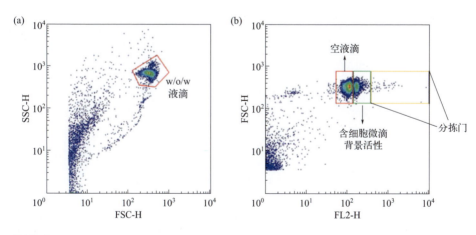

图 2-3

分选液滴的二维密度图

（a）代表大小（FSC-H）与复杂性（SSC-H）的密度图；（b）代表荧光（FL2-H）与所分析液滴大小（FSC-H）的密度图。图中显示了三种液滴群：空液滴（红色矩形）、带有背景活性细胞的液滴（绿色矩形）和分类液滴（橙色矩形）

3．加入100 μL 1*H*,1*H*,2*H*,2*H*-全氟辛醇，破坏已分类的乳液。

4．将混合液涡旋5～10 s，然后在1000 *g*转速下离心1 min（见注释18）。

5．用装有低吸附吸头的移液枪回收水相（上相），并将其收集到新的低吸附离心管中。

6．使用DNA纯化试剂盒-5回收质粒。

7．使用先前描述过的大肠杆菌XL 10-Gold Ultracompetent细胞进行直接转化（见第三节标题三中步骤7）。

第四节　注释

1．SU-8模具中图案的高度将决定微流控装置通道的深度。在这种情况下，两个装置的模具高度均为20 μm，以便在流量聚焦交界处的长宽比（宽×高）为1。

2．由于SU-8母模的硅表面会导致PDMS强烈黏附在母模上，使PDMS的剥离更加困难，因此建议在使用前对SU-8母模进行硅烷化处理，以使其更疏水。这可以通过将SU-8母模与装有50 μL三氯（1*H*,1*H*,2*H*,2*H*-全氟辛基）硅烷的小瓶一起放置在干燥器中，在真空下，使硅烷化剂蒸发并在母模表面形成单层来实现。

3．必须清除PDMS中的所有气泡，以避免它们出现在芯片中。

4．固化步骤可在一夜之间完成。

5．切割PDMS时要非常轻柔，不要对SU-8硅片施加太大的压力。SU-8硅片很脆弱，很容易划伤或破裂。

6．溶液必须经过过滤（0.22 μm过滤器），以避免堵塞微流控通道。

7．使用聚焦超声波仪，只需使用适当的miniTUBE，就能将低容量的基因组DNA剪切成2～5 kb的可重复片段。有三种不同的miniTUBE可供选择：miniTUBE Clear（1.5～2.5 kb）、miniTUBE Blue（3.0 kb）和miniTUBE Red（5.0 kb）。分别用于产生2 kb、3 kb和5 kb的片段。

8．另外，也可以通过限制性酶的部分消化来获得所需大小的DNA片段。在这种情况下，有必要进行初步实验，根据所使用的限制性酶和片段的最终所需大小，优化部分消化的方案。常用的限制性酶是*Sau*3A，其4碱基对识别位点理论上每4^4（即256 bp）就会出现一次。要优化方案，可从100 ng样品开始，在37 ℃下使用不同的酶稀释液和不同的孵育时间（15~30 min）进行部分消化。在琼脂糖凝胶上分析消化结果。当确定70%~90%的片段DNA具有所需的大小时，增加限制性酶的用量，消化至少1 μg的eDNA，以制备库。

9. 也可使用其他高拷贝数载体（每个细胞500~700个拷贝），如pZero-2。使用高拷贝数的载体非常重要，尤其是在使用液滴中的单细胞进行检测时。高拷贝数质粒会使从液滴中回收质粒变得更容易。

10. 如果eDNA片段是用*Sau*3A部分消化制备的，则用*Bam*H I消化载体，为连接步骤创建"黏性"末端。

11. 通过将液滴内部所需的浓度加倍来制备水溶液。封装时，如果两种溶液以相同的流速注入，则两种溶液都会稀释两倍。

12. 每个液滴内的细胞数可以使用泊松分布进行估计[12,13]。在此，我们使用大肠杆菌的最终OD_{600}为0.05，液滴为4 pL，以获得约10%的液滴内有单个细胞，90%的液滴是空的。

13. 所需的乳液量取决于文库的大小。考虑到乳液由90%的空液滴组成，我们建议产生的液滴数量是文库个体数量的30~50倍，以确保3~5倍的覆盖率。

14. 在避光的离心管中收集单一乳剂，以避免荧光团发生光漂白。

15. 这是一个关键步骤。重要的是要避免包装乳液中出现油和/或空气。

16. 可以将流量减少50%，但要始终保持连续相与不连续相流量的比例在1:10至1:20之间，以避免油包水液滴在重新封装成水包油包水液滴时发生分裂。不过，不同实验室的最佳流速可能因芯片设计等多种因素而异，应根据经验确定。

17. 在进行分选实验之前，强烈建议先确定阳性对照乳液、阴性对照乳液以及两者的已知混合物，以优化采集参数，如检测器电压、流速和分拣门的位置。

18. 重复上述步骤，直到试管中出现两个透明相。

致谢

这项工作得到了欧盟"地平线2020"研究与创新计划（项目编号：685474，项目名称：MetaFluidics）和西班牙科学与创新部（项目编号：PID2020-117025RB-I00，项目名称：UltraNDTs）的支持。Alejandro H. Orrego 感谢马德里大区教育研究部与欧洲社会基金提供的博士后合同资助（合同编号：PEJD-2018-POST/BIO-8798）。

参考文献

[1] Sheldon RA, Woodley JM (2018) Role of biocatalysis in sustainable chemistry. Chem Rev 118: 801-838.

[2] May O (2019) Industrial enzyme applications—overview and historic perspective. In: Industrial enzyme applications. Wiley-VCH, Weinheim, pp 1-24. https://doi.org/10.1002/9783527813780.ch1_1

[3] Ufarté L, Potocki-Veronese G, Laville É (2015) Discovery of new protein families and functions: new challenges in functional metagenomics for biotechnologies and microbial ecology. Front Microbiol. https://doi.org/10.3389/fmicb.2015.00563

[4] Truppo MD (2017) Biocatalysis in the pharmaceutical industry: the need for speed. ACS Med Chem Lett 8: 476-480.

[5] Agresti JJ, Antipov E, Abate AR et al (2010) Ultrahigh-throughput screening in drop-based microfluidics for directed evolution. Proc Natl Acad Sci U S A 107: 4004-4009.

[6] Kintses B, Hein C, Mohamed MF et al (2012) Picoliter cell lysate assays in microfluidic droplet compartments for directed enzyme evolution. Chem Biol 19: 1001-1009.

[7] Mair P, Gielen F, Hollfelder F (2017) Exploring sequence space in search of functional enzymes using microfluidic droplets. Curr Opin Chem Biol 37: 137-144.

[8] Obexer R, Godina A, Garrabou X et al (2017) Emergence of a catalytic tetrad during evolution of a highly active artificial aldolase. Nat Chem 9: 50-56.

[9] Gielen F, Hours R, Emond S et al (2016) Ultrahigh-throughput-directed enzyme evolution by absorbance-activated droplet sorting (AADS). Proc Natl Acad Sci 113: E7383-E7389.

[10] Debon A, Pott M, Obexer R et al (2019) Ultrahigh-throughput screening enables efficient single-round oxidase remodelling. Nat Catal 2: 740-747.

[11] Nikoomanzar A, Vallejo D, Chaput JC (2019) Elucidating the determinants of polymerase specificity by microfluidic-based deep mutational scanning. ACS Synth Biol 8: 1421-1429.

[12] Mazutis L, Gilbert J, Ung WL et al (2013) Single-cell analysis and sorting using dropletbased microfluidics. Nat Protoc 8: 870-891.

[13] Shapiro HM (2005) Practical flow cytometry. John Wiley & Sons, Hoboken, New Jersey.

第三章

面向药物合成工艺改进的蛋白质工程合成 DNA 文库

Michele Tavanti

摘要

在制药工艺的开发中广泛地应用生物催化的目标是通过定向进化来加速酶工程。设计序列多样性的快速产生能力对蛋白质功能的整体优化具有深远的意义。传统的 PCR 序列多样化方法存在诸多弊端,无法生成所有已设计的变体。相反,合成 DNA 文库质量的提高使得对序列空间的探索更加有效。本文介绍了有效利用合成 DNA 文库的方法。整个程序允许在获得合成 DNA 后两周内生成可直接筛选的文库。

关键词: 合成 DNA,定点饱和诱变,组合库,无缝克隆,酶分子的定向进化

第一节 引言

制药业能否采用生物催化技术,取决于我们能否找到符合工艺规范的酶。天然存在的酶并不总是适合使用,因为它们对非同源底物的活性低,操作稳定性差,对底物/产物的抑制作用差。因此,通过定向进化(DE)进行蛋白质工程已成为在化学生产中应用生物催化剂的既定程序。寻找理想的酶需要经过一系列步骤,包括选择具有理想性状的蛋白质骨架、迭代序列分化以及在向目标过程靠拢的条件下进行筛选[1,2]。这种工作流程的应用使酶能够应用于不同的原料药生产过程[3-8],更广泛地说,使酶的生成优于合成催化剂[9-11]。

DE 算法的主要局限性在于我们提供改良变体的速度[12,13]。人们正在努力探索数据库中的序列多样性[14,15],改进库的设计[16,17],提高筛选通量[18]。此外,还开展了大量工作,不仅要加快多样化步骤的输出,还要提高其

产出质量。通常情况下，PCR 方法用于建立待筛选的变体库。虽然早期的 DE 采用的是随机诱变方法 [19-21]，但随后的研究侧重于通过将酶中的预定位置突变为所有其他氨基酸或有限的一组氨基酸（定点饱和诱变，SSM）来生成更智能的库 [22,23]。然而，基于 PCR 的方法很少能提供蛋白质工程师设计的变体，它们可能会携带骨架模板，而且还会出现一定程度的冗余 [24]。这意味着需要分配额外的资源对变体库进行彻底的质量控制，并加大筛选力度。

随着 DNA 合成成本的大幅降低，人们开始探索使用合成 DNA 文库。Reetz 小组报道了几项研究，强调了使用化学基因合成法生产位点饱和库的好处 [25-27]。与用传统 PCR 方法生产的库相比，合成 DNA 文库显示出更高的遗传多样性和更少的骨架模板携带，最终可减少鉴定改良变体所需的筛选工作 [28]。由于利用合成 DNA 文库产生多样性可改变 DE 工作流程，本章介绍了无缝克隆（第三节标题一和二）、库多样性评估和编码所需变体的集合质粒纯化（第三节标题三和四）以及生产合成基因获得的变体库（第三节标题五）的方法。如今，虽然可以订购克隆 DNA 库（从而降低了在变体库中引入空骨架质粒的风险），但我们认为商业克隆变体库的额外成本过高，因此制作了内部克隆库。

第二节　材料

应使用不含核酸酶的分子生物学级水或超纯水（25 ℃ 时电阻率为 18.2 MΩ·cm，总有机碳值低于 5 μg/L）配制储备溶液。按照制造商的建议储存酶和储备溶液。

一、骨架质粒制备

1. PCR板和/或薄壁PCR管。
2. 2×Phusion热启动PCR预混液或其他热稳定性DNA聚合酶（见注释1）。
3. pET28a（见注释2）。
4. 10 μmol/L正向引物（GA primer_fw；5′-AGATCCGGCTGCTAACAAAGCC-3′）和10 μmol/L反向引物（GA primerrv：5′-GCTAGCCATGGCTGCCG-3′）（见注释3）。
5. *Dpn* I（20000 U/mL）。

6. 预制1%琼脂糖凝胶、1 kb DNA分子量标准和DNA凝胶装载染料（见注释4）。

7. 用于从琼脂糖凝胶中提取DNA的试剂盒。

8. PCR纯化试剂盒。

二、 融合克隆

1. 合成DNA库包括第一个ATG密码子之前的5′-前缀（5′-AGCC-ATATGGCTAGC-3′）和终止密码子之后的3′-后缀（5′-AGATCCGG-CTGCTAA-3′）（见注释3）。

2. In-Fusion®HD克隆试剂盒，包括Stellar合格细胞（见注释5）。

3. LB琼脂平板，并添加50 μg/mL卡那霉素（见注释6）。

三、 质量控制

1. 5 μmol/L正向引物（Seq_fw: 5′-CTCGATCCCGCGAAATTAATACG-3′）和5 μmol/L反向引物（Seq_rv: 5′-CGCCAATCCGATAGTTCCTCC-3′）（见注释7）。

2. 2×*Taq*聚合酶热启动预混液。

3. ExoSAP-IT™PCR产物清理试剂。

四、 质粒库纯化

1. 质粒微预处理试剂盒。

2. 液体Luria-Bertani培养基（LB）：在1 L H_2O中溶解10 g胰蛋白胨、5 g酵母提取物和10 gNaCl。用5 mol/L NaOH将pH调至7.0，然后高压灭菌。

五、 变体库制作

1. 化学感受态BL21（DE3）细胞。

2. 在LB琼脂平板中添加50 μg/mL卡那霉素：预处理LB琼脂，在20 g琼脂中加入液体LB所需的试剂。加入抗生素前，先高压灭菌并在50 ℃水浴中冷却30 min。迅速倒入培养基盘中（见注释8）。

3. 液体LB，添加50 μg/mL卡那霉素。

4. 无菌96孔板（浅孔和深孔，见注释9）。

5. 用于微孔板的透气密封胶带。

6. 添加50 μg/mL卡那霉素的培养基（TB）：将24 g酵母抽提物、20 g胰蛋白胨和4 mL甘油溶解于900 mL H$_2$O中制备TB。通过高压灭菌再让溶液冷却。过滤含有0.17 mol/L KH$_2$PO$_4$和0.72 mol/L K$_2$HPO$_4$的溶液。向高压灭菌培养基中加入100 mL 0.72 mol/L K$_2$HPO$_4$溶液。

7. 50% 无菌甘油水溶液。

8. 6 mmol/L过滤器灭菌IPTG（异丙基β-D-1-硫代半乳糖苷）。

第三节　方法

除非另有说明，所有程序均可在室温下进行。应尽可能使用液体工作站/自动挑菌系统。虽然不鼓励使用层流罩，但通常在层流罩下进行的步骤也可在尽量减少污染的环境中进行。反应条件是针对本工作中使用的特定酶组而给出的：如果使用其他酶，应相应调整反应条件。本方案首选的培养基是 LB 和 TB，但也可使用不同的培养基。

一、骨架质粒制备

1. 制备用于40×50 μL PCR反应的混合母液，其中包含25 μL 2×Phusion热启动PCR预混液、0.5 μmol/L（从10 μmol/L储存液中提取2.5 μL）正向引物（GA primer_fw）和反向引物（GA primer_rv）以及1 ng骨架DNA（见注释10）。

2. 将PCR混合物等分到PCR板（或薄壁PCR管）中，然后按如下步骤在热循环仪中运行反应：
   ① 初始变性，温度为98 ℃，持续 30 s。
   ② 循环 30 次，在 98 ℃ 下每次 10 s，在 60 ℃ 下每次 30 s，在 72 ℃ 下每次 4 min。
   ③ 最后在 72 ℃ 下扩增 10 min。
   ④ 4 ℃ 保存，直至下一步（见注释 11）。

3. 通过琼脂糖凝胶电泳观察PCR产物（5 μL）（图3-1）。

4. 在PCR板的每个孔中加入2 μL *Dpn*Ⅰ（40 U），然后在热循环仪中按以下步骤进行亲本DNA消化：
   ① 在 37 ℃ 下消化 16 h。
   ② 在 80 ℃ 下加热变性 20 min。
   ③ 储存温度为 4 ℃（见注释 12）。

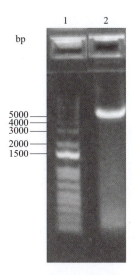

图 3-1

典型骨架质粒扩增琼脂糖凝胶电泳分析结果

DNA 分子量标准加在通道 1 中，并显示相关条带的大小

5. 在48孔1%琼脂糖凝胶中，每孔装入20 μL *Dpn* I 处理过的DNA，以便装入全部内容物的PCR板用于载体骨架的制备。剩余的经*Dpn* I 处理过的DNA可根据所需的产量再装入一个48孔的琼脂糖凝胶中。

6. 使用凝胶提取试剂盒按照制造商的说明纯化DNA段（见注释13）。通过测量OD_{260}对获得的DNA进行定量。此步骤通常可获得10～20 μg DNA。

7. 使用PCR纯化试剂盒对获得的DNA进行纯化（见注释14）。通过测量OD_{260}来定量获得的DNA，并通过测量$OD_{260/280}$和$OD_{260/230}$来检查相对纯度（两个指标的预期值均为大约2）。此步骤通常可获得10～15 μg DNA。

二、融合克隆

1. 在薄壁PCR管中添加2 μL无缝克隆试剂盒和摩尔比为1:2的骨架质粒和合成的DNA库，并加水至10 μL来建立克隆反应（见注释15）。

2. 将克隆反应放入热循环仪中，在50 ℃温度下运行1 h（见注释16）。

3. 按以下步骤转化Stellar感受态细胞：

　　① 将等分的 SOC 培养基（随 In-Fusion 试剂盒提供）置于 37 ℃。

　　② 为每个克隆反应解冻一份等分的合格细胞。

③ 将 2.5 μL In-Fusion 克隆反应液加入相应的细胞中。

④ 在冰中孵育 30 min。

⑤ 在 42 ℃ 水浴中加热震荡 45 s。

⑥ 将试管放回冰中 1 ～ 2 min。

⑦ 加入 450 μL 预热的 SOC 培养基。

⑧ 在 37 ℃ 下培养 1 h，可使用 ThermoMixer 以 800 r/min 的速度振荡，也可使用 200 r/min 的轨道摇床振荡。

⑨ 用微型离心机在 4 ℃、6000 r/min 转速下离心 5 min。

⑩ 移除 300 μL 上清液并重悬细胞沉淀。

⑪ 在添加 50 μg/mL 卡那霉素的 LB 琼脂平板中接种整个转化体积，并在 37 ℃ 下培养至少 16 ～ 18 h。将琼脂平板保存在 4 ℃，直到进行第三节标题四的操作（见注释 17 和 18）。

三、 质量控制

1. 为了通过菌落PCR（cPCR）进行质量控制，制备以下预混液：7.5 μL 2×*Taq*聚合酶热启动母液、1 μmol/L（从5 μmol/L储存液）的正向引物（Seq_fw）和反向引物（Seq_rv）各3 μL，加水补充到15 μL（见注释19）。

2. 将混合母液等分到PCR板中。用无菌吸头挑取单个菌落，并在目的孔内旋转。

3. 在热循环仪中运行cPCR，步骤如下：

　　① 初始变性，在 95 ℃ 下进行 2 min。

　　② 下列条件下循环 30 次：95 ℃ 时 30 s，55 ℃ 时 30 s，72 ℃ 时 2.5 min。

　　③ 最后在 72 ℃ 扩增 7 min。

　　④ 在 4 ～ 12 ℃ 温度下保存，直至下一步操作。

4. 如上所述，通过琼脂糖凝胶电泳观察cPCR产物。根据每次反应的数量，只分析部分样品也是可以接受的。为了节省材料以便日后测序，可使用琼脂糖凝胶电泳分析3 μL PCR混合物（图3-2）。

5. 将5 μL cPCR反应液转移到新的PCR板中。

6. 在每个孔中加入2 μL ExoSAP-IT™PCR产物清洁试剂。

7. 使用热循环仪进行如下孵育：

　　① 清洁反应在 37 ℃ 下进行 15 min。

　　② 在 80 ℃ 下加热变性 15 min。

　　③ 根据需要储存在 4 ℃。

8．加入63 μL水稀释。

9．进行Sanger测序时，将4 μL经ExoSAP处理的DNA加入含有所需测序引物（本工作中为Seq_fw和Seq_rv，见注释20）的12 μL溶液中。

10．分析测序结果。

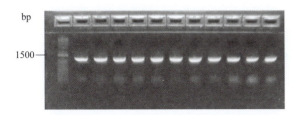

图3-2

成功的典型 cPCR（约 1 kb 插入）琼脂糖凝胶电泳分析结果

将 DNA 分子量标准加到通道 1 上，并显示了 1500 bp 条带的大小

四、 质粒文库纯化

1．在含有所需文库的琼脂平板上加入5～8 mL无菌LB，然后用细胞涂布棒轻轻刮取细菌（见注释21）。

2．使用质粒小提试剂盒，按照说明书操作纯化混合文库。

3．通过测量OD_{260}对获得的DNA进行定量。

五、 突变体文库制作

1．按照制造商的说明，使用标题四中获得的质粒文库转化化学感受态BL21（DE3）细胞，并在琼脂平板上添加50 μg/mL卡那霉素，培养16～20 h（见注释22）。

2．制备过夜培养物时，取200 μL加入50 μg/mL卡那霉素的LB，放入无菌96孔板（浅孔）中。

3．使用无菌移液器吸头或自动菌落挑取器，将单个菌落挑取到预配生长培养基的96孔板中。

4．用透气密封胶带将平板密封，在30 ℃、200 r/min、湿度85% 的条件下培养16～20 h（见注释23）。

5．在制备表达培养基时，将380 μL的TB（添加50 μg/mL卡那霉素）等分到96孔板（深孔）中。

6. 用20 μL过夜培养液接种表达培养基。

7. 用透气密封胶带密封平板，在30 ℃、200 r/min、湿度85%的条件下培养（见注释23）。

8. 在制备甘油储备液时，将50～100 μL过夜培养液加入50～100 μL 50%无菌甘油中（过夜培养液与50%甘油的比例为1∶1），然后用移液管吹打或在室温下剧烈振荡（10 min，800 r/min，3 mm振幅）充分混合。

9. 将甘油储存液保存在-80 ℃。

10. 配制6 mmol/L IPTG溶液以诱导蛋白质表达。

11. 培养1 h后，将100 μL表达培养液转移到透明的96孔板（浅孔，见注释24）中，用酶标仪（plate reader）测量OD_{600}。

12. 将用于测量OD_{600}的平板内培养物移回原培养体系，必要时继续培养（见注释25）。

13. 在OD_{600} 0.6～0.8时，加入40 μL 6 mmol/L IPTG（最终浓度约0.5 mmol/L，见注释26），诱导蛋白质表达。

14. 继续培养20～24 h（见注释27）。

15. 培养过夜后，按上述方法将表达培养物在200 μL TB中稀释10～20倍，测量OD_{600}（见注释28）。

16. 离心分离细胞（离心力4000 g，10 min，4 ℃）。

17. 弃去上清液，轻轻拍打96孔板上的组织以去除残留液体。

18. 酶变体既可以直接作为全细胞生物催化剂进行测试，也可以在裂解和筛选前在-80 ℃冷冻保存（见注释29）。

第四节　注释

1. 制备热启动混合母液旨在最大限度地减少移液步骤，并减少准备脱氧核苷三磷酸（dNTPs）和缓冲成分的时间。反应设置只需要模板和引物。热启动技术允许在室温下进行反应。

2. 载体骨架可通过获取或使用质粒Miniprep试剂盒从细菌培养物中纯化。DNA定量应通过测量OD进行。

3. 设计的引物用于在pET28a表达载体中克隆感兴趣的基因（GOI），并可生产N端6×His标签蛋白。对用于质粒制备的引物进行修改，并调整GOI上的5′-和3′-突出端，可实现不同的克隆策略，如本方案中采用的In-Fusion克隆法。引物设计的详细说明见《In-Fusion HD克隆试剂盒用户手册》(http://www.takara.co.kr/file/manual/pdf/In-Fusion_HD_Cloning_Kit_121416.pdf)。成功的克隆设计可使用Snap-Gene或在线工具（如NEBuilder组装工具）进行计算机验证（将最小重叠调整为15个核苷酸）。

4. 建议使用预制琼脂糖凝胶，因为其可以进行高效安全的DNA分析。也可使用标准分子生物学技术制备和运行1%琼脂糖凝胶。

5. 也可使用NEBuilder或Gibson Assembly[29]等其他无缝克隆方法，而无须对本章所述方案进行重大修改。引物应根据所选质粒骨架设计。

6. 电子版方法可在 http://cshprotocols.cshlp.org/ 免费获取。

7. 引物应根据所选质粒骨架设计。

8. 在此步骤中，应根据库大小考虑使用比标准培养皿（Qtrays）更大的培养皿。

9. 虽然不鼓励使用无菌板，但也可以使用无菌板。

10. 尽量降低骨架模板浓度有助于减少载体残留。

11. 如果使用不同的聚合酶、引物和/或模板骨架，应调整具体的PCR参数。

12. 供应商通常建议用5～20 U *Dpn*I 酶处理15～60 min。虽然常规克隆也可按照此步骤进行，但建议按照此处说明的方案进行，以尽量减少骨架模板背景。

13. 使用多个旋转柱，以不超过每个柱的琼脂糖凝胶量上限。在这项工作中，每个柱子最多装入350 mg琼脂糖。用20 μL预温水（65 ℃）从每个柱中洗脱DNA。

14. 对于常规克隆，可使用凝胶提取试剂盒或PCR纯化试剂盒来纯化载体DNA。建议同时使用两种试剂盒，以便为后续克隆步骤获得最高质量的DNA。净化过程中使用的旋转柱数量取决于第一个DNA提取步骤的产量和旋转柱的结合能力。使用30 μL预温水（65 ℃）进行洗脱。

15. 也可以使用不同规格的离心管进行反应，但在这种情况下，随后的50 ℃孵育可能需要水浴。当使用约5 kb的载体骨架和约1 kb的插入片段时，建议DNA浓度分别达到约50 ng/μL和25 ng/μL以确保反应顺利进行。因此，建议至少获得250 ng合成DNA，以避免后续克隆步骤复杂化。载体与插入片段的摩尔比可根据实验需要进行调整，但通常以

1 : 2的比例作为起始条件较为适宜。《In-Fusion®HD克隆试剂盒用户手册》中还提供了更多信息，并有一个在线工具可用于计算摩尔比（https://www.takarabio.com/learning-centers/cloning/primer-design-and-othertools/in-fusion-molar-ratio-calculator）。

16. 尽管用户手册中指出反应运行15 min，但建议实际反应运行1 h。反应可在4 ℃保存过夜，或在−20 ℃保存至需要时。

17. 这一过程通常会产生数百个菌落。如果所需的菌落数较少，则应在接种前对转化混合物进行多次稀释试验。如果需要更多的菌落，可以进行重复反应，直到达到目标菌落数。还应考虑优化克隆策略/反应条件。

18. 考虑到N个变异的文库大小，95%的文库覆盖率需要大约3个过采样因子，这意味着需要筛选$N×3$个菌落以覆盖该部分变异空间。Reetz小组开发的CASTER工具可用于计算在一定的库规模（与所选变性密码子相关）和库覆盖率下需要筛选的转化株数量[30]。另外，如果将找到一个不一定是最佳变异体的概率作为确定库规模的条件，也可以大大减少筛选工作[27, 31]。

19. 通常情况下，通过菌落PCR对每个库中的10个菌落进行筛选，以估计库的多样性。不过，使用该方案有可能筛选出数百个样本。根据库设计，也可以使用Reetz小组开发的"快速质量控制"方法[22]。另外，新一代测序技术也能显著提高测序通量。

20. 不同的测序公司对样本量和引物浓度的要求略有不同。

21. 避免琼脂裂开。所得溶液的最大OD_{600}应为大约6。可添加额外的LB进行稀释。也可考虑使用Maxiprep试剂盒。细胞密度过高会导致裂解效率低下/离心柱过载。

22. 应预先使用含野生型序列的骨架质粒进行铺板测试，以确定加入感受态细胞的最佳DNA量及获得离散菌落所需的转化混合物稀释度。可选项，琼脂平板也可在23 ℃条件下培养至周末（48~72 h）。根据文库大小，此步骤应考虑使用大于标准培养皿的平板规格。

23. 需要较高的相对湿度来减少培养基的蒸发，从而最终降低筛选的变异性。孵育温度也可设置为37 ℃。在制定方案时采用了50 mm的振荡直径。

24. 事先测量含有100 μL无菌培养基（空白）的平板的OD_{600}，如果没有酶标仪，可使用标准比色皿测量代表性样品的OD。

25. 蛋白质表达的诱导通常在OD = 0.6～0.8时进行，不过当使用如TB等丰富培养基时也可在OD = 2时开始IPTG诱导。在此方案中，细胞倍增时间约为30 min，诱导通常在接种后1 h 50 min进行。

26. IPTG的最终浓度通常在0.1～1 mmol/L。

27. 蛋白质表达可在较低温度下进行，以促进可溶性蛋白质的表达。

28. 稀释倍数在很大程度上取决于所使用的培养基和表达的蛋白质。

29. 冷冻平板，以辅助后续的细胞裂解步骤。

致谢

该项目获得了欧盟"地平线2020"研究与创新计划的资助（项目编号：722361）。作者感谢 Murray J. B. Brown 博士和 Gheorghe-Doru Roiban 博士对本文的严格审阅。

参考文献

[1] Romero PA, Arnold FH (2009) Exploring protein fitness landscapes by directed evolution. Nat Rev Mol Cell Biol 10(12):866-876. https://doi.org/10.1038/nrm2805

[2] Fox RJ, Davis SC, Mundorff EC, Newman LM, Gavrilovic V, Ma SK, Chung LM, Ching C, Tam S, Muley S, Grate J, Gruber J, Whitman JC, Sheldon RA, Huisman GW (2007) Improving catalytic function by ProSAR-driven enzyme evolution. Nat Biotechnol 25(3): 338-344. https://doi.org/10. 1038/nbt1286

[3] Savile CK, Janey JM, Mundorff EC, Moore JC, Tam S, Jarvis WR, Colbeck JC, Krebber A, Fleitz FJ, Brands J, Devine PN, Huisman GW, Hughes GJ (2010) Biocatalytic asymmetric synthesis of chiral amines from ketones applied to sitagliptin manufacture. Science 329(5989): 305-309. https://doi.org/10.1126/science.1188934

[4] Wu S, Snajdrova R, Moore JC, Baldenius K, Bornscheuer UT (2020) Biocatalysis: enzymatic synthesis for industrial applications. Angew Chem Int Ed Engl 60: 88-119. https://doi.org/10.1002/anie.202006648

[5] Fryszkowska A, Devine PN (2020) Biocatalysis in drug discovery and development. Curr Opin Chem Biol 55: 151-160. https://doi.org/10. 1016/j.cbpa.2020.01.012

[6] Huffman MA, Fryszkowska A, Alvizo O, Borra-Garske M, Campos KR, Canada KA, Devine PN, Duan D, Forstater JH, Grosser ST, Halsey HM, Hughes GJ, Jo J, Joyce LA, Kolev JN, Liang J, Maloney KM, Mann BF, Marshall NM, McLaughlin M, Moore JC, Murphy GS, Nawrat CC, Nazor J, Novick S, Patel NR, Rodriguez-Granillo A, Robaire SA, Sherer EC, Truppo MD, Whittaker AM, Verma D, Xiao L, Xu Y, Yang H (2019) Design of an in vitro biocatalytic cascade for the manufacture of islatravir. Science 366 (6470): 1255-1259. https://doi.org/10.1126/science.aay8484

[7] Schober M, MacDermaid C, Ollis AA, Chang S, Khan D, Hosford J, Latham J, Ihnken LAF, Brown MJB, Fuerst D, Sanganee MJ, Roiban G-D (2019) Chiral synthesis of LSD1 inhibitor GSK2879552 enabled by directed evolution of an imine reductase. Nat Catal 2 (10): 909-915. https://doi.org/10.1038/ s41929-019-0341-4

[8] Latham J, Ollis AA, MacDermaid C, Honicker K, Fuerst D, Roiban G-D (2020) Directed evolution of enzymes driving innovation in API manufacturing at GSK. In: Whittall J, Sutton PW (eds) Applied biocatalysis: the chemist's enzyme toolbox. Wiley, Hoboken, New Jersey

[9] Kan SBJ, Huang X, Gumulya Y, Chen K, Arnold FH (2017) Genetically programmed chiral organoborane synthesis. Nature 552 (7683): 132-136. https://doi.org/10.1038/ nature24996

[10] Hammer SC, Kubik G, Watkins E, Huang S, Minges H, Arnold FH (2017) AntiMarkovnikov alkene oxidation by metal-oxomediated enzyme catalysis. Science 358 (6360): 215-218. https://doi.org/10.1126/ science.aao1482

[11] Kan SB, Lewis RD, Chen K, Arnold FH (2016) Directed evolution of cytochrome c for carbon silicon bond formation: bringing silicon to life. Science 354(6315): 1048-1051. https://doi.org/10.1126/science.aah6219

[12] Truppo MD (2017) Biocatalysis in the pharmaceutical industry: the need for speed. ACS Med Chem Lett 8(5): 476-480. https://doi.org/10.1021/acsmedchemlett.7b00114

[13] Goodwin NC, Morrison JP, Fuerst DE, Hadi T (2019) Biocatalysis in medicinal chemistry: challenges to access and drivers for adption. ACS Med Chem Lett 10(10): 1363-1366. https://doi.org/10.1021/acsmedchemlett. 9b00410

[14] Hon J, Borko S, Stourac J, Prokop Z, Zendulka J, Bednar D, Martinek T, Damborsky J (2020) EnzymeMiner: automated mining of soluble enzymes with diverse structures, catalytic properties and stabilities. Nucleic Acids Res 48(W1): W104-W109. https://doi.org/ 10.1093/nar/gkaa372

[15] Trudeau DL, Tawfik DS (2019) Protein engineers turned evolutionists-the quest for the optimal starting point. Curr Opin Biotechnol 60: 46-52. https://doi.org/10.1016/j. copbio.2018.12.002

[16] Romero-Rivera A, Garcia-Borras M, Osuna S (2016) Computational tools for the evaluation of laboratory-engineered biocatalysts. Chem Commun (Camb) 53(2):284-297. https:// doi.org/10.1039/c6cc06055b

[17] Yang KK, Wu Z, Arnold FH (2019) Machine learning-guided directed evolution for protein engineering. Nat Methods 16(8): 687-694. https://doi.org/10.1038/s41592-019-0496- 6

[18] Holland-Moritz DA, Wismer MK, Mann BF, Farasat I, Devine P, Guetschow ED, Mangion I, Welch CJ, Moore JC, Sun S, Kennedy RT (2020) Mass activated droplet sorting (MADS) enables high-throughput screening of enzymatic reactions at Nanoliter scale. Angew Chem Int Ed Engl 59(11): 4470-4477. https://doi.org/10.1002/anie.201913203

[19] Turner NJ (2009) Directed evolution drives the next generation of biocatalysts. Nat Chem Biol 5(8): 567-573. https://doi.org/10. 1038/nchembio.203

[20] Stemmer WP (1994) Rapid evolution of a protein in vitro by DNA shuffling. Nature 370 (6488): 389-391. https://doi.org/10.1038/ 370389a0

[21] Chen K, Arnold FH (1993) Tuning the activity of an enzyme for unusual environments: sequential random mutagenesis of subtilisin Efor catalysis in dimethylformamide. Proc Natl Acad Sci U S A 90(12): 5618-5622. https:// doi.org/10.1073/pnas.90.12.5618

[22] Kille S, Acevedo-Rocha CG, Parra LP, Zhang ZG, Opperman DJ, Reetz MT, Acevedo JP (2013) Reducing codon redundancy and screening effort of combinatorial protein libraries created by saturation mutagenesis.ACS Synth Biol 2(2): 83-92. https://doi.org/ 10.1021/sb300037w

[23] Reetz MT (2011) Laboratory evolution of stereoselective enzymes: a prolific source of catalysts for asymmetric reactions. Angew Chem Int Ed Engl 50(1):138-174. https:// doi.org/10.1002/anie.201000826

[24] Sayous V, Lubrano P, Li Y, Acevdo-Rocha CG (1868) Unbiased libraries in protein directed evolution. Biochim Biophys Acta Proteins Proteom 2020(2): 140321. https://doi.org/10. 1016/j.bbapap.2019.140321

[25] Qu G, Li A, Acevedo-Rocha CG, Sun Z, Reetz MT (2020) The crucial role of methodology development in directed evolution of selectiveenzymes. Angew Chem Int Ed Engl 59 (32): 13204-13231. https://doi.org/10. 1002/anie.201901491

[26] Li A, Acevedo-Rocha CG, Sun Z, Cox T, Xu JL, Reetz MT (2018) Beating bias in the directed evolution of proteins: combining high-Fidelity on-Chip solid-phase gene synthesis with efficient gene assembly for combinato rial library construction. Chembiochem 19 (3): 221-228. https://doi.org/10.1002/cbic. 201700540

[27] Hoebenreich S, Zilly FE, Acevedo-Rocha CG, Zilly M, Reetz MT (2015) Speeding up directed evolution: combining the advantages of solid-phase combinatorial gene synthesis with statistically guided reduction of screening effort. ACS Synth Biol 4(3): 317-331. https:// doi.org/10.1021/sb5002399

[28] Li A, Sun Z, Reetz MT (2018) Solid-phase gene synthesis for mutant library construction: the future of directed evolution? Chembiochem 19(19): 2023-2032. https://doi.org/ 10.1002/cbic.201800339

[29] Gibson DG, Young L, Chuang RY, Venter JC, Hutchison CA 3rd, Smith HO (2009) Enzymatic assembly of DNA molecules up to several hundred kilobases. Nat Methods 6 (5): 343-345. https://doi.org/10.1038/ nmeth.1318

[30] Reetz MT, Carballeira JD (2007) Iterative saturation mutagenesis (ISM) for rapid directed evolution of functional enzymes. Nat Protoc 2 (4): 891-903. https://doi.org/10.1038/ nprot.2007.72

[31] Nov Y (2012) When second best is good enough: another probabilistic look at saturation mutagenesis. Appl Environ Microbiol 78 (1): 258-262. https://doi.org/10.1128/ AEM.06265-11

第二部分

酶分子的
定向进化

第四章

位点饱和突变的计算机模拟预测方法

曲戈，孙周通

摘要

事实证明，定向酶进化是赋予生物催化剂新催化特性的有力手段。相较于完全随机的基因突变，定点或位点饱和突变需要对氨基酸位点或取代的残基进行半理性选择，这种方法可显著减少蛋白质工程中的筛选工作量。为此，计算机模拟预测方法在定点饱和诱变中发挥着举足轻重的作用。在本章中，我们提供了两种独立的计算方法，即（a）构象动力学指导设计，以及（b）蛋白质 – 配体相互作用指纹分析，分别用于位点饱和突变的特定位置，以调控醇脱氢酶的底物特异性 / 立体选择性和提高羧酸还原酶的活性。

关键词： 酶工程合理设计，计算机模拟的，特定位点饱和突变，构象动力学，蛋白质 – 配体相互作用，乙醇脱氢酶，羧酸还原酶

第一节　引言

酶工程已成为提供大量实用生物催化剂的基础技术，对生物催化和工业生物制造领域裨益良多[1-3]。作为一种功能强大、应用广泛的方法，定向进化可以通过随机突变蛋白质的氨基酸序列来改善酶的功能[4]。然而，由于序列空间巨大，筛选步骤成为定向进化的瓶颈[5,6]。因此，人们希望找到只需最少筛选步骤就能进化出"小而精"的突变体文库的方法和策略[7,8]。在这项至关重要的工作中，已经开发出了减少随机性的更复杂方法，以揭示精心选择的氨基酸残基子集（通常称为"热点"），在这些氨基酸残基上进行突变可能会提高活性、稳定性或选择性[8-11]。因此，聚焦突变技术能够有效缩小文库规模并降低筛选压力，从而显著提升改良突变体的发现效率。

这种聚焦突变技术通常依赖于位点饱和突变方法，在热点位置引入随机多样性，然后筛选相应的突变体文库以确定优势取代。一方面，为了限制偏差和控制遗传密码中的冗余，将筛选工作保持在最低水平，已经开发了一些与氨基酸字母缩减对应的退化密码子集，这一点已得到广泛阐明[12,13]。另一方面，在这种工作中，结构指导方法和计算机模拟工具可以提高成功概率，从而提供极大帮助[14-16]。目前已开发出越来越多的计算方法和工具，以帮助更快地识别合适的热点，设计"小而精"的突变体文库[17-21]。在本章中，我们提供了两种用于确定位点饱和突变的热点位置以操纵酶序列的计算机模拟方法（图4-1）：

（a）以构象动力学为指导，对来自 Thermoa naerobacter brockii 的乙醇脱氢酶（TbSADH）进行底物特异性和立体选择性设计；

（b）通过蛋白质 - 配体指纹相互作用分析，对来自 Segniliparus rugosus 的羧酸还原酶（SrCAR）进行工程设计，以提高其活性[23, 24]。

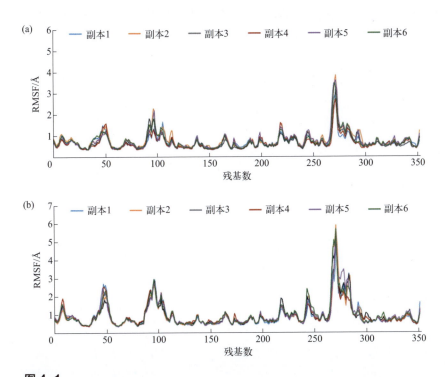

图 4-1

本章介绍的两种计算机模拟预测方法示意图（1 Å=10⁻¹⁰ m）

第一个案例研究利用酶结构中的构象动态变化信息来确定关键残基。近年来，人们对蛋白质构象动力学分析的兴趣与日俱增 [25-28]，并将其作为酶工程的指导，用于扩大底物范围 [29]、提高酶选择性 [30]、缓解产物抑制 [31]、改善热稳定性 [32] 等。氨基酸残基在环中的运动与结合袋的形状有关，被认为会影响酶在野生型（WT）天然状态下的催化性能 [25-28]。因此，通过构象动力学分析找出操纵酶反应的有益位置是非常有意义的。构象动力学指导设计 TbSADH 的底物特异性和立体选择性就是一个例子 [22,33]。分析结果发现，两个关键残基增加了环状区域的波动，从而使结合袋的容积增大，可以容纳非天然的大块底物，实现可接受的活性和高对映选择性 [22,33]。第二种方法是利用蛋白质配体相互作用指纹分析来挖掘酶活性位点内的信息，这同样有利于热点的识别。

这是一种在蛋白质工程、结构生物信息学和药物发现领域行之有效的方法 [23,34,35]。此外，由于分子动力学（MD）模拟是分析蛋白质 - 配体复合物构象变化的主要方法，它可以有效地量化蛋白质 - 配体相互作用的频率。在此基础上，我们利用羧酸还原酶（SrCAR）进行了第二项案例研究，根据生成的 MD 模拟轨迹，通过蛋白质 - 配体相互作用指纹分析确定了底物结合口袋处的热点残基。结果表明，突变体对模型底物苯甲酸的活性大大增强 [23,24]。

第二节 材料

1. 本方法使用了一台基于Unix（如Ubuntu 16.04系统）的工作站，该工作站可运行MD模拟和其他计算程序。

2. MD计算采用了由AmberTools 16组成的AMBER（辅助模型构建和能量细化）分子动力学软件包2016 [36] 的GPU版本。GPU驱动程序版本为375.20，CUDA工具包版本为8.0。AMBER由加利福尼亚大学授权发布。购买后，可使用Fortran 95、C或C++ 编译器下载并安装AMBER，具体方法请参阅https://ambermd.org/Manuals.php上的《Amber参考手册》。

3. 采用SchrÖdinger Maestro（2015-2版）来制备配体结构 [37]。作为一款功能强大的分子可视化程序，Maestro对学术用户免费；可从 https://www.schrodinger.com/academiclicensing下载。

4. VMD（Visual Molecular Dynamics）软件（http://www.ks.uiuc.edu/

Research/vmd）[38]用于MD轨迹和结构的可视化。此外，PyMOL[39]和 UCSF Chimera[40]也被用于结构可视化和制备。

5. CPPTRAJ[41]用于分析分子动力学轨迹。

6. 使用PLIP（蛋白质-配体相互作用剖析器）程序对相关的非新颖蛋白质配体接触进行检测和可视化。该程序可从 https://github.com/pharmai/plip/releases 下载。解压压缩文件并安装。

7. H++ 网络服务器（http://biophysics.cs.vt.edu/）用于计算蛋白质中可电离基团的pK值，并根据指定的环境pH值添加缺失的氢原子[42]。

8. 用于初始系统设置的X射线结构来自蛋白质数据库（http://www.rcsb.org）。PDB代码1YKF用于TbSADH模型的创建，而5MSS和5MSV用于SrCAR模型创建中的硫代和还原建模。如果没有PDB结构，建议使用同源建模（见注释1）。

第三节　方法

一、　结构准备

以构象动力学引导的 TbSADH 酶工程案例研究为例。

1. 从PDB网站下载野生型TbSADH的X射线结构1YKF（1ykf.pdb），作为创建模型的基础。

2. 用任何一种文本编辑工具（如sublime、gedit等）打开1ykf.pdb文件，删除辅因子NADP$^+$和锌离子的行，然后将其保存为文件apo.pdb。

3. 使用H++ 网络服务器[42]对载脂蛋白进行质子化处理。其网站上有查询界面的链接［点击 "PROCESS A STRUTURE"（处理结构）］，其中还提供了详细的服务器使用说明和示例［点击 "EXAMPLES"（示例）］。上传载体蛋白质结构文件（apo.pdb）后，我们可以设置质子化参数，这里我们设置pH值为7.4以模拟实验条件。处理几分钟后（本例中为1~2 min），我们就可以得到预测质子化状态下的PDB结构；然后下载该文件并将其保存为wt_dry.pdb文件。或者，我们也可以获取.top和.crd格式的文件0.15_80_10_pH7.4_apo.top和0.15_80_10_pH7.4_apo.crd，然后执行以下命令生成结构文件wt_dry.pdb。推荐使用后一种方法。

　　ambpdb -p 0.15_80_10_pH7.4_apo.top -c 0.15_80_10_pH7.4_apo. crd >

wt_dry.pdb

二、 分子动力学模拟

1. 构建TbSADH溶剂化体系的拓扑和坐标文件。创建一个包含以下内容的文件，并将其保存为新文件tleap.in。

```
source leaprc.ff14SB
source leaprc.gaff
#load pdb file
mol = loadpdb wt_dry.pdb
#put 10Å-buffer of TIP3P water around the system
solvatebox mol TIP3PBOX 10.0
#Neutralize the system
addions mol Na+ 0
addions mol Cl- 0
#save topology and coordinate files
savepdb mol wt_solv.pdb
saveamberparm mol wt_solv.prmtop wt_solv.inpcrd
quit
```

准备就绪后，运行以下命令：

```
tleap -s -f tleap.in
```

最后，拓扑文件（wt_solv.prmtop）和坐标文件（wt_solv.inpcrd）分别以 .prmtop 和 .inpcrd AMBER 格式保存。

2. 能量最小化。在进行分子动力学模拟之前，需要对系统进行松弛，以消除溶解产生的不良接触。它包括四个连续步骤，分别为松弛质子、溶剂、侧链和整个系统。首先，准备以下文件min1.in、min2.in、min3.in和min4.in。

```
min1.in
#Minimization 1 - protons
&cntrl
imin=1, ntx=1,
maxcyc=2000, ncyc=1000,
cut=10.0, ntb=1,
ntpr=100,
ntr=1,
restraintmask=' :!@H=' ,
restraint_wt=10,
/
```

```
min2.in
#Minimization 2 - solvent
&cntrl
imin=1, ntx=1,
maxcyc=2000, ncyc=1000,
cut=10.0, ntb=1,
ntpr=100,
ntr=1,
restraintmask=' :1-352',
restraint_wt=10,
/

min3.in
#Minimization 3 - side chains
&cntrl
imin=1, ntx=1,
maxcyc=2000, ncyc=1000,
cut=10.0, ntb=1,
ntpr=100,
ntr=1,
restraintmask=' :1-352@CA,N,C,O',
restraint_wt=10,
/

min4.in
#Minimization 4 - all atoms
&cntrl
imin=1,
maxcyc=10000, ncyc=5000,
cut=10.0, ntb=1,
/
```

接下来，运行以下命令：

pmemd.cuda -O -i min1.in -p wt_solv.prmtop -c wt_solv. inpcrd -o min1.out -r min1.rst -ref wt_solv.inpcrd && pmemd. cuda -O -i min2.in -p wt_solv.prmtop-c min1. rst -o min2.out -r min2.rst -ref min1.rst && pmemd.cuda -O -i min3.in -p wt_solv. prmtop -c min2.rst -o min3.out -r min3.rst -ref min2.rst && pmemd.cuda -O -i min4.in -p wt_solv.prmtop -c min3.rst -omin4.out -r min4.rst -ref min3.rst

最后，将生成一系列输出文件，包括文件 min4.rst。

3. 在NVT条件下加热系统。最小化系统需要从0 K逐步加热到303 K（约 30 ℃，TbSADH的最佳反应温度），持续50 ps。必须对蛋白质残基进 行10 kcal/(mol·Å^2)的弱约束。创建一个新文件并命名为heat.in。

```
heat.in
&cntrl
imin=0, irest=0, ntx=1, irest=0,
nstlim=50000, dt=0.001,
ntc=2, ntf=2,
cut=10.0, iwrap=1,
ntb=1, ntp=0,
ntpr=500, ntwx=500,
ntt=3, gamma_ln=2.0,
tempi=0, ig=-1,
```

temp0=303, # 我们可以在此处设置参比温度，例如 30℃ 设置为 303，60℃ 设置为 333。

```
ntr=1,
restraintmask= ' :1-352' ,
restraint_wt=10,
nmropt=1,
/
&wt  TYPE=' TEMP0' , istep1=0, istep2=50000, value1=0.0, value2=300.0 /
&wt TYPE=' end' /
```

准备好 heat.in 文件后，运行以下命令，生成的 heat. rst 文件将用于下一步。

```
pmemd.cuda-O-i heat.in -p wt_solv.prmtop -c min4.rst -o heat.out -r heat.rst -x
heat.mdcrd -ref min4.rst
```

4. 密度平衡（NPT系综）。接下来，在NPT条件下，在300 K和1.0 atm（1 atm=101325 Pa）的压力下，使用Langevin恒温器保持加热系统50 ps的密度平衡，碰撞频率为2 ps^{-1}，压力松弛时间为1 ps。对蛋白质残基进行10 kcal/(mol·Å^2)的弱约束。创建一个包含以下内容的文件，并将其保存为density.in文件。

```
density.in
&cntrl
imin=0, irest=0, ntx=5,
nstlim=25000, dt=0.001,
ntc=2, ntf=2,
cut=10.0, iwrap=1,
ntb=2, ntp=1, taup=2.0,
ntpr=500, ntwx=500, ntwr=5000,
ntt=3, gamma_ln=2.0,
temp0=303, ig=-1,
```

```
ntr=1,
restraintmask=' :1-352',
restraint_wt=10,
/
```

运行以下命令，并在下一步中使用生成的文件 density.in。

pmemd.cuda -O -i density.i n -p wt_solv.prmtop -c heat.rsto density.out -r
density.rst -x density.m d c r d -ref heat.rst

5. 无约束平衡。去除所有约束后，再平衡系统10 ns，以获得稳定的压力和温度。创建一个包含以下内容的文件，并将其保存为equil.in文件。

```
equil.in
&cntrl
imin=0, rest=1, tx=5,
nstlim=1000000, dt=0.001,
ntc=2, ntf=2,
cut=10.0, iwrap=1,
ntb=2, ntp=1, taup=5.0,
ntpr=5000, ntwx=5000, ntwr=500000,
ntt=3, gammol/La_ln=2.0,
temp0=300, ig=−1,
/
```

准备好 equil.in 文件后，运行以下命令，并在下一步中使用输出文件 equil.rst。

pmemd. Cuda -O -i equil. in-pwt_solv. prmtop-c density. rst-o equil. out -r equil. rst
-x equil. mdcrd-ref density. rst

6. MD正式模拟。以随机初始速度执行100 ns的生产MD正式模拟（见注释2）。创建一个包含以下内容的文件，并将其保存为prod.in。

```
prod.in
&cntrl
imin=0, irest=1, ntx=1,
nstlim=100000000, dt=0.001,
ntc=2, ntf=2,
cut=10.0, iwrap=1,
ntb=2, ntp=1,
ntpr=1000, ntwx=1000, ntwr=500000,
ntt=3, gamma_ln=2.0,
temp0=303, ig=−1,
/
```

然后，运行以下命令，将生成一个 100 ns 的轨迹（prod.mdcrd）。

```
pmemd.cuda -O -i prod.in -p wt_solv.prmtop -c equil.rst -o prod.out -r prod.rst -x
prod.mdcrd -ref equil.rst
```

三、 轨迹分析

采用 AmberTools 16 中的 CPPTRAJ 程序分析上一步生成的轨迹。首先，通过在 CPPTRAJ 程序中运行以下命令，剔除所有溶剂和中和离子以保持轨迹文件精简。

```
>parm wt_solv.prmtop
>trajin prod.mdcrd
>strip :WAT
>strip @Na+
>trajout prod_dry.mdcrd
```

生成的文件 prod_dry.mdcrd，在大小上要比 prod.mdcrd 小得多，因为它只包含蛋白质原子的共坐标信息。

接下来，进行坐标 RMSF（均方根波动）分析，测量原子或残留物在整个轨迹上的变化。残差平均原子涨落计算可以识别柔性区域，执行方法如下：

```
>parm wt_dry.prmtop
>trajin prod_dry.mdcrd
>rms first
>average crdset MyAvg
>rms ref MyAvg
>atomicfluct out rmsf.agr @C,CA,N byres
>atomicfluct out rmsf.dat @C,CA,N byres
```

这将提供一个图形文件 rmsf.agr 和一个文本类型文件 rmsf.dat。如果您对默认的图形不满意，可以使用后一种文本类型文件，以自己的方式对其进行自定义和可视化。

四、 副本分析

为了避免单次分子动力学模拟造成的错误结论[43]，有必要对相同原子坐标进行多次模拟。因此，在本案例研究中，通过重复运行步骤 6，进行了六次独立的模拟。对于每个副本，在步骤 7 中进行相同的轨迹分析[图 4-2（a）]。此外，在温度为 60 ℃ 的条件下做同样的工作，可以通过设置参数 temp0 = 333 来实现，如步骤 8 所述。同样在 60 ℃ 下运行 6×100 ns 的轨迹，并进行相同的 RMSF 分析[图 4-2（b）]。

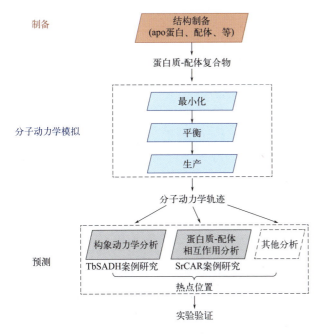

图 4-2

非结合态野生型 TbSADH 在（a）30 ℃ 和（b）60 ℃100 ns MD 模拟的 6 个副本（随机初始速度）
（改编自参考文献 [22]）

　　　　分别在 30 ℃ 和 60 ℃ 下进行六次重复 MD 运行，取平均值后得到图 4-3
所示的结果。在各自结合口袋的所有 8 个残基（S39、A85、I86、W110、
Y267、M285、L294 和 C295）中，位点 A85、I86、L294 和 C295 的 RMSF
值均小于 1 Å，表明它们相对较硬，可能会对底物识别造成限制[22]。因此，
热点残基 A85、I86、L294 和 C295 被确定为热点。

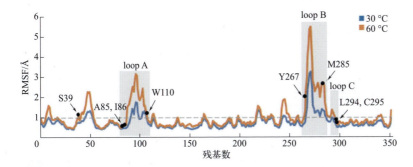

图 4-3

在 30 ℃ 和 60 ℃ 下对非结合态野生型 TbSADH 进行分子动力学模拟计算得出的所有残基的平
均 RMSF 值（改编自参考文献 [22]）
底物结合袋的关键残基用黑色箭头表示。

以蛋白质 - 配体相互作用分析指导的 SrCAR 工程为例。

五、 结构准备

1. 下载SrCAR X射线结构文件5MSS.pdb和5MSV.pdb，分别对应于硫代化和还原建模。下载其他X射线结构用于模型构建，包括与模型底物苯甲酸共结晶的5MSD，在N端腺苷化区域含有甲基丙二酰-CoA的3NYQ，以及在C端还原酶区域浸有己醇-辅酶A和NADPH的1W6U。

2. 补全缺失的区域。如图4-4所示，原始下载的5MSS和5MSV结构缺失了一些残基。因此，缺失的残差需要在下一步补全。以5MSS.pdb文件为例，通过UCSF Chimera软件打开，点击Tools→Structure Editing→Model/ Refine Loops。在Model Loops/ Refine Structure窗口中，单击all missing structure和one，然后输入Modeller许可密钥（见注释3），并单击OK开始完成。将生成的结构保存为5mss_complete.pdb。对5MSV结构执行相同的过程，并获得5msv_complete.pdb。

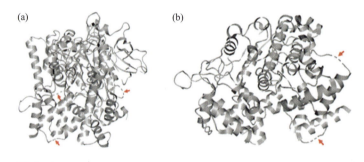

图 4-4

PDB 编号 5MSS 和 5MSV 中 SrCAR 蛋白的缺失残基（改编自参考文献 [24]）

（a）5MSS 缺失 296-300、664-665 和 685-688 位残基；（b）5MSV 缺失 685-688 和 746-747 位残基（红色箭头表示）

3. 用任何一种文本编辑工具（如sublime、gedit等）打开5mss_complete.pdb文件，删除辅助因子行，然后将其保存为文件5mss-apo.pdb。执行同样操作，得到文件5msv-apo.pdb。

4. 载脂蛋白的质子化。按照第三节标题一的第3步所述的相同步骤，分别得到5MSS和5MSV的质子化状态预测结果。分别保存为文件5mss_dry.pdb和5msv_dry.pdb。

5. 配体制备。硫醇化模型由三部分组成：5MSS apoenzyme、苯甲酸-5′-

AMP和磷酸泛硫乙烯基。由于在上述步骤中已经制备了载肽酶，因此需要构建苯甲酸-5′-AMP和磷酸泛硫乙烯基。运行PyMOL程序，点击Tools→File→打开5MSS.pdb和5MSD.pdb文件，输入"align 5MSD,5MSS"对齐5MSD和5MSS，选择5MSD中的苯甲酸和5MSS中的AMP，点击File→Export Molecule→Selection Sele，保存为ASU.pdb。关闭PyMOL并运行SchrÖdinger Maestro程序，点击Import，选择ASU.pdb文件并打开［图4-5（a）］，添加H原子的方法如下：点击Edit→Add H，点击Takes→Minimization→Force-Field，然后点击Run使用默认参数。2 min后，将得到能量最小化的苯甲酸-5′-AMP复合物［图4-5（b）］；将其保存为ASU-mae.mol2。用同样的方法，生成磷酸泛酰巯基乙胺基团，过程如下：运行PyMOL程序，点击Tools→File→打开文件5MSS.pdb和3NYQ.pdb，输入"align 3NYQ, 5MSS"将3NYQ与5MSS对齐，选择3NYQ中的甲基丙二酰-CoA分子［图4-5（c）］，保存为PPT.pdb。关闭PyMOL并运行SchrÖdinger Maestro程序，点击Import，打开PPT.pdb文件，删除与Ser残基相连的磷酸的氧原子，点击Build→Delete。添加H操作完成后，将结构最小化并保存为PPT-mae.mol2［图4-5（d）］。

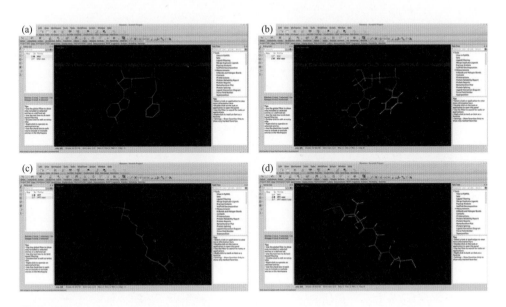

图4-5

配体的制备

（a）从 PDB 代码 5MSS 和 5MSD 中提取的 AMP 和苯甲酸；（b）优化的苯甲酸 -5'-AMP 复合物；（c）3NYQ 中的甲基丙二酰 -CoA 分子；（d）生成的 PPT 分子

　　　　还原系统还包括三个组成部分：5MSV apoenzyme、NADPH 和苯甲酰基。后者在第三节五的第 4 步中制备。对于 NADPH，打开终端并输入 grep NAP 5MSV.pdb＞NAP.pdb，然后从 AMBER 参数数据库（http://www.pharmacy.manchester.ac.uk/bryce/amber/）下载 NADPH 分子参数。在辅因子表中搜索 NADPH 行，下载 PREP 和 FRCMOD 文件，分别保存为文件 NAP.prep 和 NAP.frcmod。

6. 构建蛋白质配体复合物。为了生成5MSS辅酶与苯甲酸-5′-AMP、磷酸泛酰巯基乙胺基团，请打开终端，输入cat 5mss_apo.pdb ASU-mae.pdb PPT-mae.pdb＞5mss_complex.pdb，然后得到pdb文件5mss_complex.pdb。以同样的方式获取与5msv complex相关的pdb文件5msv_complex.pdb。

7. 为配体和非标准残基准备其他文件。首先，使用AM1-BCC电荷法为 AMBER可识别的配体生成.mol2文件。如果是苯甲酸-5′-AMP，运行以下命令：

```
Antechamber- fimol2-fo mol2 -i ASU-mae.pdb -o ASU.mol2 -cbcc -pf y -nc -4
```

　　然后，执行以下命令获取该配体的 frcmod 文件：

```
parmchk2 -i ASU.mol2 -o ASU.frcmod -f mol2
```

　　以同样的方法获得其他配体的 .mol2 和 .frcmod 文件。

　　考虑到磷酸泛酰巯基乙胺基团附着在 CAR 中保守的亲核丝氨酸侧链（如 SrCAR 中的 Ser702）上，应删除 Ser702 侧链中的氢原子。为了使 AMBER 能够识别修改后的丝氨酸残基，需要为侧链中缺少氢原子的丝氨酸残基准备一个新的 lib 文件。一个简单的方法是修改普通丝氨酸氨基酸库信息（保存在 /../ amber16/dat/reslib/leap/ 文件夹中），删除与该氢原子（命名为“HG”）相关的行，然后将新文件保存为 *SOR.lib*。

六、 分子动力学模拟

1. 建立SrCAR硫醇化溶剂化体系的拓扑和坐标文件。
　　创建一个包含以下行的文件，并将其保存为 thio_tleap.in。

```
thio_tleap.in
source leaprc.ff14SB
source leaprc.gaff
ASU = loadmol2 ASU.mol2
PPT = loadmol2 PPT.mol2
Loadoff SOR.lib
loadamberparams ASU.frcmod
```

```
loadamberparams PPT.frcmod
loadamberparams S-P.frcmod
mol = loadpdb 5mss_complex.pdb
```

　　# 在 Ser 的 O 原子和辅因子 PPT 的 P 原子之间建立一个键。值得注意的是，5MSS 系统中的 Ser702 被重新编号为 686。

```
bond mol.686.OG mol.730.P1
savepdb mol thio_dry.pdb
saveamberparm mol thio_dry.prmtop thio_dry.inpcrd
solvatebox mol TIP3PBOX 10.0
addions mol Na+ 0
addions mol Cl- 0
savepdb mol thio_solv.pdb
saveamberparm mol thio_solv.prmtop thio_solv.inpcrd
quit
```

　　准备好 tleap.in 文件后，运行以下命令：

```
tleap -s -f thio_tleap.in
```

　　建立 SrCAR 还原求解系统的拓扑和坐标文件。创建一个包含以下行的文件，并将其保存为 "red_- tleap.in"。

```
red_tleap.in
source leaprc.ff14SB
source leaprc.gaff
PSU = loadmol2 PSU.mol2
loadoff SOR.lib
loadamberprep NAP.prep
loadamberparams NAP.frcmod
loadamberparams PSU.frcmod
loadamberparams S-P.frcmod
mol = loadpdb 5msv_complex.pdb
```

　　# 在 Ser702 的 O 原子和辅因子 PPT 的 P 原子之间建立一个键。值得注意的是，5MSV 系统中的 Ser702 被重新编号为 35。

```
bond mol.35.OG mol.522.P1
savepdb mol red_dry.pdb
saveamberparm mol red_dry.prmtop red_dry.inpcrd
solvatebox mol TIP3PBOX 10.0
addions mol Na+ 0
addions mol Cl- 0
savepdb mol red_solv.pdb
saveamberparm mol red_solv.prmtop red_solv.inpcrd
quit
```

准备好 *tleap.in* 文件后，运行以下命令：

tleap -s -f red_tleap.in

2. 能量最小化。它包括五个连续步骤，通过使用以下文件min1.in、min2.
in、min3.in、min4.in和min5.in分别松弛质子、溶剂分子、侧链、辅助
因子和整个系统。

min1.in
#Minimization 1 - protons
&cntrl
imin=1, ntx=1,
maxcyc=2000, ncyc=1000,
cut=10.0, ntb=1,
ntpr=100,
ntr=1,
restraintmask=:!@H=,
restraint_wt=10,
/

min2.in
#Minimization 2 - solvent
&cntrl
imin=1, ntx=1,
maxcyc=2000, ncyc=1000,
cut=10.0, ntb=1,
ntpr =100,
ntr =1,
restraintmask =:1-730,
restraint_wt =10,
/

min3.in
#Minimization 3 - cofactor
&cntrl
imin =1, ntx =1,
maxcyc =2000, ncyc =1000,
cut =10.0, ntb =1,
ntpr =100,
ntr =1,
restraintmask =:1-728,
restraint_wt =10,
/

min4.in

```
#Minimization 4 - sidechains
&cntrl
imin =1, ntx =1,
maxcyc =2000, ncyc =1000,
cut =10.0, ntb =1,
ntpr =100,
ntr =1,
restraintmask =:1-728@CA,N,C,O,
restraint_wt =10,
/

Min5.in
#Minimization 5 - allatoms
&cntrl
imin =1,
maxcyc =10000, ncyc =5000,
cut =10.0, ntb =1,
/
```

准备好 min1.in、min2.in、min3.in 和 min4.in 文件后，运行以下命令：

pmemd.cuda -O -i min1.in -p thio_solv.prmtop -cthio_solv.inpcrd -o min1.out -r min1.rst -ref thio_solv.inpcrd&& pmemd.cuda -O -i min2.in -p thio_solv.p r m t o p -c min1.r s t -omin2.out-r min2.rst -ref min1.rst && pmemd.cuda -O -i min3.in -pthio_- solv.prmtop -c min2.rst -o min3.out -r min3.rst -refmin2.rst && pmemd.cuda -O -i min4.in -p thio_solv.prmtop -cmin3.rst -o min4.out -r min4.rst -ref min3.r s t && pmemd.cuda-O -i min5.in-p thio_solv.prmtop -c min4.rst -o min5.out -r min5.rst -ref min4.rst

按照相同方法，通过修改 restraintmask 参数设置（5msv 蛋白的氨基酸序列长度为 522），生成适用于还原体系的 min1.in ～ min5.in 输入文件。运行时只需将命令中的拓扑文件 thio_solv.prmtop 替换为 red_solv.prmtop 即可。

3. NVT集合、NPT集合、无约束平衡和MD生产。heat.in、density.in、equil.in和prod.in文件与TbSADH案例研究中的相同，只是将restraintmask值改为硫化和还原系统的长度，并将nstlim值改为300000000以生成300 ns的MD生产运行。

七、　轨迹分析

按照本节三中的步骤，得到硫代和还原系统的干燥轨迹文件，分别命名为 thio_prod_- dry.mdcrd 和 red_prod_dry.mdcrd。在 CPPTRAJ 程序中运行以下命令行，从生成的 .mdcrd 文件中以 1 ns 的间隔各选择 300 个帧。

它将生成 300 个 PDB 文件（从 thio-stru.pdb.1 到 thio-stru.pdb.300）。

```
>parm thio_dry.prmtop
>trajin thio_prod_dry.mdcrd 1 300000 1000
>trajout thio-stru.pdb pdb multi
> run
```

因此，生成的 PDB 文件可用于 PLIP 程序分析非共价蛋白质与底物之间的相互作用。为此，可将每个 PDB 文件上传到 PLIP 在线网页（https://plip.biotec.tu-dresden.de/plip-web/plip/index），或使用本地的版本。如图 4-6 所示，通过分析 PDB 文件，可以统计出与底物接触最多的残基。然后就可以对预测的热点进行定点饱和诱变设计，以提高催化活性[23]。

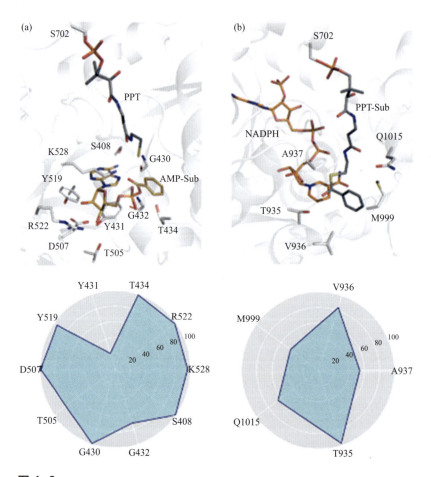

图 4-6

利用 SrCAR 在硫化阶段（a）和还原系统（b）中识别出的热点（改编自文献 [23,24]）

总之，TbSADH 案例研究（图 4-3）中的构象动力学和 SrCAR 案例研究（图 4-6）中的蛋白质配体相互作用指纹分析都可以有效预测热点位置。还有许多其他的计算机模拟方法可以预测定点诱变的热点[17]。

第四节　注释

1. 如果没有结晶蛋白质结构，同源建模也可以提供可靠的起始结构，这可以通过使用MODELLER、I-TASSER[44]或其他工具来实现。
2. 在准备多个独立副本时，建议使用随机初始速度。
3. MODELLER许可证密钥可在填写许可证协议后在网页 https://salilab.org/modeller/registration.html 上申请，对学术用户免费。

致谢

这项工作得到了中国国家重点研发计划（2019YFA0905100、2018YFA0901900）、天津市合成生物技术创新能力提升工程（TSBICIP-CXRC-009、TSBICIP- KJGG-003）和中国科学院青年创新促进会（2021175）的支持。

参考文献

[1] Clomburg JM, Crumbley AM, Gonzalez R (2017) Industrial biomanufacturing: the future of chemical production. Science 355: aag0804.

[2] Qu G, Li A, Acevedo-Rocha CG, Sun Z, Reetz MT (2020) The crucial role of methodology development in directed evolution of selective enzymes. Angew Chem Int Ed 59 (32): 13204-13231.

[3] Sheldon RA, Pereira PC (2017) Biocatalysis engineering: the big picture. Chem Soc Rev 46: 2678-2691.

[4] Arnold FH (2018) Directed evolution: bringing new chemistry to life. Angew Chem Int Ed 57(16): 4143-4148.

[5] Romero PA, Arnold FH (2009) Exploring protein fitness landscapes by directed evolution. Nat Rev Mol Cell Biol 10(12): 866-876.

[6] Xiao H, Bao Z, Zhao H (2015) High throughput screening and selection methods for directed enzyme evolution. Ind Eng Chem Res 54(16): 4011-4020.

[7] Hauer B (2020) Embracing Nature's catalysts: a viewpoint on the future of biocatalysis. ACS Catal 10(15): 8418-8427.

[8] Qu G, Lonsdale R, Yao P, Li G, Liu B, Reetz MT, Sun Z (2018) Methodology development in directed evolution: exploring options when applying triple-code saturation mutagenesis. Chembiochem 19(3): 239-246.

[9] Ebert MC, Pelletier JN (2017) Computational tools for enzyme improvement: why everyone can—and should—use them. Curr Opin Chem Biol 37: 89-96.

[10] Zeymer C, Hilvert D (2018) Directed evolution of protein catalysts. Annu Rev Biochem 87 (1): 131-157.

[11] Sun Z, Liu Q, Qu G, Feng Y, Reetz MT (2019) Utility of B-factors in protein science: interpreting rigidity, flexibility, and internal motion and engineering thermostability. Chem Rev 119(3): 1626-1665.

[12] Li A, Qu G, Sun Z, Reetz MT (2019) Statistical analysis of the benefits of focused saturation mutagenesis in directed evolution based on reduced

amino acid alphabets. ACS Catal 9 (9): 7769-7778.

[13] Acevedo-Rocha CG, Reetz MT (2016) Handling the numbers problem in directed evolution. In: Understanding Enzymes: Function, Design, Engineering and Analysis. Pan Stanford Publishing Pte. Ltd., Singapore.

[14] Zaugg J, Gumulya Y, Gillam EM, Bodén M (2014) Computational tools for directedevolution: a comparison of prospective and retrospective strategies. Methods Mol Biol 1179: 315-333.

[15] Damborsky J, Brezovsky J (2014) Computational tools for designing and engineering enzymes. Curr Opin Chem Biol 19: 8-16.

[16] Mazurenko S, Prokop Z, Damborsky J (2020) Machine learning in enzyme engineering. ACS Catal 10(2): 1210-1223.

[17] Sebestova E, Bendl J, Brezovsky J, Damborsky J (2014) Computational tools for designing smart libraries. In: Gillam EMJ, Copp JN, Ackerley D (eds) Directed evolution library creation: methods and protocols. Springer New York, New York, NY, pp 291-314.

[18] Sun Z, Lonsdale R, Wu L, Li G, Li A, Wang J, Zhou J, Reetz MT (2016) Structure-guided triple-code saturation mutagenesis: efficient tuning of the Stereoselectivity of an epoxide hydrolase. ACS Catal 6(3): 1590-1597.

[19] Sun Z, Lonsdale R, Ilie A, Li G, Zhou J, Reetz MT (2016) Catalytic asymmetric reduction of difficult-to-reduce ketones: triple-code saturation mutagenesis of an alcohol dehydrogenase. ACS Catal 6(3): 1598-1605.

[20] Xu J, Cen Y, Singh W, Fan J, Wu L, Lin X, Zhou J, Huang M, Reetz MT, Wu Q (2019) Stereodivergent protein engineering of a lipase to access all possible stereoisomers of chiral esters with two Stereocenters. J Am Chem Soc 141(19): 7934-7945.

[21] Moore JC, Rodriguez-Granillo A, Crespo A, Govindarajan S, Welch M, Hiraga K, Lexa K, Marshall N, Truppo MD (2018) "Site and mutation"-specific predictions enable minimal directed evolution libraries. ACS Synth Biol 7 (7): 1730-1741.

[22] Liu B, Qu G, Li J-K, Fan W, Ma J-A, Xu Y, Nie Y, Sun Z (2019) Conformational dynamics-guided loop engineering of an alcohol dehydrogenase: capture, turnover and enantioselective transformation of difficult-toreduce ketones. Adv Synth Catal 361 (13): 3182-3190.

[23] Qu G, Liu B, Zhang K, Jiang Y, Guo J, Wang R, Miao Y, Zhai C, Sun Z (2019) Computer-assisted engineering of the catalytic activity of a carboxylic acid reductase. J Biotechnol 306: 97-104.

[24] Qu G, Fu M, Zhao L, Liu B, Liu P, Fan W, Ma JA, Sun Z (2019) Computational insights into the catalytic mechanism of bacterial carboxylic acid reductase. J Chem Inf Model 59 (2): 832-841.

[25] Hanoian P, Liu CT, Hammes-Schiffer S, Benkovic S (2015) Perspectives on electrostatics and conformational motions in enzyme catalysis. Acc Chem Res 48(2): 482-489.

[26] Kreß N, Halder JM, Rapp LR, Hauer B (2018) Unlocked potential of dynamic elements in protein structures: channels and loops. Curr Opin Chem Biol 47: 109-116.

[27] Singh P, Francis K, Kohen A (2015) Network of remote and local protein dynamics in dihydrofolate reductase catalysis. ACS Catal 5 (5): 3067-3073.

[28] Wang Z, Abeysinghe T, Finer-Moore JS, Stroud RM, Kohen A (2012) A remote mutation affects the hydride transfer by disrupting concerted protein motions in thymidylate synthase. J Am Chem Soc 134 (42): 17722-17730.

[29] Ouedraogo D, Souffrant M, Vasquez S, Hamelberg D, Gadda G (2017) Importance of loop L1 dynamics for substrate capture and catalysis in *Pseudomonas aeruginosa* d-arginine dehydrogenase. Biochemistry 56 (19): 2477-2487.

[30] Yang B, Wang H, Song W, Chen X, Liu J, Luo Q, Liu L (2017) Engineering of the conformational dynamics of lipase to increase enantioselectivity. ACS Catal 7: 7593-7599.

[31] Han S-S, Kyeong H-H, Choi JM, Sohn Y-K, Lee J-H, Kim H-S (2016) Engineering of the conformational dynamics of an enzyme for relieving the product inhibition. ACS Catal 6: 8440-8445.

[32] Parra-Cruz R, Jager CM, Lau PL, Gomes RL, Pordea A (2018) Rational design of thermostable carbonic anhydrase mutants using molecular dynamics simulations. J Phys Chem B 122 (36): 8526-8536.

[33] Qu G, Liu B, Jiang Y, Nie Y, Yu H, Sun Z (2019) Laboratory evolution of an alcohol dehydrogenase towards enantioselective reduction of difficult-to-reduce ketones. Bioresour Bioprocess 6(1): 18.

[34] Chan HCS, Li Y, Dahoun T, Vogel H, Yuan S (2019) New binding sites, new opportunities for GPCR drug discovery. Trends Biochem Sci 44(4): 312-330.

[35] Salentin S, Schreiber S, Haupt VJ, Adasme MF, Schroeder M (2015) PLIP: fully automated protein-ligand interaction profiler. Nucleic Acids Res 43(W1): W443-W447.

[36] Case DA, Betz RM, Cerutti DS, Cheatham TE Ⅲ, Darden TA, Duke RE, Giese TJ, Gohlke H, Goetz AW, Homeyer N, Izadi S, Janowski P, Kaus J, Kovalenko A, Lee TS, LeGrand S, Li P, Lin C, Luchko T, Luo R, Madej B, Mermelstein D, Merz KM, Monard G, Nguyen HT, Nguyen HT, Omelyan I, Onufriev A, Roe DR, Roitberg A, Sagui C, Simmerling CL, Botello-Smith WM, Swails J, Walker RC, Wang J, Wolf RM, Wu X, Xiao L, Kollman PA (2016) AMBER 2016. University of California, San Francisco.

[37] Schrodinger Release 2015-2: Maestro, Schrodinger,

LLC, New York, NY, 2015.

[38] Humphrey W, Dalke A, Schulten K (1996) VMD: visual molecular dynamics. J Mol Graph 14(1): 33-38; 27-38.

[39] The PyMOL Molecular Graphics System, Version 174 Schrodinger, LLC.

[40] Pettersen EF, Goddard TD, Huang CC, Couch GS, Greenblatt DM, Meng EC, Ferrin TE (2004) UCSF chimera--a visualization system for exploratory research and analysis. J Comput Chem 25(13): 1605-1612.

[41] Roe DR, Cheatham Iii TE (2013) PTRAJ and CPPTRAJ: software for processing and analysis of molecular synamics trajectory data. J Chem Theory Comput 9(7): 3084-3095.

[42] Ramu A, Boris A, Onufriev AV (2012) H++ 3.0: automating pK prediction and the preparation of biomolecular structures for atomistic molecular modeling and simulations. Nucleic Acids Res 40(Web Server issue): 537-541.

[43] Knapp B, Ospina L, Deane CM (2018) Avoiding false positive conclusions in molecular simulation: the importance of replicas. J Chem Theory Comput 14(12): 6127-6138.

[44] Zhang Y (2008) I-TASSER server for protein 3D structure prediction. BMC Bioinformatics 9(1): 40.

第五章

基于 2GenReP 和 InSiReP 的兼容突变体重组技术

Haiyang Cui, Mehdi D. Davari, Ulrich Schwaneberg

摘要

计算机辅助重组（CompassR）规则能够识别出有益的突变位点，这些位点可以在定向进化中通过重组，从而逐步改善酶学特性。然而，当确定了十个或十个以上的有益突变位点时，如何有效地探索蛋白质序列空间的问题尚未得到解决。我们系统地研究了采用 CompassR 的 2GenReP 和 InSiReP 两种重组策略，以尽量减少实验工作量，最大限度地提高可能的改进效果。本文以重组 15 个取代物为例，详细阐述了 2GenReP 和 InSiReP 技术的操作流程，并探讨实际应用中的关键问题，如突变位点的子集划分策略。该方案的核心步骤（步骤 1 至步骤 5）可推广至其他酶体系及潜在突变位点的重组优化。

关键词： 重组策略，蛋白质工程，定向进化，突变位点，CompassR

第一节　引言

定向进化是为广泛的工业应用定制酶的有力工具，2018 年的诺贝尔化学奖便印证了这一点[1-4]。除了高通量筛选的挑战[3]，当前酶定向进化研究面临的主要技术瓶颈在于：如何高效重组通过定向进化和（半）理性设计获得的多个有益突变位点。计算机辅助重组（Computerassisted Recombination，CompassR）是作为筛选工具开发的，用于识别有可能以有益的方式组合的兼容性有益突变体[5-7]。CompassR 是通过分析折叠的相对自由能（$\Delta\Delta G_{fold}$）与酶活性之间的稳定性 - 功能权衡推测出来的[5]。然而，当确定了许多有益的突变位点（通常 > 10）时，如何有效地探索蛋白质序列空间的问题尚未得到解决。

　　考虑到潜在蛋白质序列空间的广阔性，理论上所有突变组合的重组已超出当前筛选技术的能力范围。目前关于可重组"兼容性"的知识体系仍有待完善[6,8]。多项酶定向进化研究（如脂肪酶[9]、分类酶[10]、单加氧酶[11]）表明，潜在有益突变中仅有 0.5% ～ 17% 能被成功重组[6]。为了实现实验工作量最小化和性质改善最大化的目标，我们引入了两种重组策略，即 2GenReP（双基因重组过程）和 InSeReP（计算机模拟指导的重组过程），用于重组 CompassR 分析[6] 筛选出的有益突变。2GenReP 是一种纯粹的实验策略，而 InSeReP 则是在最初的实验基因重组之后，根据获得的实验结果，采用计算引导策略来重组有益的重组。

　　2GenReP 和 InSiReP 重组策略的工作流程可分为五个步骤——从鉴定兼容性有益突变到显著改良的变体（图 5-1）。步骤 1 涉及从定向进化和 / 或（半）理性设计研究中识别有益位点。步骤 2 应用基于 CompassR 规则的计算筛选；步骤 3 则根据 PCR 重组技术限制，对基因上的有益位点进行分组 / 聚类。步骤 4 包含两种重组策略：4A 双基因重组过程（2GenReP）和 4B 计算机引导的重组过程（InSeReP）。本章从之前构建的"BSLA-SSM"文库（枯草芽孢杆菌脂肪酶 A，简称 BSLA）中选用了 15 个经 CompassR 筛选的有益突变位点［这些突变位点经证实可提高 BLSA 在 1,4- 二氧六环（DOX, 体积分数 22% 受）共溶剂中的稳定性］的抗性[12,13] 进行重组示范。在对不到 300 个克隆进行筛选后，在两种策略中均获得了一个具有 6 个突变位点（I12R/Y49R/E65H/N98R/K122E/L124-K）的 BSLA 变体，其对多种有机溶剂的耐受性显著提升。该 BSLA 变体在 50%（体积分数）DOX 条件下活性提高了 14.6 倍，60%（体积分数）丙酮中提高了 6.0 倍，30%（体积分数）乙醇中提高了 2.1 倍，60%（体积分数）甲醇中提高了 2.4 倍。总之，2GenReP（纯实验方法）和 InSiReP（计算机引导的重组过程）是探索在定向进化和 / 或理性设计所获氨基酸位点 / 突变重组潜力的高效策略。

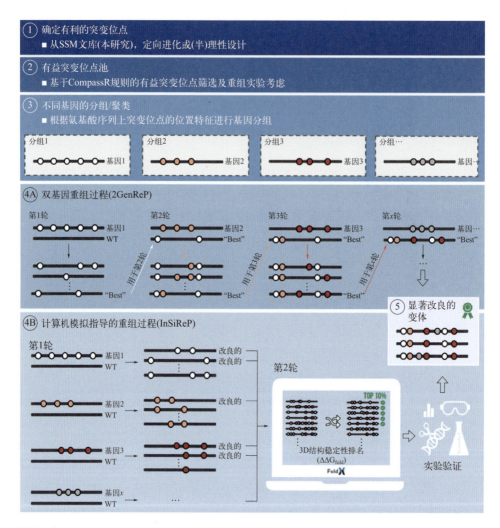

图 5-1

2GenReP 和 InSiReP 重组策略概述（经授权转载自文献 [6]）

（步骤 1）通过定向进化和 / 或（半）理性设计确定有益的突变位点；（步骤 2）通过 CompassR 规则筛选有有益突变位点池，确保重组的兼容性；（步骤 3）根据氨基酸序列上突变位点的位置特征进行基因分组。（步骤 4A）在 2GenReP 中，从双基因重组实验中确定的"最佳"重组子被选为下一次双基因重组的亲本，直到获得高度改良的重组子为止。（步骤 4B）在计算机模拟指导的重组过程（InSiReP）中，进行三次双基因重组实验并进行筛选。随后对平均小于 4 个取代的改良重组子进行计算机模拟重组，并根据其热力学稳定性（$\Delta\Delta G_{fold}$）进行排序。对排名前 10% 的重组进行基因构建、表达和实验验证。在（步骤 5）中，生产、纯化和比较了通过这两种方法产生的高度改良重组子在耐有机溶剂性和活性方面的改良

第二节 材料

一、 突变位点清单

应准备一份位于 CompassR A 类（$\Delta\Delta G_{fold}$ < +0.36 kcal/mol）或 B 类（+0.36 kcal/ mol ≤ $\Delta\Delta G_{fold}$ ≤ +7.52 kcal/mol）的有益突变位点清单，用于重组实验（如 I12R, Y49R, E65H, N98R,T180R, K122D, K122E, L124K, L124R, Y129R, M137H,M137K, N138R, N138H, N140H）（见注释 1）。

二、 重组文库生成

根据分类子集中的突变位点，设计含多位点突变的引物或基因（见注释 2）。特定突变组合（如含有 5 个突变的 *bsla* 基因）采用化学方法合成。并沿用本团队前期建立的 PLICing 方法 [5,14,15] 将 BSLA 重组变异体 DNA 克隆到 pET22b(+) 载体中（见注释 3）。

三、 酶的初始结构

为计算应用 CompassR 和稳定性分析所需的 $\Delta\Delta G_{fold}$ 值，应获取一个野生型蛋白质结构（如 PDB ID：1i6w，链 A，分辨率 1.5 Å）和操作系统（如 Microsoft Windows 10）下的所有软件（即 FoldX 和 YASARA Structure）（见注释 4）。

第三节 方法

步骤 1 通过定向进化和 /或（半）理性设计确定有益突变位点。在我们之前的研究 [16] 中，从 "BSLA-SSM" 文库（见注释 5）共鉴定出 159 个具有更好 DOX 抗性的单一有益 BSLA 变体（分布于 75 个氨基酸位点）。

步骤 2 通过 CompassR 规则筛选出确保重组兼容性的有益突变位点池。在 159 个变体中，通过 CompassR 分析确定了 11 个位点上的 15 个兼容有益突变，筛选标准如下：（1）突变位点需符合 CompassR 规则的 A 类（$\Delta\Delta G_{fold}$ < +0.36 kcal/mol）或 B 类（+0.36 kcal/mol < $\Delta\Delta G_{fold}$ < +7.52

kcal/mol）要求（见注释 6）；（2）突变位点需沿基因序列分散分布，且允许每个位点存在多重突变位点需沿。15 个突变的 $\Delta\Delta G_{fold}$ 值范围为 −4.43～+2.50 kcal/mol。根据 CompassR 规则，有 11 个突变位点属于 A 类，这些取代位肯定具有稳定作用，很可能产生改良的重组体[6]。4 个位点的突变属于 B 类，其去稳定化值可能是 BSLA 折叠所能容忍的[6]。

步骤 3　基因突变位点的分组 / 聚类分析。

15 个相容的有益突变位点被分为以下两类亚群：（1）聚类突变分组，将序列间距为 9 个氨基酸的突变位点归为一组；（2）孤立突变分组，将间距大于 9 个氨基酸的突变位点归为一组。根据上述分类标准，将 15 个取代基分为 3 个子集：子集 1 包含 5 个孤立突变（I12R、Y49R、E65H、N98R、T180R）；子集 2 和子集 3 分别由 5 个聚类突变（K122D、K122E、L124K、L124R、Y129R——子集 2；M137H、M137K、N138R、N138H、N140H——子集 3）。针对孤立突变和聚类突变分别采用多位点定向突变法[17] 和 StEP 法[18] 进行重组。StEP PCR 两步法方案如表 5-1 所示，多位点定向突变（MSDM）文库根据 QuikChange 定点突变（SDM）方法[17] 通过 PCR 逐步构建。

表5-1　两步式步进PCR程序

程序	步骤	温度 /℃	时间	循环
第一步	1	96	2 min	1
	2	94	30 s	99×2
		55	5 s	
	3	4～10	保存	
第二步	1	98	2 min	1
	2	94	30 s	30
		55	10 s	
	3	94	30 s	99×2
		55	5 s	
	4	72	5 min	1
	5	4～10	保存	

步骤 4A　双基因重组过程（2GenReP）。

在 2GenReP 策略中，来自两代组合实验的"最佳"重组是纯粹的实验重组，与下一个子集迭代重组 (见图 5-1；4A)。三个重组文库，包括一个 StEP 文库（WT + 子集 1）和两个 MSDM 文库（"最佳"重组体 + 子集 2；"最佳"重组体＋子集 3）在大肠杆菌 BL21-Gold（DE3）中通过标准方法转化并表达。表 5-2 和图 5-2 概述了 2GeneRep 策略的性能。采用 2GenReP 策略后，重组体对 DOX 的抗性逐渐增加，如 I12R/Y49R/E65H/N98R（相比 BSLA WT 提高 2.7 倍；图 5-2），I12R/Y49R/E65H/N98R/K122E/L124K（提升了 4.3 倍，图 5-2）。

表5-2　2GenReP和InSiReP策略的性能

策略	重组轮次	文库	模板	突变次数（位点数）	用于重组的子集	理论重组多样性	筛选克隆	改进可能性（改进变体的数量）	活跃率[①]/%
2GenRep	1	A	WT	5(5)	子集 1	32	90	12.5%(4)	85.7
	2	B	I12R/Y49R/E65H/N98R	5(3)	子集 2	18	90	11.1%(2)	73.3
	3	C	I12R/Y49R/E65H/N98R/K122E/L124K	5(3)	子集 3	18	90	5.5%(1)	63.0
InSiReP	1	A	WT	5(5)	子集 1	32	90	12.5%(4)	85.7
		D	WT	5(3)	子集 2	18	90	22.2%(4)	85.1
		E	WT	5(3)	子集 3	18	90	16.7%(3)	89.8
	2	F		5～8(5～3)		9	9	22.2%(2)	100

①通过计算 96 孔 MTPs 上的活性克隆（比活性＞ WT+3σ）来确定活性克隆的比例。

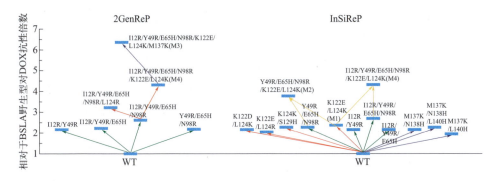

图 5-2

2GenReP（左）和 InSiReP（右）策略中相对于 WT 的改进 BLSA 变体的重组路径和 DOX 抗性 2GenReP：从文库 A（第 1 轮，WT 与子集 1 重组）、B（第 2 轮，I12R/Y49R/E65H/N98R 与子集 2 重组）和 C［第 3 轮，I12R/Y49R/E65H/N98R/ K122E/L124K (M4) 与子集 3 重组］中鉴定出的变体分别用绿色、红色和紫色箭头线表示。InSiReP：从文库 A（第 1 轮，WT 与子集 1 重组）、D（第 1 轮，WT 与子集 2 重组）、E（第 1 轮，WT 与子集 3 重组）和 F（第 2 轮，文库 A、D 和 E 的改进变体重组）中鉴定出的改进变体分别用绿色、红色、紫色和橙色箭头线表示。显示的所有数据均为三次或三次以上测量的平均值。DOX 浓度为 22%（体积分数）（转载自文献 [6]，已获授权）

步骤 4B　计算机指引的重组过程（InSiReP）。

在 InSiReP 策略中（图 5-1；4B），重组过程可分为实验步骤和计算指导下的带有实验验证的计算机重组：

1. 子集突变和WT基因的双基因重组实验及筛选。InSiReP策略也进行了类似的筛选工作（约279个克隆，而2GenReP为270个克隆）。总共有11个确定的有益重组子进行了计算机模拟重组（图5-2）。

2. 对第一个实验步骤中确定的改良变体（每个子集中平均小于4个重组体）进行了计算机模拟重组，并产生了大量重组体（例如，11个BSLA改良重组子总共产生了88个重组子）。同时，所有理论重组子[19]的热力学稳定性（通过 $\Delta\Delta G_{fold}$ 获取）由FoldX计算得出（见注释7）。

3. 通过实验产生并验证了最稳定的前10%重组子，以确定高度改良的重组子。在88个重组体中，通过SDM方法[17]逐步生成了9个变体（前10个）。

步骤 5　高度改良重组体的产生。

在 2GenReP 策略中，获得的"最佳"变异是 I12R/Y49R/ E65H/N98R/ K122E/L124K/M137K，在筛选了约 270 个克隆后，与 BSLA WT 相比，对 DOX 的抗性提高了 6.4 倍（图 5-2）。在 InSiReP 策略中，获得的"最佳"变体是 I12R/Y49R/E65H/N98R/K122E/L124K（4.3 倍，图 5-2）。就改良变体的比例而言，InSiReP 策略略好（12.5% ～ 22.2%，相对于 2GenReP 策略的 5.5% ～ 12.5%）。InSiReP 的平均耗时也略短（1 周），但它需要进行两次稳定性计算分析（FoldX 计算）。综上所述，CompassR 与两种重组策略（纯实验性的 2GenReP 和计算机引导的 InSiReP）的结合已被证明，能在有限的实验工作量下识别出改良的重组体（见注释 8）。

第四节　注释

1. 通过定向进化和/或（半）理性设计设计，可以获得有益突点位点。

2. AA-Calculator程序（http://guinevere.otago.ac.nz/cgi-bin/aef/AA-Calculator.pl）可帮助研究人员找到能编码所有选定突点位点的ABC密码子（其中A、B、C为标准核苷酸代码）。AA-Calculator程序可根据能编码所选突点位点的ABC指定密码子的比例对合适的ABC密码子进行排序，如果合适的ABC密码子超过50个，则返回前50个密码子。如果计算出的ABC密码子可以编码未检测到的氨基酸，那么减少突点位点的选择可能是一个解决办法。不过，后者通常意味着需要订购更多的引物。

3. PLICing（基于硫代磷酸酯的不依赖连接酶的基因克隆）是一种与酶和序列无关的克隆方法。PLICing首先使用5′端带有互补硫代磷酸（PTO）核苷酸的引物，通过PCR扩增目的基因和载体。PCR产物在碱性碘/乙醇溶液中裂解，产生单链悬垂。随后，这些悬链在室温下杂交，得到的DNA构建体可直接转化到同类宿主细胞（如感受态大肠杆菌DH5α 细胞）中。PLIC技术大多无背景干扰，与序列无关，而且由于通常不需要纯化裂解片段，因此可最大限度地减少时间消耗和制备工作。

4. 野生型酶的初始结构可从Protein Data Bank（www.rcsb.org）获取，通过文本编辑器（如Notepad++、WordPad、BBEdit）或PDB可视化软件（如YASARA、Pymol、Discovery Studio Visualizer）删除水分子和其他配体。如果有几种可用的X射线或核磁共振结构，或者感兴趣的蛋白质是二聚体，而不是单体，则首选分辨率最高的近原子结构之一。由于FoldX对蛋白质结构敏感，更高分辨率的蛋白质晶体结构（优于3.3Å）将增强FoldX在预测稳定性趋势和定量准确性方面的良好性能。如果没有X射线或核磁共振结构可用，则必须使用同源建模工具（如YASARA[20]、I-TASSER[21]、Phyre2[22]或Rosetta[23]）建立结构的同源模型，但是，同源模型结构的准确性会对$\Delta\Delta G_{fold}$计算甚至CompassR预测的可靠性产生负面影响。

5. "BSLA-SSM"库涵盖了所有的天然多样性，在BSLA的每个位置上都有一个氨基酸交换（总计181个位置；3440个变体；"定点饱和诱变"称为SSM）。2GenReP和InSiReP策略还可用于酶的其他目标特性（如活性、耐离子液体性、热稳定性等）改良。

6. 关于利用CompassR重组单个有益突变位点的详细方案，此前已有报道[24]。此外，还讨论了应用CompassR规则应考虑的一些重要实际问题（如蛋白质结构的选择、FoldX运行次数、计算评估）。

7. 重组体的折叠自由能变化（$\Delta\Delta G_{fold} = \Delta G_{fold,sub} - \Delta G_{fold,wt}$）采用FoldX 4.0版本[19]计算，具体通过YASARA Structure 17.4.17平台[26]的YASARA插件[25]计算了与之前所报道的一致[5]。计算分析基于BSLA晶体结构（PDB ID：1i6w[27]链A，分辨率1.5 Å）。使用默认的FoldX参数（温度298 K；离子强度0.05 mol/L；pH 7）生成突变体模型，首先通过

"RepairObject"命令对BSLA野生型结构进行旋转异构体优化和能量最小化（消除Vander Waals冲突和不良接触）[25]，随后运用"Mutate multiple residues"（突变多个残基）命令分别计算重组体的$\Delta\Delta G_{fold}$。为确保大侧链残基（含多个旋转异构体）最低能量被准确捕获，对每个重组体均进行了五次FoldX运行。

8. 有趣的是，通过两种策略（2GenRep和InSiRep）都显著提高了BSLA变体I12R/Y49R/E65H/N98R/K122E/L124K的有机溶剂耐受性［在50%（体积分数）DOX中提升14.6倍；在60%（体积分数）丙酮中提升6.0倍；在30%（体积分数）乙醇中提升2.1倍；在60%（体积分数）甲醇中提升2.4倍］。结果表明，这两种策略都非常适合用于筛选性能增强型BSLA变体，并能以最小的筛选工作量（小于300个克隆）获得出色的可比结果。未来还需要对不种酶折叠类型和多种酶特性进行更多研究，才能判断CompassR关联重组策略中哪一种（2GenReP或InSiReP）可能成为最有潜力的通用酶工程工具。

参考文献

[1] Arnold FH (1998) When blind is better: protein design by evolution. Nat Biotechnol 16 (7): 617-618. https://doi.org/10.1038/ nbt0798-617

[2] Arnold FH (2018) Directed evolution: bringing new chemistry to life. Angew Chem Int Ed 57(16): 4143-4148.https://doi.org/10. 1002/anie.201708408

[3] Bornscheuer UT, Hauer B, Jaeger KE, Schwaneberg U (2019) Directed evolution empowered redesign of natural proteins for the sustainable production of chemicals and pharmaceuticals. Angew Chem Int Ed 58 (1): 3640 .https://doi.org/10.1002/anie. 201812717

[4] Tee KL, Roccatano D, Stolte S, Arning J, Jastorff B, Schwaneberg U (2008) Ionic liquid effects on the activity of monooxygenase P450 BM-3. Green Chem 10(1): 117-123. https:// doi.org/10.1039/B714674D

[5] Cui H, Cao H, Cai H, Jaeger KE, Davari MD, Schwaneberg U (2019) Computer-assisted recombination (CompassR) teaches us how to recombine beneficial substitutions from directed evolution campaigns. Chem Eur J 26 (3): 643-649. https://doi.org/10.1002/chem.201903994

[6] Cui H, Davari MD, Schwaneberg U (2021) CompassR yields highly organic solventtolerant enzymes through recombination of compatible substitutions. Chem Eur J 27 (8): 2789-2797. https://doi.org/10.1002/chem.202004471

[7] Cui H, Zhang L, Eltoukhy L, Jiang Q, KorkunçSK, Jaeger K-E, Schwaneberg U, Davari MD (2020) Enzyme hydration determines resistance in organic cosolvents. ACS Catal 10 (24): 14847-14856. https://doi.org/10. 1021/acscatal.0c03233

[8] Thiele MJ, Davari MD, König M, Hofmann I, Junker NO, Mirzaei Garakani T, Vojcic L, Fitter J, Schwaneberg U (2018) Enzymepolyelectrolyte complexes boost the catalytic performance of enzymes. ACS Catal 8 (11): 10876-10887. https://doi.org/10. 1021/acscatal.8b02935

[9] Reetz MT, Soni P, Fernández L (2009) Knowledge-guided laboratory evolution of protein thermolability. Biotechnol Bioeng 102 (6): 1712-1717. https://doi.org/10.1002/ bit.22202

[10] Zou Z, Mate DM, Ru¨bsam K, Schwaneberg U (2018) Sortase-mediated high-throughput screening platform for directed enzyme evolution. ACS Comb Sci 20(4): 203-211. https:// doi.org/10.1021/acscombsci.7b00153

[11] Reetz MT, Brunner B, Schneider T, Schulz F, Clouthier CM, Kayser MM (2004) Directed evolution as a method to create enantioselective cyclohexanone monooxygenases for catalysis in Baeyer-Villiger reactions. Angew Chem Int Ed 43(31): 4075-4078. https://doi.org/ 10.1002/anie.200460272

[12] Josiane F-MV, Fulton A, Zhao J, Weber L, Jaeger KE, Schwaneberg U, Zhu L (2018) Exploring the full natural diversity of single amino acid exchange reveals that 40-60% of BSLA positions improve organic solvents resistance. Bioresour Bioprocess 5(1): 2.

[13] Markel U, Zhu L, Frauenkron-Machedjou VJ, Zhao J, Bocola M, Davari MD, Jaeger KE, Schwaneberg U (2017) Are directed evolution approaches efficient in exploring nature's potential to stabilize a lipase in organic cosol vents? Catalysts 7(5): 142. https://doi. org/10. 3390/catal7050142

[14] Blanusa M, Schenk A, Sadeghi H, Marienhagen J, Schwaneberg U (2010) Phosphorothioate-based ligase-independent gene cloning (PLICing): an enzyme-free and sequence-independent cloning method. Anal Biochem 406(2): 141-146. https://doi. org/ 10.1016/j.ab.2010.07.011

[15] Dennig A, Shivange AV, Marienhagen J, Schwaneberg U (2011) OmniChange: the sequence independent method for simultaneous site-saturation of five codons. PLoS One 6(10): e26222. https://doi. org/10. 1371/journal.pone.0026222

[16] Frauenkron-Machedjou VJ, Fulton A, Zhu L, Anker C, Bocola M, Jaeger KE, Schwaneberg U (2015) Towards understanding directed evolution: more than half of all amino acid positions contribute to ionic liquid resistance of bacillus subtilis lipase a. Chembiochem 16 (6): 937-945. https://doi. org/10.1002/cbic. 201402682

[17] Hogrefe HH, Cline J, Youngblood GL, Allen RM (2002) Creating randomized amino acid libraries with the QuikChange® multi sitedirected mutagenesis kit. BioTechniques 33 (5):1158-1165. https://doi. org/10.2144/ 02335pf01

[18] Zhao H, Giver L, Shao Z, Affholter JA, Arnold FH (1998) Molecular evolution by staggered extension process (StEP) in vitro recombination. Nat Biotechnol 16(3):258. https://doi. org/10.1038/ nbt0398-258

[19] Schymkowitz J, Borg J, Stricher F, Nys R, Rousseau F, Serrano L (2005) The FoldX web server: an online force field. Nucleic Acids Res 33(suppl_2):W382-W388. https://doi.org/ 10.1093/ nar/gki387

[20] Land H, Humble MS (2018) YASARA: a tool to obtain structural guidance in biocatalytic investigations. In: Protein Engineering. Springer, New York, pp 43-67. https://doi. org/10.1007/978-1-4939-7366-8_4

[21] Zhang Y (2008) I-TASSER server for protein 3D structure prediction. BMC Bioinformatics 9(1):40

[22] Kelley LA, Mezulis S, Yates CM, Wass MN, Sternberg MJ (2015) The Phyre2 web portal for protein modeling, prediction and analysis. Nat Protoc 10(6):845. https://doi.org/10. 1038/nprot.2015.053

[23] Rohl CA, Strauss CE, Misura KM, Baker D (2004) Protein structure prediction using Rosetta. In: Methods enzymol, vol 383. Elsevier, Amsterdam, pp 66-93. https://doi.org/ 10.1016/S0076-6879(04)83004-0

[24] Cui H, Davari MD, Schwaneberg U Recombination of single beneficial substitutions obtained from protein engineering by Computer-assisted Recombination (CompassR). In: Methods in molecular biology. Springer Science, Berlin. In press

[25] Van Durme J, Delgado J, Stricher F, Serrano L, Schymkowitz J, Rousseau F (2011) A graphical interface for the FoldX forcefield. Bioinformatics 27(12):1711-1712.https://doi.org/10. 1093/ bioinformatics/btr254

[26] Christensen NJ, Kepp KP (2013) Stability mechanisms of laccase isoforms using a modified FoldX protocol applicable to widely different proteins. J Chem Theory Comput 9 (7):3210-3223. https://doi.org/10.1021/ ct4002152

[27] van Pouderoyen G, Eggert T, Jaeger K-E, Dijkstra BW (2001) The crystal structure of bacillus subtili lipase: a minimal α/β hydrolase fold enzyme. J Mol Biol 309(1):215-226.https:// doi.org/10.1006/ jmbi.2001.465

第三部分

半理性设计和
从头合成设计

第六章

基于稳健祖先模板的蛋白质进化史工程化设计：利用 GRASP 图谱预测实现插入缺失突变体构建

Connie M. Ross, Gabriel Foley, Mikael Boden, Elizabeth M. J. Gillam

摘要

通过祖先序列重建（ASR）分析蛋白质的自然进化，可以为研究驱动新蛋白质功能发展的序列和结构变化提供有价值的信息。然而，ASR 也被用作蛋白质工程工具，因为它经常产生热稳定的蛋白质，这些蛋白质可以作为酶工程中稳健且易于进化的模板。重要的是，ASR 有可能提供对蛋白质家族进化中发生的插入缺失（Indel）历史的深入了解。Indel 与酶进化过程中的功能变化密切相关，并且代表了一个很大程度上未开发的遗传多样性来源，用于设计具有新颖或改进特性的蛋白质。当前的 ASR 方法在处理索引的方式上有所不同；索引的包含或排除通常是主观管理的，基于用户对每个重组事件的可能性所做的假设，然而目前大多数可用的 ASR 工具提供了有限的（如果有的话）评估索引在重建序列中的位置的机会。祖先序列预测的图形表示（GRASP）是一种 ASR 工具，可以在整个重建过程中绘制 indel 进化图，并能够评估 indel 变异。本章提供了使用 GRASP 执行重建并使用结果创建 indel 变体的通用协议。该方法涉及蛋白质模板选择、序列管理、比对优化、树构建、祖先重建、indel 变体评估和文库开发方法。

关键词：祖先序列重建，酶工程，分子进化，（序列）比对，ASR，插入缺失（Indel），偏序图，GRASP，定向进化，细胞色素 P450

第一节　引言

蛋白质序列是通过氨基酸替换、插入/缺失（Indel）和重组事件的逐步累积而发生进化的。氨基酸替换源于复制过程中的错误，而嵌段则是在复制过程中双链断裂或链滑事件发生时通过重组自然产生的。然而，与点突变相比，嵌合和重组事件对蛋白质结构和潜在功能的改变更为广泛。

蛋白质在进化过程中会受到一系列复杂的选择压力，这些压力决定了在表达该蛋白质的特定群体中哪些突变会被固定下来。然而，要将蛋白质重新用于工业用途，就必须使其适应一系列条件，而这些条件通常差异很大，尽管在温度、作用持续时间和其他实验参数方面更为苛刻，但往往并不那么复杂。定向进化是一种为工业应用而设计新型蛋白质并改善其现有特性的方法，其基本过程与自然进化相同；它依靠反复的诱变和筛选或选择以及各种不同的方法来引入遗传多样性。通常情况下，通过点突变或重组创建的突变体库会筛选出在所需特性方面有所改进的变体，然后对这些变体进行进一步的诱变和筛选循环，直到筛选出具有最佳性能（在所需属性方面）的候选变体为止。

早期的定向进化研究依赖于对随机诱变方法产生的大型库进行蛮力筛选或选择，以找到有用的变体，并进一步迭代优化。然而，随机诱变导致的有害或中性效应往往多于有益效应，这意味着寻找非常罕见的有用变异体既具有挑战性，又需要大量资源。此外，筛选成本通常限制了可有效筛选的文库比例，而且并非总能以高通量方式筛选出所需的特性；即使有替代筛选，也可能无法检测到在所需特性方面有所改进的变体。

因此，人们一直在努力寻找最有效的方法来调查序列空间的可行区域，以减少筛选工作，从而鉴定出具有改进特性的突变体。半理性的定点突变方法将现有的结构-功能关系知识与进化策略相结合，通过对蛋白质中被认为具有重要功能的位点进行饱和突变，创建出更小的、有针对性的库。然而，点突变并不总是序列空间取样的最佳方法。目前的大量研究表明，新特性的进化往往是通过中性容许突变的逐步积累实现的，而中性容许突变是缓冲导致新酶特性的不稳定突变的影响所必需的。通过连续选择的点突变并不一定能使这些允许性突变积累起来。蛋白质的自然变体的重组可以进入更大范围的序列空间，并且具有更低的"杀伤率"（即引入非功能变体的比率），因为以这种方式引入的点突变和替代结构元件已经在至少一种生物学环境中被自然选择证明。结构导向的重组方法，如SCHEMA[1]，减少了结构不相容元素重组的可能性，可以进一步增强突变文库的结构和功能完整性。

一、　**Indel作为蛋白质工程中赋予新特性的一种手段**

Indel 对蛋白质功能进化的每个事件的贡献大于单个氨基酸替代[2]。

因此，它们是蛋白质序列变异的丰富来源，并且常常与进化过程中的功能变化相关。这归因于 Indel 更倾向于改变长程相互作用，因为与替代物相比，对蛋白质结构的破坏更为剧烈 [3]。然而，很少有研究利用 Indel 引入序列变异，而是选择点突变或重组。导致 Indel 的遗传多样性策略在技术上更具挑战性，与替代库相比，Indel 库具有更高的非功能性变体频率，这是由于引入移码的可能性和引入蛋白质结构的更实质性变化。然而，Indel 库在最近的一些定向进化研究中已经被证明是成功的。Emond 等人 [3] 鉴定了具有高催化活性的混杂磷酸三酯酶的 Indel 变体，Arpino 等人 [4] 发现了折叠改进的 GFP 变体。最值得注意的是，这些库产生的变体具有仅在替代库中无法获得的特性，显示了基于 Indel 的蛋白质工程的高潜力和可行性。然而，与 Indel 更多有害的作用一致，这两项研究也发现，与替代库相比，非功能性变体的比例更高，需要大规模筛选工作和稳健、特征良好的模板蛋白 [3,5]。

Indel 的位置、长度和氨基酸组成在决定 Indel 是可容忍的还是有害的方面起着重要作用。据推测，由于其对二级结构和蛋白质堆积的破坏作用较大，在溶剂暴露的环路和无序区域 [4]（如连接二级结构的短环路，如 β-转头和螺旋 C-帽）中，Indel 更容易被容忍，因此很少出现在蛋白质的核心或跨膜区域 [6-10]。在许多情况下，嵌合体的两侧往往是序列区域，这些区域显示了较低水平的净化选择，这可能允许有益或允许突变的积累，从而调节嵌合体的影响 [11,12]。Indel 长度也会影响其持久性；较短的 Indel（< 5AA）在内部循环中更为常见，而较长的 Indel（> 5AA）通常出现在蛋白质的末端 [8]。事实上，在蛋白质进化过程中，自然发生的 Indel 很少会破坏蛋白质的折叠，而是导致三级结构的轻微重排 [6]。因此，在进化过程中出现 Indel 的位置放置 Indel，可以改善许多 Indel 筛选实验的结果，降低库中有害 Indel 的频率。

二、 蛋白质工程需要稳健的模板

虽然研究蛋白质的自然进化不一定为如何重新设计蛋白质提供了线索，但定向进化提供了测试设计策略的直接手段。在过去 25 年的定向进化研究中，一个关键的认识是，更耐热的蛋白质结构能更好地耐受突变 [13]。稳定性缓冲了突变对蛋白质结构的潜在破坏作用，因此耐热蛋白质是进一步突变的更可靠模板。然而，提高蛋白质热稳定性的工程还有其他好处：在大多数情况下，耐热蛋白质有利于工业使用，因为它们在温和和更严格的条件下都能使用更长的时间。能够在高温下运行过程带来更高的反应速率、更好的基质溶解度和减少微生物污染的可能性等相关好处。然而，事实证明，通过传统的定向进化方法在现有蛋白质中构建稳定性具有挑战性；通常，可以实现几度的渐进式改进。

三、 祖先序列重建为构建稳定的蛋白质工程支架和设计Indel突变体提供了方法

事实证明，祖先序列重建（ASR）在恒温蛋白质工程中非常有用[14-16]。ASR 是一种生物信息学方法，它根据一组现存蛋白质的氨基酸序列比对和描述其系统发育的进化树来推断其祖先。通过对推断出的序列进行反向翻译并在重组宿主中进行异源表达，可以复活推定进化树中的一个或多个祖先蛋白质。重要的是，与现存的后代相比，许多重建的祖先蛋白显示出更高的热稳定性，蛋白质耐受的温度提高了 20 ～ 30 ℃，为进一步的工程学研究提供了强大的模板[17]。

此外，ASR 还为智能设计 Indel 诱变策略提供了机会。通过探索蛋白质序列的进化过程，可以发现在自然进化过程中，一些结构区域一直是 Indel 突变的热点区域，因此这些区域很可能会耐受人工引入的 Indel 突变。

早期的 ASR 研究使用最大简约（MP）算法，后来被概率方法取代，如最大似然（ML）和贝叶斯推理。通过使用更复杂的进化模型，这些方法克服了简约算法所遇到的问题，也为评估推断的祖先提供了统计支持措施（见文献 [18] 的综述）。ML 算法通过选择最有可能出现在系统发育树中特定节点的氨基酸来推断祖先序列。这是通过使用取代率矩阵来实现的，该矩阵使用实验数据来近似给定氨基酸取代的概率。因此，对于给定的一组进化相关序列和描述其系统发育的树，可以追溯整个树中特定序列位置处最可能的氨基酸替换（图 6-1）。

四、 用于ASR的最大似然法

有两种不同的基于 ML 的方法可用于推断系统发生树（或节点）中给定分支点的祖先氨基酸状态，即边缘重建和联合重建（参见文献 [19-22]）。边缘重建通过对所有其他节点的祖先状态求和，最大化单个节点上祖先状态分配的可能性，即边缘重建询问给定数据的特定内部节点 / 祖先处哪个分配具有最高的可能性，并边缘化在其他祖先处观察到的值（图 6-1）。相比之下，联合重建识别所有节点上的祖先状态集合，该集合使观测序列的

可能性最大化（图6-1），即联合重建询问给定观测数据的所有内部节点/祖先的哪个组合具有最高的可能性（现存序列、树、替换模型）。在这两种方法中，对于序列比对中的每一列（即蛋白质中的每一个可能的残基）独立地计算最可能的残基（赋值），然后连接在一起以得到最终的祖先序列。

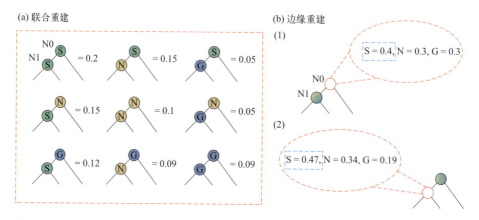

图 6-1

对于具有三个现存序列、两个祖先和三种可能的氨基酸状态（未显示现存序列，但也限于 S、N 或 G）的比对中的一个位置进行的两个相邻祖先的联合重建（a）和边缘重建（b），说明了联合重建（a）和边缘重建（b）之间的主要区别

对于联合重建，考虑每个内部组合的所有可能分配 [（a）中的红色虚线框]，并选择具有最高可能性的单个祖先集 [（b）中的蓝色虚线框]。对于边缘重建，将考虑特定指定祖先处氨基酸的所有可能分配 [（b）中的红色虚线圆圈]，并选择具有最高可能性的单个氨基酸 [（b）中的蓝色虚线框]。（1）处的边缘重构N0 处的氨基酸并与 N1 处的赋值求和，而（2）处的边缘重建重构 N1 处的氨基酸并与 N0 处的赋值求和。为了说明差异，考虑在（1）处的边缘重建中 S 的分配，有三种可能的方法在 N0={N1=S，N0=S；N1=N，N0=S；N1=G，N0=S} 处获得 S，在联合重建中，所有这些（以及每一个其他组合）都被考虑。在边缘重构中，总结了在 N0 获得 S 的三种可能方法，并计算了在 N0 处观测 S 的总概率

　　虽然每种方法的预测结果往往非常相似，但对同一祖先的边缘重建和联合重建给出的序列通常并不完全相同[20]。由于边缘重建是针对特定提名祖先的，因此它能为祖先的每一种可能的特征（即氨基酸）分配生成概率。因此，我们可以询问任何给定配位位置的下一个最有可能的配位特征是什么，并确定祖先中替代配位具有显著概率的位置（后验概率值）。联合重建中的下一个最有可能的赋值并不是针对某个祖先的，而是一组完整的赋值。边缘重建与联合重建的另一个区别是，如果使用边缘重建需要一个以上的祖先，那么就必须对进化树的每个祖先节点进行额外的独立分

析。然而，联合重建只确定一组祖先分配，因此可以比较不同祖先之间的变化。重要的是，边缘重建和联合重建可用于执行本章所述的分析，并可用于创建改变的本地变体祖先。

五、　影响ASR推断有效性的因素

ASR 依赖于系统发育树和现有序列的比对来计算祖先。基因组项目提供的序列数据越来越多；然而，该数据的质量可能差异很大，并且需要进行显著的序列校正以确保仅纳入得到良好支持的序列数据，即完整序列，或者至少是能够编码功能性、适当折叠蛋白质的大量结构元件的实质性、连续的序列片段。序列误差会导致序列比对的不确定性。由于每个单独的比对列独立地用于预测该位置处的祖先状态，因此每个列的组成直接影响最终的祖先预测。增加序列比对的难度通常会影响祖先预测的准确性[23]，这意味着祖先的结构和功能可能会受到损害。Indel 率的增加是已被证明会降低精确度的具体参数之一[23]。

Indel 给 ASR 带来了很大的问题，因为它给①树推断、②祖先特征状态推断和③整个进化史中 Indel 事件的定位增加了潜在的错误来源。一般来说，印迹事件的增加会使序列更难精确排列，这意味着并非真正同源的位置可能最终会被排列在一起。

六、　将Indel纳入ASR的挑战

因此，Indel 是 ASR 面临的一大挑战，不同程序处理 Indel 的复杂程度各不相同。即使由于 Indel 而影响树推断和特征推断的误差很小，ASR 程序仍然需要构建可信的 Indel 历史，即识别给定祖先序列中哪些位置有特征内容，哪些位置缺乏特征内容。理想情况下，这应该通过识别某些分支上何时出现 Indel 来完成，以便做出准确一致的解释。在较老的程序和以系统发育推断而非祖先重建为重点的程序中，推断出的祖先将默认包括现存形式中出现的所有插入物，即使这些插入物只出现在一小部分现存形式中，从而导致祖先序列明显延长。这里隐含的假设是序列在某些后代中丢失了。显然，这一假设并不完全正确，因此关键的决定因素是在祖先和给定的现存形式之间是发生了插入还是删除。

七、　将Indel纳入ASR的方法

表 6-1 记录了 Indel 在现有程序中处理的方式，这些程序能够对蛋白

质序列执行 ASR。处理 Indel 的最常见方法包括将 Indel 视为未识别的字符（例如 PhyML、PAML），将其完全从分析中删除（PAML），或使用简约或基于最大似然的方法（FastML、GRASP、GASP）推断它们。

表6-1　由用于ASR的程序处理间隙

软件	间隙是如何编码的	如何推断间隙	ASR 类型
GRASP	将间隙编码为图形顶点发出的不同边。如果在比对范围内，间隙开始和结束于同一位置，序列之间的间隙被认为是相同的	GRASP 对正向 (N-C) 和反向 (C-N) 方向的间隙进行简约分析。GRASP 至少在一个方向上保留了所有节省的间隙，从而实现了多个可选间隙模式的可视化	边缘型 / 联合型
Fast ML[20]	使用简单的 Indel 编码来识别每个序列包含的间隙。如果在比对范围内，间隙开始和结束于同一位置，则序列之间的间隙视为相同	系统发育树上最可能的间隙配置使用最大似然方法计算 [30]	边缘型 / 联合型
PAML[21]	间隙字符被视为缺失数据（使用参数 cleandata=0）或包含间隙的列从分析中完全删除（使用参数 cleandata=1）	祖先的每个位置都将被分配一个氨基酸，即使在树的特定分支上，所有后代都缺少该位置的内容	边缘型 / 联合型
GASP[31]	为每个序列的间隙位置 / 氨基酸存在情况创建一个二元向量	GASP 算法独立地处理比对中的每一列，并从每个叶节点 (即现存序列) 向根节点 (即祖先序列) 进行遍历。根据直接后代的间隙存在的平均得分分配间隙概率。根祖先节点中概率 > 0.5 的列被分配为间隙。然后通过将根祖先节点的间隙概率合并到均值计算中，重新计算每个祖先节点的间隙概率，再次将概率 > 0.5 的节点分配为间隙	祖先序列的计算方法与间隙分配类似，即通过遍历系统发育树并根据后代、分支长度和替换矩阵计算内部节点的概率
FireProt^ASR [32]	为每个序列的间隙位置 / 氨基酸存在情况创建一个二元向量	FireProtASR 独立地考虑排列中的每一列，并从每个叶节点 (即现存序列) 向根 (即祖先) 进行遍历，根据直系后代的间隙存在的平均分数和节点之间的进化距离分配间隙概率。FireProtASR 考虑了进化距离，以限制变异支和单个序列的影响。最后，在不确定的分数范围内的位置是根据原始比对中的间隙频率确定的	边缘(FireProtASR 是 一 个 通 过 Lazarus 接口使用 PAML 的自动化工作流工具)

续表

软件	间隙是如何编码的	如何推断间隙	ASR 类型
PhyML [33]	空白字符被视为缺失数据	祖先的每个位置都将被分配一个氨基酸，即使在树的特定分支上，所有后代都缺少该位置的内容	边缘 / 最小后验期望误差
IQ-TREE 2 [34]	空白字符被视为缺失数据	祖先的每个位置都将被分配一个氨基酸，即使在树的特定分支上，所有后代都缺少该位置的内容	边缘型
RAxML [35] RAxML-ng [36]	空白字符被视为缺失数据	RAxML-ng: 每个位置都有一个特性。RAxML: 每个位置都有一个字符状态，除非在树的某个特定分支上，该位置的所有后代都缺少内容	边缘型
Lazarus [37]	为每个序列的间隙位置 / 氨基酸存在情况创建一个二元向量	采用 Fitch 简约法推断缺口 [38]	边缘型

本章中概述的基于祖先索引历史的变体工程库方法需要 ASR 能够识别和操作这些索引的工具。由于大多数 ASR 工具都有处理 Indel 的独特策略，因此理解这些策略非常重要，无论 Indel 的使用方式如何。

八、 祖先序列预测的图形化表征（GRASP）

这里描述的工具 GRASP 提供了一种方法，通过保留和呈现多个可供探索的可信的 Indel 历史（而不是将信息整合到一组单一的祖先缺口中），为蛋白质工程师提供灵活性。GRASP 使用称为偏序图（POG）的图形数据结构和称为双向边简约的过程，使用户能够在预先选择的索引历史之间进行决策。比对在 POG 上表示，图的顶点表示比对中的特定列，图的边表示列之间的顺序。间隙由跳过一个或多个顶点的边表示，这意味着可以在单个图上表示许多备选间隙模式（图 6-2）。通过选择要跟随的边，可以向前读取序列（从 N 端到 C 端）。每个边的厚度或颜色强度反映了显示残留物特定排列（"路径"）的序列数。

在 POG 上，具有相同起点但不同终点位置的两个间隙可视为两条独立边，从同一顶点开始，但在两个不同顶点结束。因为间隙可以以这种方式交错，在两个顶点 a 和 b 之间，离开 a 的边集合不一定是进入 b 的相同边集合 [图 6-2（a）]。为了说明这种可变性，GRASP 在向前（N-C）和向后（C-N）方向上对每条边执行简约分析 [图 6-2（b）]。简约分析根据每条边的所有后代确定其简约得分。边的存在没有成本，添加边的成本为

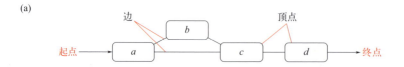

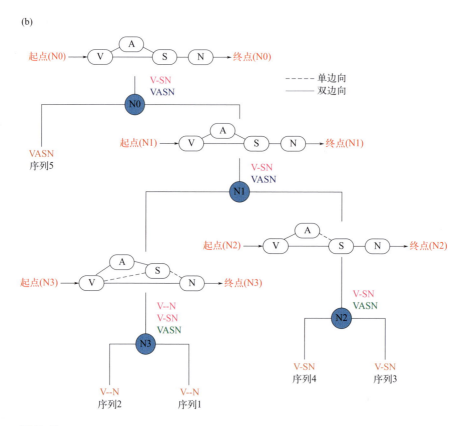

图 6-2

GRASP 中的偏序图

（a）偏序图概览。（b）祖先推断图，显示 GRASP 可能衍生出的潜在祖先。现存序列（橙色）位于树的顶端，每个祖先都有一条已确定的首选路径（粉色），以及一条双向解析但非首选的路径（蓝色）或单向解析但非首选的路径（绿色）。如节点 N3 所示，从位置零（VA）有三种可能的转换［到位置一（VA）、到位置二（V-S）、到位置三（V--N）］。在节点 N3 上，所有三个选项至少在一个方向上都是合理的，但只有一个是双向合理的（V--N）。在 N2 处，只有两个选项在至少一个方向上是合理的，但只有一个是双向合理的（V-S）。在 N1 和 N0 位置，有两个选项是双向解析的（VA，V-S）。所有选项都可以通过 GRASP 进行探索，首选路径会自动选择双向边。在 N1 和 N0 的情况下，当多条路径都包含双向边时，首选路径的选择取决于原始序列中包含该路径的序列数（V-S）

1。简约分析可以产生同样最优的简约场景，无论是在祖先与子节点之间，还是在特定祖先的位点之间。在 GRASP 中，这被用作优势，图形结构允许可视化在至少一个正向或反向上最优简约的每一条边，以及识别何时边在两个方向上最优简约（图 2b）。这允许可视化单个祖先和跨祖先节点的 Indel 的进化历史。

GRASP 还能识别单一的、首选的祖先序列（即通过 POG 的路径），其定义是双向边优先于单向边。在图的第一个节点和最后一个节点，双向性的必要性被忽略了，因为这两个节点通常包含比对精度较低（即序列差异较大或序列不完整）的区域。在存在多条双向拟合边的情况下，会考虑包含每条边的节点下序列的权重比例。这种首选序列会自动生成并可供下载，但 POG 的价值在于可以表示模糊性，并显示至少在一个方向上具有相似性的全套边缘，从而使用户能够相对轻松地为库选择变体。可以使用更有可能容纳插入或缺失的 Indel 位置来改变序列，方法可以是添加一些现存的特异性 Indel、一些推断的祖先变异 Indel（从所有在该位置有 Indel 的祖先中产生）或一些随机产生的 Indel 序列。为了进一步提高库的多样性，还可以通过改变推断路径，探索特定推断祖先中不同的 Indel 序列组合，从而改变推断祖先 Indel 序列的集合。GRASP 除了能识别更能容忍 Indel 插入的区域外，还能识别祖先序列和插入序列的氨基酸含量，这样，即使预测插入序列不会出现在某一祖先序列中，也能将某一世系的祖先插入序列放入氨基酸含量相似的祖先序列中。

九、　使用GRASP设计Indel变异体

Indel 是可变序列空间中有用的功能片段，但在酶工程中一直未得到充分利用。在酶工程中使用 Indel 的一个主要障碍是产生大量无功能变体，这通常是由于随机定位的 Indel 耐受性差。ASR 和天然 Indel 的研究为酶工程提供了另一种选择，在这种方法中，通过进化来选择在变体中定位 Indel 的位置。此外，ASR 还提供了一个稳健的模板（或模板集），可在此基础上设计缩排。许多 ASR 软件只能对 Indel 进行不完全处理，即使对 Indel 进行了完全处理（如 FastML），也只能推断出最可能的 Indel，而可能的变异是有限的。GRASP 采用基于解析的方法处理缀合点，并结合图形界面，使用户能够探索现存序列库中仍然存在的其他不太合理的缀合点途径。这样，用户就可以改变同一祖先中的 Indel，并创建一个"Indel 替代"祖先库。

第二节　材料

1. 计算机硬件要求——标准工作站（如果使用在线服务器，则最多可使用10000个序列，但如果分析涉及10000个以上序列，则应下载GRASP）。

2. 序列数据库：UniProt、NCBI及其他特定蛋白质或生物体的数据库。

3. 序列收集和整理软件：
   ① BLAST（可通过 https://blast.ncbi.nlm.nih.gov/Blast.cgi 或 UniProt 获取）。
   ② SeqScrub（http://bioinf.scmb.uq.edu.au/seqscrub）。
   ③ CD-HIT（http://weizhongli-lab.org/cd-hit/）。

4. 用于系统发育分析、ASR、可视化、评估等的软件：
   ① 比对——MAAFT、MUSCLE、Clustal Omega。
   ② Tree——MEGA、IQ-TREE 2、FastTree 2、RAxML。
   ③ 实现工作流程自动化的在线门户网站——PhyloBot、Fire-Prot、[ASR]NGPhylogeny.fr。
   ④ GRASP（在线或下载）。
   ⑤ 可视化——Jalview、AliView、FigTree、Archaeopteryx。
   ⑥ 后分析——PyMOL、Chimera。

第三节　方法

一、　选择适当的蛋白质或酶家族

选择何种酶或蛋白质进行重构取决于所需的应用。已发表的祖先重构研究结果表明，蛋白质在耐溶剂性、耐热性和催化活性方面都有所改进，并具有新颖或多功能的活性（综述见文献 [24]）。ASR 的理想候选者是具有良好活性的现存蛋白质家族，其有代表性的序列来自不同的分类系统，在序列和结构水平上都显示出显著的保护性。高质量的序列注释和结构信息也很有帮助。

重建可以使用一组直系同源物，或用旁系同源物的亚家族进行。由于 Indel 变异发生的频率低于取代变异，因此进化多样性更高的组别可能为鉴定 Indel 变异提供更多机会。

下一步是选择一组合适的外群序列。这通常是与感兴趣的蛋白质第二密切的家族或亚家族。在可能的情况下，请查阅网站优先参考目标蛋白家族已发表的比对结果或系统发育树。

二、 获取序列和序列整理

理想情况下，应尽可能多地纳入序列，并确保纳入特定系统发育系的代表性序列。但是，如果序列数量有限制，则应避免过度采样（如哺乳动物，其序列数据通常比其他动物类别丰富），以免牺牲其他品系的数据。在排列和整理序列时，要注意全序列长度，以及特定品系中空白的数量和普遍程度。在处理多结构域蛋白质时，应在进行比对之前评估目标家族内结构域的保守程度。如果结构域组成或顺序的保守性很差，则应改变比对策略，以免大的非比对区域影响比对质量（例如，独立处理不同的结构域）。除了本文介绍的方法外，可能还有针对特定蛋白质家族开发的工具，用于评估序列比对和系统发育树（见注释 1）。

用于评估差距和序列质量的可选工具如下：

1. 比对一致性和置信度检查——M-COFFEE[25]、GUIDANCE2[26]。
2. 异常序列检测——OD-seq[27]、EvalMSA[28]。

三、 搜索同源

1. 从经过良好校正的模型基因组中选择每个直系同源物的多个（见注释 2）查询氨基酸序列（见注释3），这些序列应涵盖待挖掘的系统发育的广度。从UniProt或其他序列数据库下载序列，并保存为带有适当注释的FASTA文件。
2. 针对每个"查询"蛋白质序列执行pBLAST搜索，以建立潜在的同源（或旁系，如果包括多个蛋白质家族）蛋白质序列集合。如需排除与当前项目无关的物种序列，（这些序列可能因显示部分相似性而被BLAST搜索捕获），应根据目标进行筛选（例如，在重建植物蛋白时需排除原核生物序列）。
3. 选择具有适当 E 值、序列具有同一性或相似性的相关蛋白家族序列。例如，按照惯例，同一细胞色素P450家族中的所有序列至少有大约

40% 的氨基酸同源性，如果属于同一亚家族，则至少有大约55% 的氨基酸同源性，因此这些都是用于P450酶ASR的有用阈值。

4. 检查序列，根据异常长度（过短或过长）、缺乏蛋白质家族基本的关键保守基序或存在未识别残基（用X表示）等情况排除异常序列。

5. 将序列保存到FASTA文件中，并使用翔实和一致的标签（例如，>ProteinName_SpeciesName_AccessionNumber）。删除任何与排列和建树程序不兼容的字符，可以使用SeqScrub工具（http://bioinf.scmb.uq.edu.au/seqscrub）。保存一个单独的索引文件，记录收集的序列、删除的序列、删除的原因以及其他有用的元数据。

6. 通过CD-HIT (http:// weizhong-lab.ucsd.edu/cdhit_suite/cgi-bin/index.cgi) 处理序列集合，以 $(n-1)/n \times 100$ 作为序列一致性阈值（其中n为待重建蛋白质的理论长度），以去除任何重复序列，但保留至少一个残基不同的变体。如果只需要有代表性的序列，也可以使用其他阈值。

四、　生成多序列比对

1. Jalview（https://www.jalview.org/）是一个免费的软件包，用于FASTA文件和比对的可视化[29]。比对可以在单独的程序或网络服务器中完成，然后加载到Jalview中，但许多常见的比对程序都可以通过Jalview本身使用。要在Jalview中执行初始比对，请选择"网络服务"（Web Service），然后选择"比对"（Alignment）选项卡。这将以默认参数运行一次比对。要更改比对参数，可使用网络服务器访问比对程序，或将其下载到本地工作站。我们通常使用MAFFT (http://www.ebi.ac.uk/Tools/ msa/mafft/)，但也有一些其他的比对程序，包括MUSCLE和Clustal Omega，它们可能更适合不同类型的蛋白质，例如更复杂的序列的比对。

2. 大多数比对使用用户自定义的参数。不同的比对程序可能会包含特定的参数或比对优化方法。EMBL-EBI网站（https://www.ebi.ac.uk/seqdb/confluence/display/JDSAT/Multiple+Sequence+Alignment）上列出了最常用程序和参数的详细信息，表6-2对其进行了总结，重点介绍了常用程序MAFFT。

3. 如果没有公开发表的现有比对信息，则从默认参数开始。如果序列比对效果不佳，则应找出问题所在（如间隙过多）并更改相关参数（如增加间隙开启罚分）。

表6-2　序列排列参数

参数名称	说明和默认值（MAFFT）
评分矩阵	氨基酸序列的默认评分矩阵为 BLOSUM62，但如果序列关系密切、差异较大或具有不寻常的家族特异性氨基酸频率（如跨膜蛋白），则可能需要调整该参数，详见文献 [39]
间隙罚分设置	MAFFT 通常使用 1～3 的惩罚值；默认值为 1.53。数值越大，预测的间隙越少。这可能需要根据经验来确定，具体取决于所使用的序列
间隙延伸罚分	间隙延伸罚分通常取值范围为 0～2，默认值为 0.123。数值越大，间距越短
树重建编号	默认值为 2，选项包括 0、1、2、5、10、20、50、80 和 100。这表示算法的建树循环次数
完善方法	细化方法在"精度"和计算时间之间进行权衡。例如，MAFFT 中的 L- INS-i 使用迭代细化方法来提高精确度。L- INS-i 通常更准确，但不一定适合特定的比对 [40]

五、　比对输出和完善

1. 比对程序生成的比对文件由输入序列和添加的间隙字符组成。在大多数工具中，还可以指定比对中的序列顺序。通常，"已排列"选项最有参考价值，因为它会将相似的序列归为一组。

2. 第一次比对后，保守基序列校验，确保它们正确比对。检查分类群内同源序列的比对，确保它们相似。比对结果应与蛋白质家族的已知特性一致。如果比对质量较差，可使用不同的方法、程序或准测量仪重新比对。如果比对没有重大问题，则检查单个序列。

3. 识别并删除比对情况特别差或似乎包含明显异常的序列（见注释4）。例如，具有明显的帧移或畸变的序列。所谓的内含子-外显子边界在比对后会很明显，可能包括具有较大内部插入或间隙（＞20个残基）的序列，这些序列在其他序列中没有出现。在蛋白质序列的N端和C端也常会出现明显的框架转换。不过，重要的是要了解明显异常序列来自哪个物种：如果它是该物种的唯一序列，那么差异可能反映了真正的序列分化。

4. 同时删除缺乏关键结构基序的序列。上述例子见图6-3。如果有的话，将比对结果与以前尝试比对同一蛋白质家族成员的公开报告进行比较。

5. 在索引文件中记录所有被删除的序列及其原因。

6. 重复比对。删除所有比对不良的序列后，继续推断系统发生树。

(a) 未知序列内容

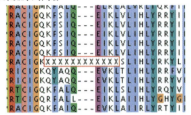

(b) 由于内含子/外显子边界的错误调用而可能导致的帧移位

(c) 在高度保守的比对区域有大量的缺失

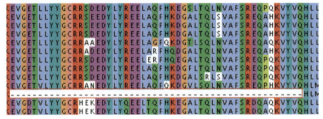

图6-3

序列异常、需要调查并可能从比对中删除的比对示例

（a）序列内容不明；（b）由于内含子／外显子边界的错误调用而可能导致的帧移位；（c）在比对中的保守区域出现大的嵌合

六、 树的生成、文件类型要求及树的基准测试

1. 系统发生树应使用概率方法推断：通常使用最大似然法ML）或贝叶斯法。基于ML的程序通常速度更快，而且能够处理更大的序列数。常见的程序包括MEGA、IQ-TREE 2、Fas-tTree 2和RAxML。其他树状程序利用现有的系统发育信息或明确的物种感知进化模型，可提高准确性[15]。这些程序对来自脊椎动物等支持度良好的系统发生系的蛋白质最为有效。重要的是，简单的邻接算法在这里并不能令人满意：系统树的推断需要在统计学上是稳健的。

2. 系统发生树程序要求提供序列比对结果并指定替换模型和任何系统发生检验参数（表6-3）。

表6-3　系统发生树推断参数

参数名称	名称说明和默认值（IQ-TREE 2）
替换模型	IQ-TREE 2 默认使用 Model Finder[41] 来识别最适合的替代模型。也可以使用 ProtTest[42]，或者指定一个特定的替代模型。 对于其他树程序，可以单独使用 ProtTest 来确定最佳替代模型，或者可以指定一个特定的模型
引导分析	IQ-TREE 2 中默认使用超快自展法[43]，也可以执行标准自展法[44]。 自展分析的重复次数取决于序列数量：标准自展通常进行 100 次重复；若使用 IQ-TREE 2 的超快自展法，标准重复次数为 1000 次

3. 使用FigTree程序（http://tree.bio.ed.ac.uk/software/figtree/）可以很容易地使Newick格式的树（.nwk）可视化。检查树枝，确保序列分组与已发表的报告一致。一般来说，直系同源物会根据分类学特征进行分组，而旁系同源物则会分开。如果蛋白质来自原核生物，则要考虑横向基因转移的可能性。

4. 最终的系统发育树应进行自展分析（bootstrapping）。自展分析是通过从原始比对中随机抽样列来创建新比对的过程，新比对与原始比对长度相同，但列的顺序被打乱（且允许同一列多次出现）。这些新比对用于生成新树，原始树中特定分支在新树集合中出现的百分比被计算为置信度指标。100% 的自展值意味着该特定分支始终存在。超快自展值的解释有所不同，95% 的支持度大致对应该特定分支准确的概率为95%。通常会将每个节点的自展值叠加到最终树上，以便他人解读树的可重复性，大多数树构建程序会自动提供此选项。

七、　使用GRASP推断祖先

1. GRASP可通过服务器链接（http://grasp.scmb. uq.edu.au）免费使用。创建登录信息并按照说明验证相关电子邮件，以便保存重建结果。上传FASTA或Clustal格式的最终比对结果和Newick格式的树。为感兴趣的蛋白质家族选择合适的进化模型（JTT、Dayhoff、WAG、LG）并进行重建。

2. 通过网络服务器，GRASP最多可接受10000条序列。不过，从更多序列中计算比对、系统发育树和祖先序列需要更长的时间。

3. GRASP可自动生成联合重建，并可选择推断每个选定节点的边际祖先。

八、　解读GRASP输出结果

GRASP 提供了树形视图和祖先视图，可以通过树上的节点交互式地选择祖先（图 6-4）。多个祖先可以堆叠在一起，以便评估其特征状态和 Indel 成分的差异。例如，将一个父代和两个子代序列堆叠在一起，可以识别仅发生于一个进化支系的 Indel 事件。

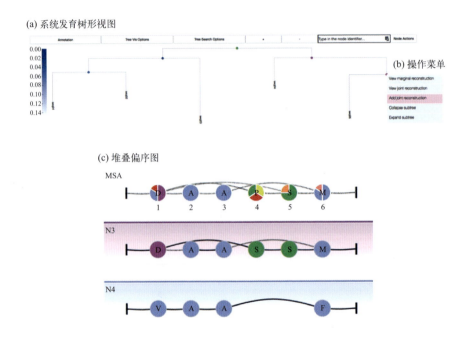

(a) 系统发育树形视图

(b) 操作菜单

(c) 堆叠偏序图

图6-4

GRASP 中结果的可视化

（a）树视图面板显示用户提供的系统发育树的祖先节点；（b）右键点击系统发育树上的节点可打开一个菜单，允许折叠树、计算和显示该节点为中心的边际重构，或显示或堆叠联合重构；（c）祖先查看器面板显示原始 MSA 的 POG 以及任何选定的祖先。在这里，N3 和 N4 祖先的联合重建被堆叠在一起，以便进行可视化比较，从而在外部树形查看程序中使用。祖先查看器的输出也可以保存为 PNG 格式，以选定位置为中心，包括 MSA 图形和堆叠祖先图形中最顶端的祖先图形

GRASP 将单向的拟合边缘识别为虚线，将双向的边缘识别为实线，任何边缘的深浅程度都会进一步用来表示推断所依据的现存序列的数量。这样就可以同时查看多条模糊路径，并通过一个按钮切换图中的首选路径。选择的单个祖先或祖先的全部集合可以作为 FASTA 文件下载，也可下载用与 GRASP 树查看器可视化一致的内部节点标签标记的系统发育树，

供外部树查看程序使用。祖先查看器的输出也可以保存为 PNG，在选定的位置居中，并包括 MSA 图和堆叠祖先图中最顶部的祖先图。

在下载文件时，GRASP 会自动生成"首选路径"祖先，但通过参考显示模糊性的 GRASP 可视化图示，可以定义代表其他进化情况（如在直系祖先或后代中的插入或删除事件；图 6-5）的比对路径。为了解决这些替代情况，可以通过处理下载的 FASTA 文件手动插入 Indel，或者插入到可能包含 Indel 的同一祖先中，或者插入到替代的、通常是相邻的祖先中。

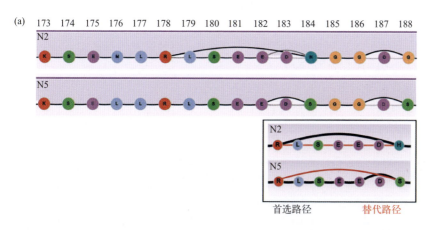

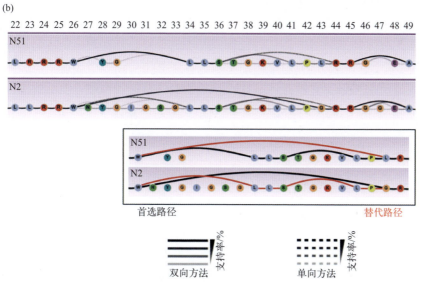

图 6-5

GRASP 有助于解决在进化过程中决定何时出现嵌合体的模糊性问题。（a）和（b）中描绘了来自系统发育树不同分支的两个相关祖先的例子，显示了代表模糊进化轨迹的首选路径和替代路径

这样就可以创建一个祖先，解决在进化过程中决定何时出现 Indel 的模糊性问题。然而，这种方法也可以用于设计全新的排列来探索特定祖先周围的序列空间，例如，可在不同谱系的祖先序列中插入与该谱系来源不同的插入片段，或通过分析自然进化历史，在已确定能耐受插入缺失的序列位置引入人工插入片段。

九、 设计Indel库

在合成和复活蛋白质之前，通过计算机模拟评估 Indel 变异成功的潜力是有用的。如果可能的话，通过同源性建模或使用结构可视化程序（如 PyMOL 或 Chimera）在现有序列的结构上映射 Indel 来可视化祖先的结构。

在查看 GRASP 输出时，请考虑：

1. Indel事件的频率以及可能出现的变体数量；
2. 如果预测的嵌合体出现在任何现存蛋白质中，则比较现存蛋白质与祖先蛋白质之间嵌合体侧翼序列的相似性；
3. 检查Indel的长度，以及它们是在序列的末端还是中间；
4. 如果可能，通过与特征明确的现存形式的结构进行比较，预测Indel两侧的二级结构元素，并确定Indel点是否位于无序区域内；
5. 评估Indel在该谱系中的保守程度；在一些现存序列中，Indel的序列或长度是保守的，还是大小不一？
6. 由于可溶性表面的Indel比埋藏的Indel耐受性好，因此确定插入的氨基酸或缺失的侧翼区域是小而亲水还是大而疏水是很有用的，这表明蛋白质的这些区域可能是埋藏的（大量疏水残基）还是暴露的（亲水残基）。在决定创建哪些祖先变异体时，检查树中是否有祖先与出现嵌合的地方接近是非常有用的。可以表征的变体包括（图6-6）：

（1）GRASP预测的祖先；
（2）带或不带个别Indel的替代序列；
（3）具有单边解析支持的祖先变体；
（4）祖先与附近节点的嵌合；
（5）如果在一个祖先中预测出一个以上的滞后点，则可结合使用上述方法。

拓展序列空间的其他可选策略包括：采用替代性的联合祖先或边缘祖先，或者（在边缘重建中）结合 Indel 变异替代具有较低后验概率的氨基酸残基。为了探究序列空间中更远的区域，可以设计新的 Indel 变体，替换推断祖先中的 Indel 变体。

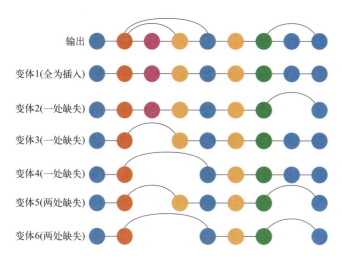

图6-6

GRASP 输出可生成的 Indel 变体示例

十、 祖先形态的复活与创造变体库

一旦设计出要创建的变体，就可以使用多种方法来构建库，其中大多数方法都依赖于至少一个祖先的基因合成作为模板，然后通过标准的诱变方法将突变引入其中（见注释5）。应将所选祖先的氨基酸序列反向翻译成 DNA 序列，该序列应针对用于表达重组蛋白的宿主进行密码子优化。

第四节 注释

1. 由于序列或比对质量不佳会影响推断出的祖先的结构功能完整性，因此可能有必要审查有关所研究蛋白质家族的进化方面的已知信息。

2. 所选探针序列的数量取决于所考虑的蛋白质家族的多样性。探针序列应从整个系统发生树中选择，以避免重建过程中出现偏差。

3. 由于密码子冗余，蛋白质序列比DNA序列更容易获得。

4. 序列整理的标准应取决于蛋白质的特性，但也要考虑到可能出现的物种差异。例如，如果一个特定序列来自一个物种在没有其他密切相关序列的情况下，一些大的差异（如在循环中插入）可能是真实的。

5. 重建的祖先数量取决于重建的目的。不过，对于生物技术应用而言，从不同系谱中选择序列是非常有用的，这样可以促进对序列空间的探索，并揭示更多新特性，而不是通过评估密切相关的变体（如系统发育树中特定现存蛋白质附近的变体）来实现。

参考文献

[1] Saab-Rincon G, Li Y, Meyer M, Carbone M, Landwehr M, Arnold FH (2011) Protein engineering by structure-guided SCHEMA recombination. In: Lutz S, Bornscheuer U (eds) Protein engineering handbook, 1st edn: 481-492. Wiley-VCH, Darmstadt

[2] Zhang Z, Wang J, Gong Y, Li Y (2018) Contributions of substitutions and indels to the structural variations in ancient protein superfamilies. BMC Genomics 19(1): 771. https:// doi.org/10.1186/s12864-018-5178-8

[3] Emond S, Petek M, Kay EJ, Heames B, Devenish SRA, Tokuriki N, Hollfelder F (2020) Accessing unexplored regions of sequence space in directed enzyme evolution via insertion/deletion mutagenesis. Nat Commun 11 (1): 3469. https://doi.org/10.1038/s41467- 020-17061-3

[4] Arpino JA, Reddington SC, Halliwell LM, Rizkallah PJ, Jones DD (2014) Random single amino acid deletion sampling unveils structural tolerance and the benefits of helical registry shift on GFP folding and structure. Structure 22(6): 889-898. https://doi.org/10.1016/j.str.2014.03.014

[5] Li D, Jackson EL, Spielman SJ, Wilke CO (2017) Computational prediction of the tolerance to amino-acid deletion in green- fluorescent protein. PLoS One 12(4): e0164905. https://doi.org/10.1371/journal.pone.0164905

[6] Kim R, Guo J-T (2010) Systematic analysis of short internal indels and their impact on protein folding. BMC Struct Biol 10(1):24.https://doi.org/10.1186/1472-6807-10-24

[7] Chang MSS, Benner SA (2004) Empirical analysis of protein insertions and deletions determining parameters for the correct placement of gaps in protein sequence alignments. J Mol Biol 341(2): 617-631. https://doi.org/10.1016/j.jmb.2004.05.045

[8] Light S, Sagit R, Sachenkova O, Ekman D, Elofsson A (2013) Protein expansion is primarily due to Indels in intrinsically disordered regions. Mol Biol Evol 30 (12): 2645-2653. https://doi.org/10.1093/molbev/mst157

[9] Fraternali F, Joseph AP, ValadiéH, Srinivasan N, de Brevern AG (2012) Local structural differences in homologous proteins: specificities in different SCOP classes. PLoS One 7(6): e38805. https://doi.org/10.1371/journal.pone.0038805

[10] de la Chaux N, Messer PW, Arndt PF (2007) DNA indels in coding regions reveal selective constraints on protein evolution in the human lineage. BMC Evol Biol 7(1): 191. https://doi.org/10.1186/1471-2148-7-191

[11] Leushkin EV, Bazykin GA, Kondrashov AS (2012) Insertions and deletions trigger adaptive walks in drosophila proteins. Proc R Soc B Biol Sci 279(1740): 3075-3082. https://doi. org/10.1098/rspb.2011.2571

[12] Zhang Z, Huang J, Wang Z, Wang L, Gao P (2011) Impact of Indels on the flanking regions in structural domains. Mol Biol Evol 28(1): 291-301. https://doi.org/10.1093/molbev/msq196

[13] Bloom JD, Labthavikul ST, Otey CR, Arnold FH (2006) Protein stability promotes evolvability. Proc Natl Acad Sci U S A 103 (15): 5869-5874. https://doi.org/10.1073/pnas.0510098103

[14] Ayuso-Fernandez I, Ruiz-Duenas FJ, Martinez AT (2018) Evolutionary convergence in lignindegrading enzymes. Proc Natl Acad Sci U S A 115(25): 6428-6433. https://doi.org/10.1073/pnas.1802555115

[15] Groussin M, Hobbs JK, Szollosi GJ, Gribaldo S, Arcus VL, Gouy M (2015) Toward more accurate ancestral protein genotypephenotype reconstructions with the use of species tree-aware gene trees. Mol Biol Evol 32 (1): 13-22. https://doi.org/10.1093/molbev/msu305

[16] Thomas A, Cutlan R, Finnigan W, van der Giezen M, Harmer N (2019) Highly thermostable carboxylic acid reductases generated by ancestral sequence reconstruction. Commun Biol 2: 429. https://doi.org/10.1038/ s42003-019-0677-y

[17] Schenkmayerova A, Pinto G, Toul M, Marek M, Hernychova L, Planas-Iglesias J, Liskova V, Pluskal D, Vasina M, Emond S, Doerr M, ChaloupkováR, Bednar D, Prokop Z, Hollfelder F, Bornscheuer U, Damborsky J (2020) Engineering protein dynamics of ancestral luciferase. ChemRxiv. https://doi.org/10.26434/chemrxiv.12808295.v1

[18] Thornton JW (2004) Resurrecting ancient genes: experimental analysis of extinct molecules. Nat Rev Genet 5(5): 366-375.

[19] Felsenstein J (2003) Inferring Phylogenies. Sinauer Associates, Inc., Sunderland, MA.

[20] Pupko T, Pe I, Shamir R, Graur D (2000) A fast

algorithm for joint reconstruction of ancestral amino acid sequences. Mol Biol Evol 17 (6): 890-896. https://doi.org/10.1093/oxfordjournals.molbev. a026369

[21] Yang Z (2007) PAML 4: phylogenetic analysis by maximum likelihood. Mol Biol Evol 24 (8): 1586-1591. https://doi.org/10.1093/molbev/msm088

[22] Koshi JM, Goldstein RA (1996) Probabilistic reconstruction of ancestral protein sequences. J Mol Evol 42(2): 313-320. https://doi.org/10.1007/bf02198858

[23] Vialle RA, Tamuri AU, Goldman N (2018) Alignment modulates ancestral sequence reconstruction accuracy. Mol Biol Evol 35 (7): 1783-1797. https://doi.org/10.1093/molbev/msy055

[24] Merkl R, Sterner R (2016) Ancestral protein reconstruction: techniques and applications. Biol Chem 397(1): 1-21. https://doi.org/10. 1515/hsz-2015-0158

[25] Moretti S, Armougom F, Wallace IM, Higgins DG, Jongeneel CV, Notredame C (2007) The M-Coffee web server: a meta-method for computing multiple sequence alignments by combining alternative alignment methods. Nucleic Acids Res 35(Web Server Issue): W645-W648. https://doi.org/10.1093/nar/gkm333

[26] Sela I, Ashkenazy H, Katoh K, Pupko T (2015) GUIDANCE2: accurate detection of unreliable alignment regions accounting for the uncertainty of multiple parameters. Nucleic Acids Res 43(W1): W7-W14. https://doi. org/10.1093/nar/gkv318

[27] Jehl P, Sievers F, Higgins DG (2015) OD-seq: outlier detection in multiple sequence alignments. BMC Bioinformatics 16(1): 269. https://doi.org/10.1186/s12859-015- 0702-1

[28] Chiner-Oms A, González-Candelas F (2016) EvalMSA: a program to evaluate multiple sequence alignments and detect outliers. Evol Bioinform Online 12: 277-284. https://doi. org/10.4137/ebo.S40583

[29] Waterhouse AM, Procter JB, Martin DM, Clamp M, Barton GJ (2009) Jalview version 2--a multiple sequence alignment editor and analysis workbench. Bioinformatics 25 (9): 1189-1191. https://doi.org/10.1093/ bioinformatics/btp033

[30] Cohen O, Ashkenazy H, Belinky F, Huchon D, Pupko T (2010) GLOOME: gain loss mapping engine. Bioinformatics 26(22): 2914-2915. https://doi.org/10.1093/bioinformatics/ btq549

[31] Edwards RJ, Shields DC (2004) GASP: gapped ancestral sequence prediction for proteins. BMC Bioinformatics 5(1): 123. https://doi.org/10.1186/1471-2105-5-123

[32] Musil M, Khan RT, Beier A, Stourac J, Konegger H, Damborsky J, Bednar D (2020) FireProtASR: a web server for fully automated ancestral sequence reconstruction. Brief Bioinform. 22(4): bbaa337. https://doi.org/10. 1093/bib/bbaa337

[33] Oliva A, Pulicani S, Lefort V, Bréhélin L, Gascuel O, Guindon S (2019) Accounting for ambiguity in ancestral sequence reconstruction. Bioinformatics 35(21): 4290-4297. https://doi.org/10.1093/bioinformatics/ btz249

[34] Lanfear R, von Haeseler A, Woodhams MD, Schrempf D, Chernomor O, Schmidt HA, Minh BQ, Teeling E (2020) IQ-TREE 2: new models and efficient methods for phylogenetic inference in the genomic era. Mol Biol Evol 37 (5): 1530-1534. https://doi.org/10.1093/ molbev/msaa015

[35] Stamatakis A (2014) RAxML version 8: a tool for phylogenetic analysis and post-analysis of large phylogenies. Bioinformatics 30 (9): 1312-1313. https://doi.org/10.1093/bioinformatics/btu033

[36] Kozlov AM, Darriba D, Flouri T, Morel B, Stamatakis A (2019) RAxML-NG: a fast, scalable and user-friendly tool for maximum likelihood phylogenetic inference. Bioinformatics 35(21): 4453-4455. https://doi.org/10. 1093/bioinformatics/btz305

[37] Hanson-Smith V, Kolaczkowski B, Thornton JW (2010) Robustness of ancestral sequence reconstruction to phylogenetic uncertainty. Mol Biol Evol 27(9): 1988-1999. https://doi. org/10.1093/ molbev/msq081

[38] Fitch WM (1971) Toward defining the course of evolution: minimum change for a specific tree topology. Syst Zool 20(4): 406-416. https://doi. org/10.2307/2412116

[39] Wheeler D (2003) Selecting the right proteinscoring matrix. Curr Protoc Bioinformatics. Chapter 3: Unit 3.5. https://doi.org/10. 1002/0471250953.bi0305s00

[40] Katoh K, Standley DM (2013) MAFFT multiple sequence alignment software version 7: improvements in performance and usability. Mol Biol Evol 30(4): 772-780. https://doi. org/10.1093/molbev/mst010

[41] Kalyaanamoorthy S, Minh BQ, Wong TKF,von Haeseler A, Jermiin LS (2017) ModelFinder: fast model selection for accurate phylogenetic estimates. Nat Methods 14 (6): 587-589. https://doi.org/10.1038/nmeth.4285

[42] Darriba D, Taboada GL, Doallo R, Posada D (2011) ProtTest 3: fast selection of best-fit models of protein evolution. Bioinformatics 27(8): 1164-1165. https://doi.org/10.1093/ bioinformatics/btr088

[43] Minh BQ, Nguyen MAT, von Haeseler A (2013) Ultrafast approximation for phylogenetic bootstrap. Mol Biol Evol 30 (5): 1188-1195. https://doi.org/10.1093/ molbev/mst024

[44] Felsenstein J (1985) Confidence limits on phylogenies: an approach using the bootstrap. Evolution 39(4):783-791. https://doi.org/10.2307/2408678

第七章

基于祖先序列重建古酶复活技术

Maria Laura Mascotti

摘要

祖先序列重建（ASR）可以利用现存蛋白质的系统发育来推断已灭绝蛋白质的序列。它包括揭示一个感兴趣的蛋白质家族的进化历史（系统发育），然后推断其祖先（即系统发育中的节点）的序列。在基因合成的辅助下，被选中的祖先可以在实验室中复活，并通过实验进行特征描述。ASR 成功的关键步骤是从可靠的系统发育开始。同时，最重要的是要清楚地了解所研究家族的进化历史以及对其产生影响的事件。这使我们能够在实施 ASR 时提出明确的假设，并采用适当的实验方法。在过去几年中，ASR 已成为检验蛋白质功能起源、活性变化、理化性质理解等假设的流行方法。在此背景下，本章旨在介绍应用于重建酶（具有催化作用的蛋白质）的 ASR 方法。研究的核心旨在为不熟悉分子系统学的生物化学家和生物学家提供一个基本的、可实际操作的指南。

关键词：祖先序列重建，酶功能，分子进化，进化生物化学，系统发育

第一节　引言

酶通过活性位点中特定残基的协调作用发挥催化作用。准确揭示酶如何发挥其功能，有助于我们详细了解酶参与的细胞机制[1]。酶功能的决定因素被认为是一组必要且充分的残基，当这些残基被容纳在一个三维折叠中时，就会产生特定的活性。为了定义这组残基，大多数分析都会比较具有不同活性的现代酶的序列，以找到它们具有不同催化特性的原因[2]。这种方法是横向的，因为它比较了系统发育树末端（现存物种）的序列。这种方法平等地对待自这两种蛋白质的最后一个共同祖先以来发生的所有替换。其中的许多替换与酶之间的功能差异完全无关，并且确定因果集是非

常困难的。实际上，酶的功能通常在系统发育的单个分支上发生变化，即在祖先蛋白质和树上的直接后代之间发生变化。进化生物化学明确利用了这一事实，并利用系统遗传学来确定蛋白质功能的历史和物理成因[3]。这种纵向方法通过祖先序列重建（ASR）来推断树上节点间的序列，然后通过实验对其进行表征。利用这些蛋白质来确定新功能进化的确切分支，生化学家就可以只关注发生在该特定分支的替换，从而大大减少了需要考虑的差异数量。因此，现代酶的功能可以根据其自身的历史来理解。借此，可以确定蛋白质功能的关键位点，同时还可以剖析与可变特征有关的位点[4]。此外，通过这种近似方法，还可以确定模拟家族历史的环境和进化压力[5,6]。

　　1963 年，Pauling 和 Zuckerkandl 首次提出了"分子复原"的概念[7]。根据位点同源性概念，他们提出了从现存蛋白质的序列中确定其祖先序列的想法。他们预言，将来有可能合成这些祖先成分，研究它们的物理化学性质，并推断它们的功能。然而，由于当时蛋白质序列和计算能力的限制，他们的设想直到三十多年后才成为现实。自 21 世纪初以来，基因组测序的发展和基因合成技术的进步使进化生物化学成为一个蓬勃发展的领域。这种方法的本质是重建任何蛋白质家族的祖先，以恢复其蛋白质类型，而不是其精确序列[8]。因此，强调该方法的功能特性非常重要。Hochberg 和 Thornton[9] 对此进行了讨论。他们深入探讨了该方法的概念化，然后介绍了一些最有趣的案例，在这些案例中，进化分析克服了传统横向分析的局限性。Garcia 和 KaÇar 从另一个角度描述了作为古代生物化学代用物的祖先酶的重建[10]。他们非常详细地探讨了不确定性的来源以及应如何考虑这些不确定性。

　　本章将专门为不熟悉分子进化的生物化学家和生物学家全面、实用地介绍 ASR 方法。将特别详细地介绍和讨论如何开始、提出进化假说和初步建立分析方法。该方法所涉及的所有步骤也将以读者能够理解其背后的关键原则的方式加以描述。

第二节　研究酶的 ASR

　　为了展示如何在酶学研究中实施 ASR，本节将简要介绍几个选定的例子。这些例子说明了酶生物化学的不同方面：催化活性如何在酶序列中编码并随时间变化[11]，催化如何从非催化前体中重新产生[12]，以及是什么决定了酶家族的理化特征[13]。

基因复制在进化创新中起着根本性的作用。酵母α-葡糖苷酶（MALS）是一个代谢复杂糖的酶家族，在其发展史上经历了多次基因复制。Voordeckers等人[11]通过ASR对该酶家族进行了分析，以确定允许底物偏好的残基和结构特征。他们发现，现今的酶源自一个能够转化麦芽糖样糖和异麦芽糖样糖的杂合祖先（ancMALS）。从这个混杂的祖先开始，一系列的复制事件导致了对麦芽糖或异麦芽糖类糖底物的优化。结构分析表明，这两种活性在任何现存酶中都不可能共存。有趣的是，在不同的复制后路径上，导致这些变化的置换被发现是不同的。因此，现代麦芽糖酶和异麦芽糖酶采用了略有不同的活性位点来处理它们的活动。这一案例说明，特定的生化活性可以在不同时期通过不同的因果替换出现。ASR方法提供了探索这些进化路径的途径，并揭示了哪些子结构对功能之间的转换至关重要。

另一个有趣的例子是从非催化祖先中产生真正的酶。Clifton等人[12]报道了这种情况，他们通过ASR研究了环己二烯脱水酶（CDT）的进化。从溶质结合蛋白（SBP）到CDT的进化轨迹揭示了非催化祖先蛋白的存在，它是催化蛋白的后代。最古老的非催化祖先（AncCDT-1）被鉴定为氨基酸结合蛋白，对带正电荷的氨基酸具有亲和力，而其后代（AncCDT-2）则是羧酸结合蛋白。对这些祖先进行的生物物理分析表明，在结合腔中已经容纳了一些替代物，从而使该蛋白的后代得以产生，而催化型祖先的最后一个共同祖先是羧酸结合蛋白。在这种酶（AncCDT-3）中，获得活性位点相对容易。然而，这项研究不仅揭示了催化活性的出现，还揭示了后续步骤，从而产生了一种功能强大的酶。值得注意的是，这项研究描绘了如何通过自然进化实现从非催化蛋白质到催化蛋白质的转变。这一过程为提高酶活性的计算设计和定向进化提供了宝贵的启示。

最后一个例子涉及哺乳动物黄素单氧酶（FMOs）的重建。这些酶与细胞色素P450s一起构成了人类对有毒化合物的防御系统。尽管它们具有重要的生理意义，但由于重组酶的表达和纯化存在困难，它们的结构仍然不为人知。Nicoll等人最近的一项研究调查了四足动物FMOs的进化史。研究表明，所有哺乳动物的最后共同祖先已经编码了五个已知的FMO旁系亲属（FMO1-5）。通过ASR，这些旁系亲属中三个支系的最后共同祖先（AncFMO2、AncFMO3-6 和 AncFMO5）复活了。所有复活祖先的结构都得到了解决，为这些酶的催化机理和底物接受提供了重要证据。这项工作巧妙地展示了 ASR 在描述难以捉摸的酶和使用祖先作为现代酶模型方面的能力。

本节最后值得一提的是"祖先优越性"概念。许多文章记录了重建祖先的一种趋势，即它们显示出更高的热稳定性和催化混杂性 [14,15]。尽管这种趋势的主要含义直接影响到蛋白质进化的概念，但它也影响到蛋白质工程领域 [16]。然而，由于缺乏系统分析、实验方法的多变性以及推断方法可能偏向于稳定突变，因此无法保证在所有 ASR 应用中都能始终如一地实现这些特征 [17]（见注释 1）。仅以获得更强健、更稳定的酶为目的实施 ASR 并不可靠。相反，深入了解酶功能的历史和物理决定因素将是研究的坚实基础。

第三节　ASR 的步骤

正如约瑟夫 - 桑顿（Joseph Thornton）所说，"酶复活研究与所有好的科学一样，始于一个问题" [18]。通过研究现代酶的祖先形式的催化或物理化学特征，可以回答这个问题。为了介绍基于 ASR 的研究的所有步骤，下面以一个实例情景为例进行讨论。名为 Enz2 和 Enz6 的两种不同的单加氧酶已被生化表征（图 7-1）。Enz2 催化酮形成酯，Enz6 将硫化物转化为硫氧化物。虽然这两种酶属于同一蛋白家族，但它们显示出不同的底物特异性。我们的目的是了解哪些残基决定了底物的偏好，从而设计出突变体以进一步应用。在此之前，我们测试了由这两种序列差异激发的单点突变。但是，对于确定观察到的特异性的残基的身份，并没有得到明确的提示。因此，现在将从进化生物化学的角度进行研究。首先收集一组与我们的酶同源的序列（步骤Ⅰ）。为此，将使用 Enz2 和 Enz6 在蛋白质数据库中进行同源搜索。将仔细考虑所挖掘生物的分类，以获得良好的代表性。随后，将对收集到的序列进行多序列比对，确定最合适的进化模型，并推断系统发生（步骤Ⅱ）。一旦有了系统树，就可以分析已知酶的分布情况。在这种情况下，我们观察到，含有 Enz2 的组是由偏好酮类的酶组成的，而包括 Enz6 的支系则偏好硫化物作为底物。这种情况可以解释为，两个具有明确底物偏好的群体是从一个未知偏好

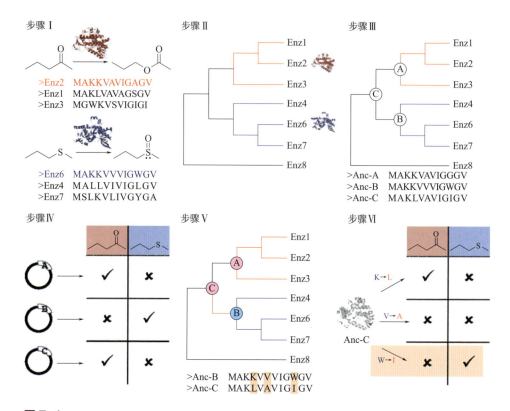

图 7-1

重建祖先酶的步骤

文中所描述的例子如图所示。第 1 步，首先，确定底物特异性（性状）的多样性。然后，利用所选酶的序列进行同源性搜索来构建数据集。第 2 步，完成比对后，推断出树。这必须包括一个根结点（Enz8）来分化系统发育。所研究的性状被绘制在树上：红色表示描述酮特异性的分支，而蓝色表示对硫化物的偏好。第 3 步，推测系统发育中的祖先。特别分析了实验表征的 AncC、AncA 和 AncB 序列。第 4 步，祖先蛋白在实验室中复活并评估其底物特异性。第 5 步，识别 AncC 到 AncB 的分支（橙色突出显示）的变化，确定底物特异性开关。第 6 步，将突变引入 AncC 的祖先支架中，以恢复硫化物作为底物的衍生特异性的表型。最后，确定了底物特异性切换的残基集

的共同祖先那里产生的。步骤Ⅲ包括推断树中所有分支点的祖先（即系统发生中的节点）序列。祖先序列将是每个位点最可能的氨基酸序列（状态）。接下来将研究三个特定序列。前两个是 AncA 和 AncB，前者是偏好酮的支系的祖先，后者是偏好硫化物的支系的祖先。我们希望这些酶的表型（对底物的偏好）与其衍生酶相同。第三个序列将是 AncC，它实际上是 AncA 和 AncB 的共同祖先，其表型尚不清楚。随后（步骤Ⅳ），

目标祖先将作为合成基因获得，蛋白质将被表达并评估其活性。不出所料，AncA 和 AncB 与现存的对应物具有相同的底物特异性。在我们的例子中，AncC 对酮的偏好与 AncA 相同。将这些特征映射到树上（步骤 V）可以发现，在连接 AncC 和 AncB 的分支上，一系列的取代导致了底物偏好的改变。为了揭示这些亚结构中哪一个在定义性状中起关键作用，将对这两个序列进行比较，并设计单点突变。这些突变将被引入 AncC 序列（步骤Ⅵ）。这一步的目的是鉴定这些突变体的特性，以找到 AncC 对底物的偏好与 AncB 对底物的偏好之间的转换。在本例中，只需交换一个氨基酸，就能实现这种转换。显然，这是一个过于简单的例子，但它却显示了这一方法的威力：导致酶表型变化的可能替代情况将减少到发生在系统发育的特定分支上的那些情况。如果仅仅比较现存序列，就很难找到这些取代，因为差异的数量更大。与传统的横向策略相比，这就是纵向方法的优点。此外，将酶的功能研究纳入分子进化的框架可以更好地解释实验数据。

目前已经出版了一些执行 ASR 的自动算法 [19]。尽管本章无意批评这些算法，但在试图了解一个酶家族的进化史之前，采用循序渐进的方法更为合适。这样，研究人员就能熟悉感兴趣的酶，了解其进化史的所有细节和特殊性。然后，就可以对酶功能的起源和范围提出假设。在接下来的章节中，将把执行 ASR 的完整工作流程分为三个连续的阶段。每个阶段都将详细描述要执行的任务、计算工具和分析。

第四节　从可靠的进化史开始

一、　建立数据集

这一工作流程的出发点是研究酶家族中感兴趣的生物化学特征 [20]。这可能是底物特异性 [11,21]、催化机理 [22]、寡聚状态 [23]、特定的物理化学性质 [24] 以及许多其他特征 [25]。重要的是，要从有实验证据证实所选性状的序列入手。尽管这似乎显而易见，但自动功能注释往往并不准确 [26]（见注释 2）。一旦定义了查询，就要进行同源性搜索 [27]（见注释 3）。在最简单的情况下，每个器官的序列只有一个拷贝，因此收集同源物的可信度很高。然而，不同类群的酶通常有多个拷贝（旁系亲属），而且不同物种之间的拷贝数也可能不同。在这种情况下，必须严格进行搜索，以检测所有可能的旁系亲属（这些术语的定义见文献 [28,29]）。要做到这一点，一个好的策略是将搜索限制在具有全基因组代表性的类群，以避免假阴性。在构建数据集时必须考虑分类学。这将确保所有分类群的良好代表性，并避免在系统发育中出现长分支等问题 [30,31]。时间树（TimeTree）是一个非凡的知识数据库，可为生命时间尺度中的任何世系提供分类 [32]。它可以与 NCBI 分类学数据库结合使用，后者提供分类学以及基因组可用性信息 [33]。然而，更好的方法是首先进行彻底的文献检索，以了解最近对酶所在分类群的系统发育分析。

这个过程将导致数据集满足两个核心原则：代表性和鲁棒性。首先，表明所取样的酶应捕获在所调查的蛋白质家族中所有的分类和序列多样性。因此，数据集不应该偏向于任何特定的分类群或高度相似序列的特定组。鲁棒性是指独立于用于分析的程序。序列间的进化关系应始终保持一致。下一节将以图形方式表示这两个概念。

二、　序列的排列和选择最佳拟合模型

收集到蛋白质序列后，必须对其进行多序列比对（MSA）。多序列比对是对序列间位点位置同源性的一种假设 [34]。有不同的软件可供选择，选择与否仅取决于用户的偏好。MAFFT 已得到广泛应用 [13,23]，因为处理大量数据可获得可靠的比对结果 [35,36]。在第一个 MSA 的基础上，可以构建一棵快速树来分析数据集的外观，并在此基础上做出决定，如是否要加强某些组、删除冗余序列等。这棵"指导树"将是一棵"邻接树"（NJ），能很好地反映序列之间的相似性关系 [37]。这一步可能会将用户带回序列搜索阶段，并重复前面的步骤，直到得到一个可靠的数据集，具有良好的分类学和序列表示并且没有冗余（图 7-2）。

当有了稳健数据集和 MSA 后，就可以通过两个步骤来获得系统发育树。首先，修剪单序列扩展区，去除比对不佳的区域。这将大大降低构建系统发育树所需的计算能力（有关该主题的详细讨论详见文献 [38,39]）。其次，由于氨基酸的化学性质并不等同，在给定的数据集中，某些氨基酸的替换会比其他氨基酸更频繁。因此，必须选择一个替换模型 [40]。同样，序列在整个长度上的进化速度也不尽相同 [41]。伽马分布参数 α 可以反映这一点，它表示速率变化 [42]。这些参数将包含在进化模型中。ProtTest [43] 可用于从众多可用模型中选择最适合数据的模型，以及是否应包含伽马分

布。此外，一些系统发生推断程序［如 PhyML 和 RaxML（见下文）］，也提供了自动选择模型的选项[44]。

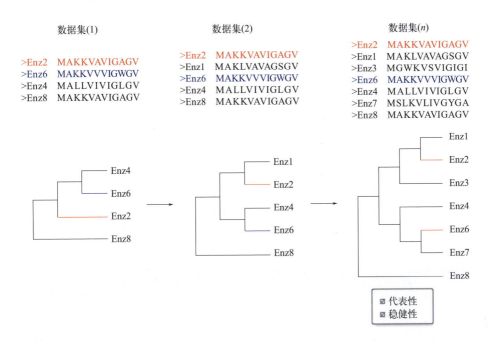

图 7-2

构建具有代表性和稳健性的数据集

数据集的构建分为三个阶段。数据集（1）缺乏良好的代表性，这对树状拓扑结构产生了影响。为了打破 Enz2 的长分支，数据集（2）中加入了更多同源序列。所得到的树拓扑结构有所改善，不再出现长分支，但各组的代表性仍然较差。同源搜索 / 多序列比对 / 指导树构建经过 n 次迭代后，得到数据集（n）。这显示了良好的代表性和鲁棒性

三、　推断系统发育

　　一旦知道了 MSA 和模型，就可以构建系统发育关系。可能已经有了一个很好的系统发生图，其中包括与蛋白质数据集相同的类群。因此，可以将其用于 ASR。不过，最常见的方法是使用概率方法推断系统发生，这种方法可以是最大似然法（ML）和 / 或贝叶斯推断法。最大似然法是我们的首选方法，也是最常用的祖先重构方法（见注释 4）。在可用于实现 ML 方法的软件中，RAxML[45] 和 PhyML[46] 尤为突出（见注

释 5）。为了评估所得到的树的稳健性，可以计算各个分支的支持值。在 ML 推断中，首选方法是引导法 [47,48]。最近，考虑到现有的大量基因数据，对这一概念进行了革新。这就是转移引导期望，它解决了经典引导法的一些问题，如深节点支持率低的系统性趋势 [49]。另一种推断方法是应用贝叶斯统计来计算系统发生（见注释 6）。贝叶斯（Mr. Bayes）[50] 是这种推断方法的标准工具之一。Nascimento 等人 [51] 概述了进行贝叶斯系统发育分析的生物学家指南。

在系统发育树中，一个节点代表两个现存生物类群或其演化支的最近共同祖先。节点的演化时序及其祖先 - 后代关系取决于根节点的定位。因此在解读发育树之前，必须首先确定其根节点 [52]。根节点的确立将明确进化事件的时序关系。通常采用外类群定位法进行根定：基于外部信息，在序列比对中纳入已知位于目标类群演化分支之外的序列（外类群），随后将根节点置于外类群和内类群的分支连接处。寻找外类群的简易方法是使用物种系统发育树。如果目标蛋白质家族的演化史遵循物种演化规律，那么蛋白质树的拓扑结构应与物种树相同。因此，可选取与内类群相关但亲缘关系足够远（不属同类群）的分类单元序列作为外类群 [53]。TimeTree 数据是该过程的重要工具，但仍建议进行全面的文献调研以确保准确性。同样，如果要重建整个蛋白质家族或超家族，也可以使用由另一个结构相关的家族组成的外群（参见文献 [54, 55]）。另一种可选方法是旁系同源根定法：若目标基因家族发生过复制事件，则可使用旁系同源演化支作为外类群，从而将系统发育树的根节点定位在复制事件发生处 [56,57]。

图 7-3 总结了本节所述的所有步骤。最近，Kapli 等人发表了一篇关于建立系统发育树的重要综述 [58]。该综述不仅阐述了系统发育推断的主要步骤，同时解析了潜在错误来源及其规避策略。

四、 提出进化假说：定义目标祖先

一旦建立了一个健全的系统发育树，接下来就是决定哪一个是目标祖先了。这意味着，为了提出研究假设，必须以一种全面的方式分析这棵树（即演化史）。首先，应将所研究酶的生化特征映射到系统发育树中 [图 7-4（a）]。在这个阶段，应该包括结构蛋白数据库中关于所研究酶的所有可用知识（见注释 7）。在发育树中可以观察到不同的分布模式，因此将按照图 7-1 所示示例描述两种相反的情况。

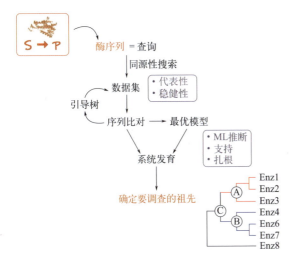

图 7-3

ASR 项目第一阶段的步骤示意图

紫色方框中突出显示了数据集和系统发育的特征

通过分析系统发育树中所有酶的活性，可以发现该性状（这里是底物特异性）实际上不是一种趋势，而是一种单一情况，即自异形［图 7-4（b）］。在这种情况下，执行横向分析将更为合适。通过比较它们之间现存的序列，可以明显看出取代导致了 Enz2 底物范围的变化。图 7-4（c）描述了一个不同的场景。在这种情况下，观察到一个基因复制事件产生了两个衍生枝（在红色和蓝色分支中显示）。底物范围是所有衍生序列及其共同祖先在每一类群上共享的特征，即共衍征。这是一个值得 ASR 研究的好案例。文献中已经报道了处理这类场景的不同例子[11,59,60]。回到这个例子，三个祖先——一个复制前（AncC）和两个复制后（AncA 和 AncB）——将被选择用于它们的实验表征。可以提出不同的假设，设想可能的结果。例如，可以想象发生了一个功能化事件，使得复制前祖先显示出与派生祖先之一相同的底物范围。因此，在衬底范围内引起开关的替换集将包含在连接 AncC 和 AncB 的分支中［图 7-4（c），右上部分］。或者，可以假设复制前祖先表现出混合表型，因此发生了两个亚功能化或功能优化路径，产生红色和蓝色底物范围。这只是图 7-4（c）中观察到的酶分布的两种可能的假设，其他的假设也可以被宣布。一个或另一个的配方将取决于所研究的蛋白质家族的背景。花时间详细分析可能的结果是一项基本练习，因为它将简化对祖先实验特征的解释。

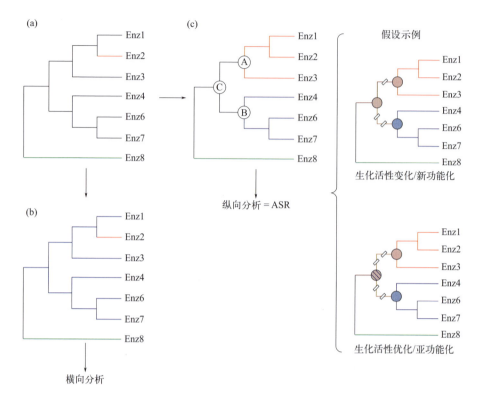

图 7-4

确定目标祖先

（a）实验表征的 Enzs 在树中的映射。树枝的颜色与图 7-1 中的例子一致：红色表示对酮类底物的偏好，蓝色表示对硫化物的偏好。外群用绿色表示，以强调其不同的底物特异性。（b）显示的性状分布表明，对酮类底物的偏好是一种自显性。建议继续进行横向实验分析。（c）描述了一个复制情景，两个衍生群体表现出不同的底物特异性。不同的底物偏好表现为同形性状。建议进一步进行纵向分析。右图提出了两种解释观察到的分布情况的假设方案。它们代表了实验特征描述的可能结果。粗橙色分支表示功能切换路径。分支上的方框代表了被染成切换功能（红色或蓝色，根据特定底物特异性而定）或中性（白色）的替代物

第五节　用最大似然法重建祖先序列

一、　理论背景简介

为了从蛋白质家族中推断出祖先，需要包含序列数据的 MSA 以及描述其进化史的模型和树。该方法在位点独立性的基础上进行，并且根据假设的参数计算每个位点上 20 种可能的氨基酸（x）中的每种氨基酸的可能性

（L）。因此，可以确定每个站点（n）祖先状态的后验概率（P）。简而言之：

$$L_n(x|\text{data, tree, model})=P_n(\text{data}|\text{tree, model}, x)$$

某个位点的最佳分配将是显示最高后验概率的氨基酸，即最大后验（MAP）状态。祖先序列将是重建位点的 MAP 状态串[61]。这种策略被称为经验贝叶斯（EB）方法，因为在计算祖先的后验概率时使用了 ML 估计的参数[62]。边缘重建和联合重建是有区别的。边缘重建将一个状态分配给一个特定节点，而联合重建则将一组状态分配给所有节点。虽然这两种方法使用的标准略有不同，但它们通常能得出一致的结果。边缘重建更适合 ASR 研究[62]。

重建中的不确定性来源可能各不相同[10, 63]。准确性在很大程度上取决于 ML 估计值，树和描述进化模型的所有参数也是如此。随着现存序列的差异和位点的高度可变性增大，重建的可靠性也会降低。因此，建立系统发生是至关重要的基础（见第四节）。重建的准确性可以通过给定节点上所有位点的平均后验概率来估算。作为参考，平均 $P > 0.8$ 是一个很好的估计值。然而，有些站点的重建概率比这个临界值要高，而有些站点的重建概率则比这个临界值要低。这样一来，问题就在于只接受 MAP 状态，而忽略次优但可能的重建。由于所有 P 值都是针对特定位点的所有可能状态计算得出的，因此很容易发现这些不确定性。那些 $0.2 < P < 0.8$ 的次优重建状态，就是那些结构模糊的重建点。在这种情况下，第二好的重建结果被称为替代状态[64]。

二、　ASR在PAML项目中

所描述的方法在 PAML（最大似然系统发育分析）软件包中实现，该软件包位于 baseml（用于核苷酸序列）和 codeml（用于作为密码子或氨基酸的蛋白质编码序列）程序下[65]。到目前为止，这一组合是进化生物化学家群体最喜欢的（参见文献 [13,23,66]）。此外，Randall 等人[67] 也通过实验验证了其准确性。Joy 等人[68] 对不同的 ASR 方法进行了修订，并提供了所有可用软件的全面列表。

输入实际上包括 MSA、树和替换模型。程序执行后，将生成输出文件（详见注释 8）。所有重建祖先的序列都将得到。此外，任何祖先在某一特定位点的所有状态的后验概率分布也可用于分析重建的准确性。

三、　处理与重建序列

从 codeml 输出中直接提取的祖先序列是粗略列。在对其进行实验分析之前，需要对其进行检查，以确定其长度、祖先/后代极化和准确性。

（一）重建祖先的长度

程序将输出与 MSA 长度相同的祖先，也就是说如果我们提交了一个有 600 个位点的 MSA，那么所有重建的祖先长度都将是 600 个氨基酸。显然，这是不现实的结果，因为在 MSA 中会有插入和缺失产生间隙。因此，如何确定祖先序列的长度（即不同祖先中存在哪些插入/缺失），人们提出了各种方法来处理空位 [69,70]。一种直接可靠的方法是通过解析法对间隙进行编码。这可以通过分析特定祖先的现代序列与姊妹支系或外群序列的长度来实现。通过解析法，我们基本上可以检查造成 MSA 缺口的插入物是否存在于目标祖先序列中。有时，解析法无法解决特定祖先中存在或不存在间隙的问题，因为二者都意味着树上的变化数量相同。在这种情况下，实验者就必须利用他们的生化直觉，或者合成两个版本的基因，一个有插入物，一个没有。一旦确定了目标祖先的长度，就可以删除所有放置错误的位点，并重新计算重建的平均总 P 值。

（二）根基重建的问题

在 PAML 软件中，有根树在根节点处呈二叉分支结构，而无根树的根位点则表现为三叉或多叉分支。由于大多数进化模型都具有时间可逆性，概率计算与根节点位置无关 [69,71]。但为了实现算法运算，程序会在根支上任意位置设定"根节点"，并将其视真实节点处理。因此，该位置将得到一个重建序列。但是，在实验特征描述中绝对不能考虑这个位置，因为它在分支上的位置被低估并被任意分配到中间 [66]。在 ASR 研究中，将虚拟根节点对应的祖先误判为真实祖先是经常出现的错误 [72]。解决方案是：构建含外类群的系统发育树［如第四节标题三（一）所述］，对目标酶组进行根节点定位后再执行重建。但在某些特殊情况下无法获得外类群体。例如存在于生命最后共同祖先（LUCA）的蛋白质研究。ASR 不能用于推断 LUCA 中存在的祖先蛋白质序列（当 LUCA 中存在多个类似物时存在某些例外，但对于大多数关于 LUCA 生物化学的问题，ASR 不是合适的方法）。

（三）重建序列的准确性

一旦选定了目标祖先，就应该分析它们的平均总体概率以及每个点的后验概率。如前所述，对于那些重建不明确的位点，将存在次优的替代状态。我们应该记得，ASR 的目的是恢复祖先的物理或生物化学特征，而不是其精确序列。从这个意义上说，表型已被证明对重建中的不确定性具有稳健性[67]。因此，为了证明重建是可靠的，也应该对这些次优状态进行实验测试。我们的策略是描述 ML 祖先和 AltAll 祖先的特征，AltAll 祖先由同一序列中模棱两可的重建位点的所有次优状态组成[59]。这个祖先是可能的"最差"状态组合。因此，如果表型得到恢复，重建对不确定性将是稳健的[64]。有必要对目标祖先的这两个版本进行特征描述，因为在 ASR 中没有阳性对照，它是一种历史方法。图 7-5 总结了本节所述的所有步骤。

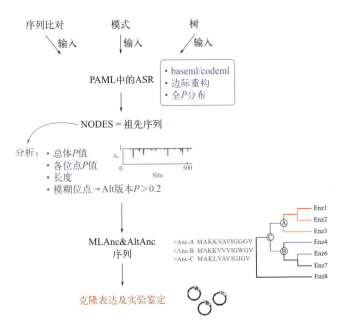

图 7-5

重建目标祖先并对其进行分析的步骤图解汇总

第六节　祖先的实验特征：酶功能的演变

如图 7-1 和图 7-4 所示，在系统发育树中追踪一个生化性状时，可以将其出现限定在连接两个节点的分支上。也就是说，该性状可以被囊括到一组确定的取代中，并因此被剖析。最初，至少要对三个祖先进行活性筛

选 [73]。一旦检测到功能的转换，将对已确定的分支所连接的节点上的两个祖先（及其替代序列）进行彻底表征 [59,74]。

ML 祖先的基因序列可通过密码子优化进行定制排序，以便在任何宿主中表达重组蛋白。至于 Alt 祖先版本，如果它们与 ML 版本仅相差少数几个突变，则可通过定点突变技术生产 [75]。否则，这些序列也应订购，并与 ML 祖先一起表达。一旦序列被克隆，并根据所研究酶的生物化学特性在方便的系统中表达出来，就必须对它们进行表征 [76]。方法策略也取决于所研究的酶的特征，在某些情况下，有必要纯化蛋白质 [13,60]，而在另一些情况下，体内活性测定更为合适 [11,25,75]。

当祖先的生物化学特征被确定后，我们就可以推断出进化事件的顺序，并确定哪种功能是祖先的。接下来，我们就可以研究沿包含功能变化的分支发生的取代。如前所述，导致功能变化的特定取代组必须是该分支侧翼两个祖先蛋白质序列差异中的一个。因此，一般的策略是通过单点突变将这些置换引入显示祖先功能的酶中，以恢复衍生功能。如果我们回到图 7-1 中的例子，AncB 显示了新的，即衍生的表型。因此，我们将在 AncC 中引入突变，以捕捉 AncB 所表现出的底物偏好的出现。这意味着许多 AncC* 突变体将被表达并筛选底物偏好。进行这种突变分析的一种合理方法是创建壳——从底物结合袋附近到表面 [11,12]。如果取代的数量过多，可以将其分为不同的结构类别（例如，形成活性位点、确定底物的入口），这样就可以同时测试几种变化。通过这种方法可以找到活性所需的替换子群。然后，在这个子群中进行特定的突变，就能发现足以确定性状的变化。无论采用哪种突变方案，经过几轮实验分析后，定义性状的位点就会被揭示出来 [21,25,54]。

突变上位的发生是一个值得特别关注的现象。在蛋白质进化的背景下，当一组突变以一种非加性的方式定义了一种生化特性，偏离了基于它们的个体效应的预测时，就证明了这一点 [77]。上位性的发生将直接影响实验方案的设计，因为将需要额外进行多轮不同的突变组合实验。最后，应该指出的是，导致观察到的生化活动的轨迹可能是巨大的，因此 ASR 仅让我们一窥其中部分轨迹 [11,12,78]。它们的比例化依赖于进行彻底的调查。

第七节　最终考虑

ASR 是一种非常有效的酶表征方法。它可以揭示蛋白质几乎任何特征的因果突变。此外，可以揭示这些性状的分子结构在酶的近端和远端操作环境中的影响。尤其与蛋白质工程相关的是，如此详细地了解蛋白质的功能直接影响它们如何被微调并应用于特定目的。构建可靠的系统发育树是基于 ASR 的稳健研究的核心，该方法仍然需要大量的人工干预和系统发育知识。这方法虽未被酶学研究者广泛掌握，但其强大效能值得投入精力学习。

第八节　注释

1. 人们普遍认为，与现代酶相比，祖先酶更耐高温，其活性也更杂乱。因此ASR通常被用作获得更稳健蛋白质的手段。这两个概念可细分如下。在许多重建的酶中观察到的较高热稳定性可能是不同种系积累的不同突变的结果。那么，ML推断就会受到数据集的影响，偏向于将这些突变纳入重建的祖先。其他可能导致热稳定性升高的方法学来源也已被详细分析[17]。因此，没有足够的证据表明重建的祖先酶的热稳定性总是高于现存的酶。关于特异性，必须结合作为酶多样性主要来源的基因复制进行分析。基因一旦复制，两个子拷贝就会有不同的命运[79]。新功能可能会出现，也可能演变成主要功能。因此，没有理由说祖先酶比现代酶的活性更杂乱。通常，现存的酶并未像已灭绝的酶那样，通过实验来检测它们的混杂性。Siddiq等人[80]对此议题进行了精彩阐述。因此，需要进行进一步的系统研究，以清楚地揭示这些特征在重建酶中的出现。

2. UniprotKB中只有不到0.3%的可用序列经过人工标注和审查[81]。这意味着这0.3%的序列经过了专家管理员在计算方法和文献数据的帮助下的修订过程[82]。因此，还有大量可用的蛋白质序列需要自动注释其功能。这种注释虽然有用，但远不够准确，尤其是在蛋白质家族的实验证据很少的情况下[83]。此外，大规模测序项目中的污染也会模糊记录[84]。因此，在建立数据集时，应仔细考虑未知序列（那些通过同源搜索获得的、标注为"预测"或"自动注释"的序列）的功能，直到有了稳健的系统发生学。树的拓扑结构有助于通过未知序列与已知酶的聚类来预测未知序列可能具有的生化活性。

3. 同源性搜索是建立数据集的首要步骤。当用户不熟悉这一过程时，最好的办法是阅读广为认可的相关工具的帮助或用户指南。这些工具基本上是BLAST（https://blast.ncbi.nlm.nih.gov/Blast.cgi）和Hmmol/LER（http://hmmol/Ler.org/）。在BLAST中进行同源检索的详细工作流程已经在《科学》杂志上发表。Pearson[27]详细描述了BLAST中同源搜索的具体工作流程。此外，Uniprot（https://www.uniprot.org/）也提供了运行BLAST算法的选项。

4. 然定义为在给出描述树的参数（分支长度、拓扑结构和进化模型）时观察数据（即排列序列）的概率[85]。简单来说：

$$L(\text{data}|\text{tree})$$

ML 标准包括选择能最大化这种可能性的树。然后，如果假定所有地点（n）都是独立演化的，那么整个数据集的似然值（L_{tot}）就是各个地点似然值的乘积。同样，似然的对数是各站点似然的对数之和[86]。

$$\ln L_{tot} = \sum_n \ln L_n$$

5. 通常情况下，用户都是依靠同事的经验来学习如何使用程序来建立系统发育树。这无疑是最佳入门方式。然而，到了一定阶段，这些知识就不够用了，需要更多运行分析的细节。PhyML（http://www.atgcmontpellier.fr/phyml/usersguide.php）和RaxML（https://cme.h-its.org/exelixis/resource/download/NewManual.pdf）的用户手册是非常有价值的实用知识来源。这些手册的内容非常详尽，包括解释、基本原理以及如何根据分析和专业知识以适当方式运行程序的建议。本说明可扩展至本章提到的任何其他系统发生学程序，如MrBayes（http://nbisweden.github.io/MrBayes/manual.html和PAML（http://abacus.gene.ucl.ac.uk/software/pamlDOC.pdf）。此外，博客和特定论坛/群组等其他资源也能为新用户提供技巧和帮助。

6. 在贝叶斯推理中，不是像ML那样搜索单一的最佳树，而是对更多的高可能性树进行采样，以考虑不确定性。因此，贝叶斯推理是在特定数据集和一组前验的所有可能树中，计算给定树的（后验）概率[62]。可以表示为：

$$P(\text{tree}|\text{data})$$

由于序列数据集的信息量很大，因此其他先验（拓扑结构、分支长度）的选择并不重要，可以使用均匀或非信息先验。分支间的支持度由后验概率（P）给出。这个概念可以理解为在证据（实际上就是数据集）之后观察到推断树（或支系）的条件概率。

7. 三维结构是蛋白质共同进化起源的最后标志[87]。因此，将结构信息纳入系统发育推断是一种强大的资源[88,89]。这有助于发现远缘同源物和外群，了解进化机制，确定限制因素等[90, 91]。例如，当序列同一性较低时（如远缘同源物），可以构建基于结构的系统发育树。虽然这种系统发育树不会直接用于ASR，但它有助于深入研究所研究蛋白质家族的生物化学和进化机制。CATH/Gene3D [92,93]是一个持续开发的数据库，可提供蛋白质结构域的进化信息。同样，Pfam[94]和Interpro[95]是将功能信息纳入基于进化的蛋白质家族结构分类的数据库。有很多资源可以提供有价值的信息，因此值得在研究之初对其进行探索。

8. 如注释3和4所述，用户指南提供了如何运行程序的基本要素，因此运行程序必须查阅用户指南。Codeml可以在任何环境下顺利运行。在此，我们只为初次使用Codeml的用户提供一些最基本的建议：

（a）在基于 Windows 的系统中，最有效的运行方式是通过命令行，即使系统提供了运行界面。

（b）所有输入文件（tree、msa、dat 和 ctl）、程序本身和指定的输出文件必须在同一文件夹中。

（c）序列名称必须少于 20 个字符。树文件和 msa 文件中的序列名称应完全相同。

（d）系统发育树不保留分支支持率数据，需包含分支长度信息，这将作为计算的初始参数。

（e）如果 MSA 中的间隙分布比较复杂，输入的 msa 文件长度很可能与用于构建系统发生的文件长度不同。使用全长的 MSA 文件（只修剪 N/C 端唯一的延伸部分）进行重建比较方便。重建祖先的长度可在之后根据系统发生确定，详见第五节标题三（一）。

（f）在数据文件中，描述了替换模型。在替换模型中，氨基酸频率可以是替换为调查数据集的经验频率。

（g）ctl 文件是不言自明的。伽马分布值可在重建过程中显示或重新输入。可以根据具体数据集调整速率类别的数量，以改进重建效果。此外，重要的是要在该文件中注明，边缘重建的完整后验概率分布应在文件中输出。否则将只打印重建祖先的 ML 序列。

（h）输出（rst）是一个普通格式文件，总结了重建的所有信息。它提供了一棵树（罗德 - 佩奇称之为带节点标签的树），在节点处对重建的祖

先进行了编号，这样就可以很容易地找到目标祖先。它还提供 ML 祖先的
序列，以及重建中任意位置所有状态的后验概率列表。用户可根据需要对
该文件进行处理或解析。

致谢

特别感谢 Georg K. A. Hochberg 富有启发性的讨论以及他对章节结
构和内容提出的宝贵建议。同时衷心感谢 Callum R. Nicoll 和 marturn A.
Palazzolo 对手稿进行的细致审读和批判性建议，以及 Marco W. Fraaije 和
Maximiliano Juri Ayub 提出的建设性意见。这项工作得到了欧盟"地平线
2020"研究和创新计划的支持（资助协议编号 847675）和 ANPCyT（阿
根廷）PICT 2016-2839 项目（资助对象：MLM）的联合资助。MLM 是阿
根廷国家科学技术研究委员会（CONICET）正式研究员。

参考文献

[1] Fersht A (1999) Structure and mechanism in protein science: a guide to enzyme catalysis and protein folding. Macmillan, Basingstoke

[2] Gerlt JA, Babbitt PC (2009) Enzyme (re)design: lessons from natural evolution and computation. Curr Opin Chem Biol 13 (1): 10-18. https://doi.org/10.1016/j.cbpa. 2009.01.014

[3] Harms MJ, Thornton JW (2013) Evolutionary biochemistry: revealing the historical and physical causes of protein properties. Nat Rev Genet 14(8): 559-571. https://doi.org/10.1038/ nrg3540

[4] Yang G, Miton CM, Tokuriki N (2020) A mechanistic view of enzyme evolution. Protein Sci 29(8): 1724-1747. https://doi.org/10. 1002/pro.3901

[5] Kaltenbach M, Tokuriki N (2014) Dynamics and constraints of enzyme evolution. J Exp Zool B Mol Dev Evol 322(7): 468-487. https://doi.org/10.1002/jez. b.22562

[6] Floudas D, Binder M, Riley R, Barry K, Blanchette RA, Henrissat B, Martínez AT, Otillar R, Spatafora JW, Yadav JS, Aerts A, Benoit I, Boyd A, Carlson A, Copeland A, Coutinho PM, de Vries RP, Ferreira P, Findley K, Foster B, Gaskell J, Glotzer D,Górecki P, Heitman J, Hesse C, Hori C, Igarashi K, Jurgens JA, Kallen N, Kersten P, Kohler A, Kües U, Kumar TKA, Kuo A, LaButti K, Larrondo LF, Lindquist E, Ling A, Lombard V, Lucas S, Lundell T, Martin R, McLaughlin DJ, Morgenstern I, Morin E, Murat C, Nagy LG, Nolan M, Ohm RA, Patyshakuliyeva A, Rokas A, Ruiz-Due ñ as FJ, Sabat G, Salamov A,

Samejima M, Schmutz J, Slot JC, St. John F, Stenlid J, Sun H, Sun S, Syed K, Tsang A, Wiebenga A, Young D, Pisabarro A, Eastwood DC, Martin F, Cullen D, Grigoriev Ⅳ, Hibbett DS (2012) The Paleozoic origin of enzymatic lignin decomposition reconstructed from 31 fungal genomes. Science 336(6089): 1715. https://doi.org/10.1126/science.1221748

[7] Pauling L Chemical paleogenetics. Acta chem scand 17: S9-S16.

[8] Gaucher EA (2007) Ancestral sequence reconstruction as a tool to understand natural history and guide synthetic biology: realizing and extending the vision of Zuckerkandl and Pauling. Liberles 83: 20-33.

[9] Hochberg GKA, Thornton JW (2017) Reconstructing ancient proteins to understand the causes of structure and function. Annu Rev Biophys 46(1): 247-269. https://doi.org/10. 1146/annurev-biophys-070816-033631

[10] Garcia AK, Kaçar B (2019) How to resurrect ancestral proteins as proxies for ancient biogeochemistry. Free Radic Biol Med 140: 260-269. https://doi.org/10.1016/j.freeradbiomed. 2019.03.033

[11] Voordeckers K, Brown CA, Vanneste K, van der Zande E, Voet A, Maere S, Verstrepen KJ (2012) Reconstruction of ancestral metabolic enzymes reveals molecular mechanisms underlying evolutionary innovation through gene duplication. PLoS Biol 10(12): e1001446. https://doi.org/10.1371/journal.pbio. 1001446

[12] Clifton BE, Kaczmarski JA, Carr PD, Gerth ML,

Tokuriki N, Jackson CJ (2018) Evolution of cyclohexadienyl dehydratase from an ancestral solute-binding protein. Nat Chem Biol 14 (6): 542-547. https://doi.org/10.1038/ s41589-018-0043-2

[13] Nicoll CR, Bailleul G, Fiorentini F, Mascotti ML, Fraaije MW, Mattevi A (2020) Ancestralsequence reconstruction unveils the structural basis of function in mammalian FMOs. Nat Struct Mol Biol 27(1): 14-24. https://doi. org/10.1038/s41594-019-0347-2

[14] Cortés Cabrera Á, Sánchez-Murcia PA, Gago F (2017) Making sense of the past: hyperstability of ancestral thioredoxins explained by free energy simulations. Phys Chem Chem Phys 19(34): 23239-23246. https://doi.org/10. 1039/C7CP03659K

[15] Risso VA, Gavira JA, Mejia-Carmona DF, Gaucher EA, Sanchez-Ruiz JM (2013) Hyperstability and substrate promiscuity in laboratory resurrections of Precambrianβ-lactamases. J Am Chem Soc 135 (8): 2899-2902. https://doi.org/10.1021/ ja311630a

[16] Semba Y, Ishida M, S-i Y, Yamagishi A (2015) Ancestral amino acid substitution improves the thermal stability of recombinant ligninperoxidase from white-rot fungi, Phanerochaete chrysosporium strain UAMH 3641. Protein Eng Des Sel 28(7): 221-230. https:// doi.org/10.1093/protein/gzv023

[17] Wheeler LC, Lim SA, Marqusee S, Harms MJ (2016) The thermostability and specificity of ancient proteins. Curr Opin Struct Biol 38: 37-43. https://doi.org/10.1016/j.sbi. 2016.05.015

[18] Thornton JW (2004) Resurrecting ancient genes: experimental analysis of extinct molecules. Nat Rev Genet 5(5): 366-375. https:// doi.org/10.1038/ nrg1324

[19] Hanson-Smith V, Johnson A (2016) PhyloBot:a web portal for automated Phylogenetics, ancestral sequence reconstruction, and exploration of mutational trajectories. PLoS Comput Biol 12(7): e1004976. https://doi.org/10. 1371/journal. pcbi.1004976

[20] Harms MJ, Thornton JW (2010) Analyzing protein structure and function using ancestral gene reconstruction. Curr Opin Struct Biol 20 (3): 360-366. https://doi.org/10.1016/j.sbi. 2010.03.005

[21] Kaltenbach M, Burke JR, Dindo M, Pabis A, Munsberg FS, Rabin A, Kamerlin SCL, Noel JP, Tawfik DS (2018) Evolution of chalcone isomerase from a noncatalytic ancestor. Nat Chem Biol 14(6): 548-555. https://doi.org/ 10.1038/s41589-018-0042-3

[22] Busch F, Rajendran C, Heyn K, Schlee S, Merkl R, Sterner R (2016) Ancestral tryptophan synthase reveals functional sophistication of primordial enzyme complexes. Cell Chem Biol 23(6): 709-715. https://doi.org/10. 1016/j.chembiol.2016.05.009

[23] Pillai AS, Chandler SA, Liu Y, Signore AV, Cortez-Romero CR, Benesch JLP, Laganowsky A, Storz JF, Hochberg GKA, Thornton JW (2020) Origin of complexity in haemoglobin evolution. Nature 581 (7809): 480-485. https://doi.org/10.1038/ s41586-020-2292-y

[24] Lim SA, Bolin ER, Marqusee S (2018) Tracing a protein's folding pathway over evolutionarytime using ancestral sequence reconstruction and hydrogen exchange. eLife 7: e38369. https://doi.org/10.7554/eLife.38369

[25] Finnigan GC, Hanson-Smith V, Stevens TH, Thornton JW (2012) Evolution of increased complexity in a molecular machine. Nature 481(7381): 360-364. https://doi.org/10. 1038/nature10724

[26] Mitchell JBO (2017) Enzyme function and its evolution. Curr Opin Struct Biol 47: 151-156. https://doi.org/10.1016/j.sbi.2017.10.004

[27] Pearson WR (2014) BLAST and FASTA similarity searching for multiple sequence alignment. Methods Mol Biol 1079: 75-101. https://doi.org/10.1007/978-1-62703-646- 7_5

[28] Fitch WM (1970) Distinguishing homologous from analogous proteins. Syst Zool 19 (2): 99-113

[29] Koonin EV (2005) Orthologs, paralogs, and evolutionary genomics. Annu Rev Genet 39 (1): 309-338. https://doi.org/10.1146/ annurev. genet.39.073003.114725

[30] Heath TA, Hedtke SM, Hillis DM (2008) Taxon sampling and the accuracy of phylogenetic analyses. J Syst Evol 46(3): 239-257

[31] Hillis DM (1996) Inferring complex phytogenies. Nature 383(6596): 130-131. https://doi.org/10.1038/383130a0

[32] Kumar S, Stecher G, Suleski M, Hedges SB (2017) TimeTree: a resource for timelines, Timetrees, and divergence times. Mol Biol Evol 34(7): 1812-1819. https://doi.org/10. 1093/molbev/msx116

[33] Schoch C (2011) NCBI Taxonomy. National Center for Biotechnology Information (US). https://www.ncbi.nlm.nih.gov/books/ NBK53758/

[34] Carrillo H, Lipman D (1988) The multiple sequence alignment problem in biology. SIAM J Appl Math 48(5): 1073-1082. https://doi.org/10.1137/0148063

[35] Vialle RA, Tamuri AU, Goldman N (2018) Alignment modulates ancestral sequence reconstruction accuracy. Mol Biol Evol 35 (7): 1783-1797. https://doi.org/10.1093/ molbev/msy055

[36] Katoh K, Rozewicki J, Yamada KD (2017) MAFFT online service: multiple sequence alignment, interactive sequence choice and visualization. Brief Bioinform 20 (4):1160-1166. https://doi.org/10.1093/ bib/bbx108

[37] Saitou N, Nei M (1987) The neighbor-joining method: a new method for reconstructing phylogenetic trees. Mol Biol Evol 4(4): 406-425. https://doi.org/10.1093/oxfordjournals. molbev. a040454

[38] Talavera G, Castresana J (2007) Improvement

of phylogenies after removing divergent and ambiguously aligned blocks from protein sequence alignments. Syst Biol 56 (4): 564-577. https://doi.org/10.1080/ 10635150701472164

[39] Tan G, Muffato M, Ledergerber C, Herrero J, Goldman N, Gil M, Dessimoz C (2015) Current methods for automated filtering of multiple sequence alignments frequently worsen single-gene phylogenetic inference. Syst Biol 64(5): 778-791. https://doi.org/10.1093/sys biol/syv033

[40] Thorne JL, Goldman N (2004) Probabilistic models for the study of protein evolution. In: Handbook of statistical genetics. Wiley, Hoboken, New Jersey. https://doi.org/10.1002/ 0470022620.bbc05

[41] Echave J, Wilke CO (2017) Biophysical models of protein evolution: understanding the patterns of evolutionary sequence divergence. Annu Rev Biophys 46(1): 85-103. https:// doi.org/10.1146/ annurev-biophys-070816- 033819

[42] Yang Z (1996) Among-site rate variation and its impact on phylogenetic analyses. Trends Ecol Evol 11(9): 367-372. https://doi.org/ 10.1016/0169-5347(96)10041-0

[43] Darriba D, Taboada GL, Doallo R, Posada D (2011) ProtTest 3: fast selection of best-fit models of protein evolution. Bioinformatics 27(8): 1164-1165. https:// doi.org/10.1093/ bioinformatics/btr088

[44] Lefort V, Longueville J-E, Gascuel O (2017) SMS: Smart model selection in PhyML. Mol Biol Evol 34(9): 2422-2424. https://doi.org/ 10.1093/molbev/ msx149

[45] Stamatakis A (2014) RAxML version 8: a tool for phylogenetic analysis and post-analysis of large phylogenies. Bioinformatics 30 (9): 1312-1313. https://doi.org/10.1093/ bioinformatics/btu033

[46] Guindon S, Dufayard J-F, Lefort V, Anisimova M, Hordijk W, Gascuel O (2010) New algorithms and methods to estimate maximum-likelihood phylogenies: assessing the performance of PhyML 3.0. Syst Biol 59 (3):307-321. https://doi.org/10.1093/sys biol/syq010

[47] Felsenstein J (1985) Confidence limits on phylogenies: an approach using the bootstrap. Evolution 39(4): 783-791.

[48] Efron B, Halloran E, Holmes S (1996) Bootstrap confidence levels for phylogenetic trees. Proc Natl Acad Sci U S A 93(23): 13429-13429. https://doi.org/10. 1073/pnas.93.23.13429

[49] Lemoine F, Domelevo Entfellner JB, Wilkinson E, Correia D, Dávila Felipe M, De Oliveira T, Gascuel O (2018) Renewing Felsenstein's phylogenetic bootstrap in the era of big data. Nature 556(7702): 452-456. https://doi.org/10.1038/s41586-018-0043-0

[50] Ronquist F, Teslenko M, van der Mark P, Ayres DL, Darling A, Höhna S, Larget B, Liu L, Suchard MA, Huelsenbeck JP (2012) MrBayes 3.2: efficient

Bayesian phylogenetic inference and model choice across a large model space. Syst Biol 61(3): 539-542. https://doi.org/10. 1093/sysbio/sys029

[51] Nascimento FF, Md R, Yang Z (2017) A biologist's guide to Bayesian phylogenetic analysis. Nat Ecol Evolution 1(10): 1446-1454. https://doi.org/10.1038/ s41559-017-0280- x

[52] Felsenstein J, Felenstein J (2004) Inferring phylogenies, vol 2. Sinauer Associates, Sunderland, MA

[53] Nixon KC, Carpenter JM (1993) ON OUTGROUPS. Cladistics 9(4): 413-426. https:// doi.org/10.1111/ j.1096-0031.1993. tb00234.x

[54] Mobbs JI, Di Paolo A, Metcalfe RD, Selig E, Stapleton DI, Griffin MDW, Gooley PR (2018) Unravelling the carbohydrate-binding preferences of the carbohydrate-binding modules of AMP-activated protein kinase. Chembiochem 19(3): 229-238. https://doi.org/10. 1002/cbic.201700589

[55] Jones BJ, Bata Z, Kazlauskas RJ (2017) Identical active sites in Hydroxynitrile Lyases show opposite enantioselectivity and reveal possible ancestral mechanism. ACS Catal 7 (6): 4221-4229. https://doi.org/10.1021/ acscatal.7b01108

[56] Hashimoto T, Hasegawa M (1996) Origin and early evolution of eukaryotes inferred from the amino acid sequences of translation elongation factors 1α/ Tu and 2/G. Adv Biophys 32: 73-120. https://doi.org/10.1016/0065- 227X(96)84742-3

[57] Mathews S, Clements MD, Beilstein MA (2010) A duplicate gene rooting of seed plants and the phylogenetic position of flowering plants. Philos Trans R Soc Lond Ser B Biol Sci 365(1539): 383-395. https://doi.org/10. 1098/rstb.2009.0233

[58] Kapli P, Yang Z, Telford MJ (2020) Phylogenetic tree building in the genomic age. Nat Rev Genet 21(7):428-444. https://doi.org/10. 1038/s41576-020-0233-0

[59] Bridgham JT, Keay J, Ortlund EA, Thornton JW (2014) Vestigialization of an allosteric switch: genetic and structural mechanisms for the evolution of constitutive activity in a steroid hormone receptor. PLoS Genet 10(1): e1004058. https://doi.org/10.1371/journal. pgen.1004058

[60] Wheeler LC, Anderson JA, Morrison AJ, Wong CE, Harms MJ (2018) Conservation of specificity in two low-specificity proteins. Biochemistry 57(5): 684-695. https://doi.org/10. 1021/acs.biochem.7b01086

[61] Yang Z, Kumar S, Nei M (1995) A new method of inference of ancestral nucleotide and amino acid sequences. Genetics 141 (4): 1641-1650

[62] Yang Z (2014) Molecular evolution: a statistical approach. Oxford University Press, Oxford.

[63] Hanson-Smith V, Kolaczkowski B, Thornton JW (2010) Robustness of ancestral sequence reconstruction to phylogenetic uncertainty. Mol Biol

Evol 27(9): 1988-1999. https://doi. org/10.1093/molbev/msq081

[64] Eick GN, Bridgham JT, Anderson DP, Harms MJ, Thornton JW (2016) Robustness of reconstructed ancestral protein functions to statistical uncertainty. Mol Biol Evol 34 (2): 247-261. https://doi. org/10.1093/ molbev/msw223

[65] Yang Z (2007) PAML 4: phylogenetic analysis by maximum likelihood. Mol Biol Evol 24 (8): 1586-1591. https://doi.org/10.1093/ molbev/msm088

[66] Perez-Jimenez R, Inglés-Prieto A, Zhao Z-M, Sanchez-Romero I, Alegre-Cebollada J, Kosuri P, Garcia-Manyes S, Kappock TJ, Tanokura M, Holmgren A, Sanchez-Ruiz JM, Gaucher EA, Fernandez JM (2011) Singlemolecule paleoenzymology probes the chemistry of resurrected enzymes. Nat Struct Mol Biol 18(5): 592-596. https://doi.org/10. 1038/nsmb.2020

[67] Randall RN, Radford CE, Roof KA, Natarajan DK, Gaucher EA (2016) An experimental phylogeny to benchmark ancestral sequence reconstruction. Nat Commun 7(1): 12847. https:// doi.org/10.1038/ncomms12847

[68] Joy JB, Liang RH, McCloskey RM, Nguyen T, Poon AFY (2016) Ancestral reconstruction. PLOS Comput Biol 12(7): e1004763. https://doi.org/10.1371/journal.pcbi. 1004763

[69] Pupko T, Doron-Faigenboim A, Liberles DA, Cannarozzi GM (2007) Probabilistic models and their impact on the accuracy of reconstructed ancestral protein sequences. In: Ancestral Sequence Reconstruction. OxfordScolarship Online. https://doi. org/10.1093/ acprof:oso/9780199299188.003.0004

[70] Aadland K, Kolaczkowski B (2020) Alignmentintegrated reconstruction of ancestral sequences improves accuracy. Genome Biol Evol 12: 1549-1565. https://doi.org/10. 1093/gbe/evaa164

[71] Cannarozzi GM, Schneider A, Gonnet GH (2007) Probabilistic ancestral sequences based on the Markovian model of evolution-algorithms and applications. Ancestral Sequence Reconstruction 1(1): 58.

[72] Gumulya Y, Baek J-M, Wun S-J, Thomson RES, Harris KL, Hunter DJB, Behrendorff JBYH, Kulig J, Zheng S, Wu X, Wu B, Stok JE, De Voss JJ, Schenk G, Jurva U, Andersson S, Isin EM, Bodén M, Guddat L, Gillam EMJ (2018) Engineering highly functional thermostable proteins using ancestral sequence reconstruction. Nat Catal 1 (11): 878-888. https://doi. org/10.1038/ s41929-018-0159-5

[73] Savory FR, Milner DS, Miles DC, Richards TA (2018) Ancestral function and diversification of a horizontally acquired oomycete carboxylic acid transporter. Mol Biol Evol 35 (8): 1887-1900. https://doi.org/10.1093/ molbev/msy082

[74] Ugalde JA, Chang BSW, Matz MV (2004) Evolution of coral pigments recreated. Science 305(5689): 1433. https://doi.org/10.1126/ science.1099597

[75] Siddiq MA, Loehlin DW, Montooth KL, Thornton JW (2017) Experimental test and refutation of a classic case of molecular adaptation in *Drosophila melanogaster*. Nat Ecol Evolution 1(2): 0025. https://doi.org/10. 1038/s41559-016-0025

[76] Gaucher EA (2007) Experimental resurrection of ancient biomolecules: gene synthesis, heterologous protein expression, and functional assays. In: Ancestral Sequence Reconstruction. Oxford Scolarship Online. https://doi.org/ 10.1093/acprof:oso/9780199299188.003. 0014

[77] Starr TN, Thornton JW (2016) Epistasis in protein evolution. Protein Sci 25 (7): 1204-1218. https://doi.org/10.1002/ pro.2897

[78] Starr TN, Picton LK, Thornton JW (2017) Alternative evolutionary histories in the sequence space of an ancient protein. Nature 549(7672): 409-413. https://doi.org/10. 1038/nature23902

[79] Conant GC, Wolfe KH (2008) Turning a hobby into a job: how duplicated genes find new functions. Nat Rev Genet 9(12): 938-950. https://doi.org/10.1038/nrg2482

[80] Siddiq MA, Hochberg GK, Thornton JW (2017) Evolution of protein specificity: insights from ancestral protein reconstruction. Curr Opin Struct Biol 47: 113-122. https:// doi.org/10.1016/ j.sbi.2017.07.003

[81] Consortium TU (2020) UniProt. ELIXIR. https:// ebi12.uniprot.org/. Accessed 01 09 2020 82.

[82] Consortium TU (2018) UniProt: a worldwide hub of protein knowledge. Nucleic Acids Res 47(D1): D506-D515. https://doi.org/10. 1093/nar/gky1049

[83] Loewenstein Y, Raimondo D, Redfern OC, Watson J, Frishman D, Linial M, Orengo C, Thornton J, Tramontano A (2009) Protein function annotation by homology-based inference. Genome Biol 10(2): 207. https://doi. org/10.1186/gb-2009-10-2-207

[84] Pible O, Hartmann EM, Imbert G, Armengaud J (2014) The importance of recognizing and reporting sequence database contamination for proteomics. EuPA Open Proteom 3: 246-249. https://doi.org/10.1016/j. euprot.2014.04.001

[85] Felsenstein J (1981) Evolutionary trees from DNA sequences: a maximum likelihood approach. J Mol Evol 17(6): 368-376. https://doi.org/10.1007/BF01734359

[86] Kishino H, Hasegawa M (1989) Evaluation of the maximum likelihood estimate of the evolutionary tree topologies from DNA sequence data, and the branching order in hominoidea. J Mol Evol 29(2): 170-179. https://doi.org/ 10.1007/BF02100115

[87] Orengo CA, Thornton JM (2005) Protein families and their evolution—a structural perspective. Annu Rev Biochem 74(1): 867-900. https://doi.

org/10.1146/annurev.biochem. 74.082803.133029

[88] Tóth-Petróczy Á, Tawfik DS (2014) The robustness and innovability of protein folds. Curr Opin Struct Biol 26: 131-138. https:// doi.org/10.1016/ j.sbi.2014.06.007

[89] Das S, Dawson NL, Orengo CA (2015) Diversity in protein domain superfamilies. Curr Opin Genet Dev 35: 40-49. https://doi.org/10. 1016/j.gde.2015.09.005

[90] Mascotti ML, Juri Ayub M, Furnham N, Thornton JM, Laskowski RA (2016) Chopping and changing: the evolution of the Flavin-dependent monooxygenases. J Mol Biol 428(15): 3131-3146. https://doi.org/ 10.1016/j.jmb.2016.07.003

[91] Prakash A, Bateman A (2015) Domain atrophy creates rare cases of functional partial proteindomains. Genome Biol 16(1): 88-88. https:// doi.org/10.1186/s13059-015-0655-8

[92] Sillitoe I, Dawson N, Lewis TE, Das S, Lees JG, Ashford P, Tolulope A, Scholes HM, Senatorov I, Bujan A, Ceballos RodriguezConde F, Dowling B, Thornton J, Orengo CA (2018) CATH: expanding the horizons of structure-based functional annotations for genome sequences. Nucleic Acids Res 47 (D1): D280-D284. https://doi.org/10. 1093/nar/gky1097

[93] Lewis TE, Sillitoe I, Dawson N, Lam SD, Clarke T, Lee D, Orengo C, Lees J (2017) Gene3D: extensive prediction of globular domains in proteins. Nucleic Acids Res 46 (D1): D435-D439. https://doi.org/10. 1093/nar/gkx1069

[94] El-Gebali S, Mistry J, Bateman A, Eddy SR, Luciani A, Potter SC, Qureshi M, Richardson LJ, Salazar GA, Smart A, Sonnhammer EL, Hirsh L, Paladin L, Piovesan D, Tosatto SCE, Finn RD (2018) The Pfam protein families database in 2019. Nucleic Acids Res 47(D1): D427-D432. https://doi.org/10.1093/nar/ gky995

[95] Mitchell AL, Attwood TK, Babbitt PC, Blum M, Bork P, Bridge A, Brown SD, Chang H-Y, El-Gebali S, Fraser MI, Gough J, Haft DR, Huang H, Letunic I, Lopez R, Luciani A, Madeira F, Marchler-Bauer A, Mi H, Natale DA, Necci M, Nuka G, Orengo C, Pandurangan AP, Paysan-Lafosse T, Pesseat S, Potter SC, Qureshi MA, Rawlings ND, Redaschi N, Richardson LJ, Rivoire C, Salazar GA, Sangrador-Vegas A, Sigrist CJA, Sillitoe I, Sutton GG, Thanki N, Thomas PD, Tosatto SCE, Yong S-Y, Finn RD (2018) InterPro in 2019: improving coverage, classification and access to protein sequence annotations. Nucleic Acids Res 47(D1): D351-D360. https://doi.org/ 10.1093/nar/gky1100

第八章

四吡咯辅因子的体内装载和从头合成蛋白质的表达

Paul Curnow, J. L. Ross Anderson

摘要

四吡咯辅因子（如血红素和叶绿素）将其固有的反应性和特性印刻在多种天然蛋白质和酶上，人们对在最小的、从头设计的（De nove）蛋白质（新生蛋白质）支架中利用它们的功能和催化能力兴趣浓厚。在这里，描述了如何仅利用天然生物合成和翻译后修饰途径，在大肠杆菌活细胞中为从头合成的可溶性和疏水性蛋白质配备四吡咯辅因子。提供了在从头合成的蛋白质中实现共价和非共价血红素结合的策略，并介绍了如何利用血红素生物合成途径来生产光敏锌原卟啉 IX，以便在体内装入蛋白质。此外，还介绍了通过电子显微镜和荧光显微镜对疏水性蛋白质和富含辅因子的蛋白质液滴进行成像的方法，以及如何从从头合成蛋白质中剥离辅因子以帮助体外鉴定。

关键词： 从头合成蛋白质，四吡咯，体内辅因子装载，荧光成像，电子显微镜，血红素，蛋白质表达和纯化

第一节　引言

自下而上（或称从头合成）蛋白质设计旨在提供最小化支架蛋白，既可深化对"结构 - 功能"关系的理解，又能为生物和纳米逻辑应用提供实用工具[1]。该方法还能提供生物兼容性人工组件，通过将其功能特性印迹于宿主细胞的结构或代谢过程中，实现对细胞功能的定向调控。对于依赖辅因子的从头合成蛋白质和酶，须在体内实现全蛋白的表达和组装[2]。这仍然是该领域的重要挑战——目前成功在体内完全组装并具有活性的依赖外源辅因子的功能性从头合成蛋白质案例很少。

　　血红素是一种用途广泛的生物大分子，可赋予天然蛋白质和从头合成蛋白质氧结合和传感等功能，以及各种化学反应[3-5]。利用两种策略可以实现从头合成蛋白质的体内血红素装载，从而将辅因子以共价或非共价的方式结合到蛋白质中。我们已经证明，可以利用大肠杆菌的翻译后机制将 c 型血红素有效地共价结合到新的四螺旋束中，这只需要肽序列中血红素结合的共识序列（CXXCH）、外周表达和大肠杆菌 c 型细胞色素成熟装置的过度表达（图 8-1）[6-8]。由于血红素和蛋白质之间存在共价硫醚键，这实际上赋予了蛋白质对血红素的无限亲和力。另外，也可以在体内加入非共价的 b 型血红素，只要新蛋白质对血红素具有适当的高亲和力结合位点（最好是纳摩尔级）。对于后一种方法，通常需要通过添加一种关键的血红素前体——δ- 氨基乙酰丙酸来上调血红素的生物合成[9]。

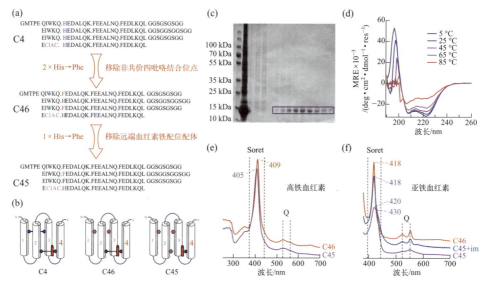

图 8-1

一种全新 c 型细胞色素的设计、纯化和表征

（a）具有代表性的设计过程，展示了在新生蛋白 C45 中创建五配位单组氨酸连接的 c 型血红素。C4、C46 和 C45 均在大肠杆菌周质中表达并与血红素完全组装。（b）C4、C46 和 C45 的示意图，表明血红素与第 4 螺旋共价附着，并去除了第二个四吡咯环结合位点。（c）SDS-PAGE 凝胶，通过亲和色谱、纯化标签切割和尺寸排阻色谱显示 C45 的纯度。条带 1 为粗裂解物；条带 2～14 为粒径排除色谱的馏分。（d）C45 在温度升高时的圆二色谱。这些数据表明 C45 的热稳定性，熔解温度（T_m）超过 80 ℃。（e）五配位单组氨酸 C45 和六配位双组氨酸 C46 的紫外-可见吸收光谱。（f）五配位单组氨酸 C45 和六配位双组氨酸 C46 的紫外-可见吸收光谱。还提供了 C45 与咪唑结合的亚铁光谱，突出了空血红素配位位点（所有图片均改编自作者自己的著作，最初在 CC-BY 许可下发布[8]）

　　另一种支持细胞内辅因子装载的策略是产生细胞内蛋白液滴。新出现的研究热点在于重组蛋白序列的特定设计，这种序列可以在细胞内相分离，并招募特定分子形成原细胞器[10-13]。我们团队观察到[14]低复杂度的新生蛋白质在大肠杆菌中表达时可以形成小的内含物或"液滴"[图 8-2(a)]。这些蛋白质凝聚物的一个特点是它们相当疏水，因此有可能吸附疏水的小分子。我们发现，产生这种液滴的细胞会积累辅因子锌原卟啉 Ⅸ（ZnPP Ⅸ），这在生物学中非常罕见［图 8-2(b)~(e)］。尽管这一系统仍有待全面鉴定，但我们的工作表明，具有招募疏水性功能性辅因子能力的可调细胞内凝聚物具有工程化的潜力。

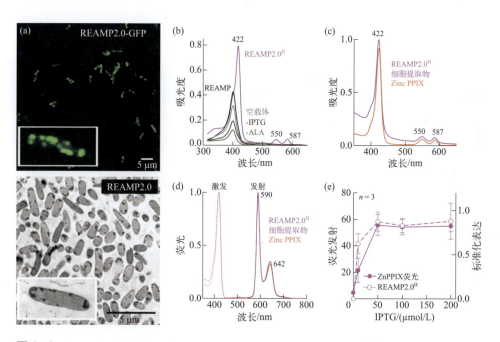

图 8-2

大肠杆菌细胞可利用疏水性新生蛋白质形成胞内液滴并积聚 ZnPPIX

（a）荧光共聚焦显微镜（上）和电子显微镜（下）的细胞成像显示，一种名为 REAMP2.0 的疏水性新蛋白形成了多个小的细胞内包涵体或"液滴"。（b）从表达 REAMP2.0 的细胞中提取的有机物显示出与新型色素积累一致的异常吸收曲线。对照菌株则没有这种现象。（c）吸收光谱和（d）荧光光谱与商业标准对比显示，该色素为 ZnPP Ⅸ。LC-MS 也证实了这一点（未显示）。(e) 荧光测定的 ZnPP Ⅸ 的积累与 Western 印迹测定的 REAMP2.0 的表达水平相关。图（b）~（e）的数据基于 REAMP2.0[H] 的单组氨酸突变体。然而，使用非组氨酸变体也得到了类似的结果，这表明与凝聚的蛋白质液滴结合的一般机制，而不是 His 特异性配位的可能性。(所有图片均改编自作者自己的研究成果，最初以 CC-BY 许可发布[14])

第二节　材料

所有溶液均应用超纯去离子水配制（25 ℃时电阻率为18.2 MΩ·cm）。所有试剂均应为分析级。除非另有规定，所有试剂和溶液均应在室温下配制和储存。在处理废溶液、试剂和生物材料时，必须遵循适当的程序。不要在缓冲液或试剂中添加叠氮化钠，因为用于抑制微生物生长的浓度会使非共价结合的血红素从缓冲液或试剂中剥离或紧密结合到新生蛋白质上的空闲配位位点上。

一、　合成基因的设计与构建

1. 合成基因构建体。
2. 适合在大肠杆菌中进行外质粒表达的载体，如pMal-p4x。
3. 编码整个细胞色素c成熟装置的pEC86载体。
4. 用于细胞质表达的表达载体，如pET28、pET45、pET151-TOPO。
5. 用于质粒纯化的微型预处理试剂盒，如QIAgen微型预处理试剂盒（27104）。
6. T7 Express（高效）感受态细胞（NEB，C2566H）或类似的BL21（DE3）感受态细胞。
7. 钙处理的BL21-AI大肠杆菌感受态细胞（Invitrogen，C607003）。

二、　从头合成蛋白的表达和纯化

1. 羧苄青霉素溶液（50 mg/mL，1000×）：将2.5 g羧苄青霉素溶于50 mL水中，用0.2 μm针筒式过滤器过滤消毒。在无菌微离心管中分成1 mL等份。在−20 ℃冷冻储存。
2. 氯霉素溶液（34 mg/mL，1000×）：将1.7 g氯霉素溶于50 mL乙醇中，分装在无菌微离心管（每管1 mL）。在−20 ℃冷冻保存。
3. LB肉汤培养基：25 g LB粉末溶于1 L水中。
4. 异丙基-β-D-硫代半乳糖苷（1 mol/L IPTG）：将2.38 g IPTG加入10 mL水中，用0.2 μm针筒式过滤器过滤消毒。在无菌微量离心管中分成1 mL等份。在−20 ℃冷冻保存。
5. δ-氨基乙酰丙酸（0.3 mol/L ALA，1000×）：将0.39 g ALA加入10 mL水中，用0.2 μm针筒式过滤器过滤消毒。在无菌微离心管中分成1 mL等份。在−20 ℃冷冻保存。

6. 苯甲磺酰氟（500 mmol/L PMSF，500×）：将0.87 g PMSF加入10 mL乙醇中。在无菌微离心管中分成1 mL等份。在−20 ℃冷冻保存。

7. 裂解缓冲液：50 mmol/L NaH_2PO_4，300 mmol/L NaCl，10 mmol/L咪唑，pH 8.0。在900 mL水中加入5.99 g NaH_2PO_4、17.53 g NaCl和0.68 g咪唑，用10 mol/L NaOH调节pH至8，加水至1 L。

8. 洗脱缓冲液：50 mmol/L NaH_2PO_4，300 mmol/L NaCl，250 mmol/L咪唑，pH 8.0。如需1 L，加入5.99 g NaH_2PO_4，在900 mL水中加入17.53 g NaCl和17.02 g咪唑，并用NaOH调节pH至8，加水至1 L。

9. TEV裂解缓冲液：20 mmol/L Tris-HCl，0.5 mmol/L EDTA，pH 8.0。在900 mL水中加入3.15 g Tris-HCl和0.15 g EDTA，用NaOH调节pH至8，加水至1 L。

10. 氧化还原缓冲液：20 mmol/L CHES，100 mmol/L KCl，pH为8.6。在900 mL水中加入4.15 g CHES和7.46 g KCl，用NaOH调节pH至8.6，加水至1 L。

11. 7000 Da MWCO（截留分子量）蛇皮透析膜管（ThermoFisher，68700）。

12. 5 mL HisTrap HP镍亲和柱（Cytiva，17524801）。

13. 10 kDa MWCO离心浓缩器（Cytiva，28-9323-60）。

14. HiLoad Superdex 16/600 75 pg尺寸排阻色谱柱（Cytiva，28-9893-33）。

三、 吡啶血红蛋白测定

1. 含40%吡啶的0.1 mol/L NaOH：在6 mL 0.1 mol/L NaOH中加入4 mL吡啶。

2. 固体连二亚硫酸钠。

四、 2-丁酮萃取非共价键合四吡咯

1. 2-丁酮。

2. 盐酸：0.1 mol/L的盐酸水溶液。

3. 碳酸氢钠溶液：要配制4 L 10 mmol/L的$NaHCO_3$溶液，可在4 L水中加入3.36 g $NaHCO_3$。

五、 疏水新生蛋白的细胞培养和表达

1. LB肉汤培养基：25 g LB粉末溶于1 L水中。

2. 10%阿拉伯糖溶液：50 mL水中加入5 g阿拉伯糖（见注释1）。

六、 细胞分馏

1. 磷酸氢二钠，pH 7.4：为了得到0.5 mol/L的各组分储备液，分别将34.5 g NaH$_2$PO$_4$·H$_2$O溶于500 mL水，将35.5 g Na$_2$HPO$_4$溶于500 mL水。将22.6 mL 0.5 mol/L NaH$_2$PO$_4$与77.4 mL 0.5 mol/L Na$_2$HPO$_4$混合，得到pH值为7.4的0.5 mol/L磷酸钠储备液。

2. 50%甘油：将50 mL甘油与50 mL水混合。

3. 5 mol/L NaCl：将146.1 g NaCl溶于400 mL水中。溶解后调节至最终体积500 mL。

4. 含50 mmol/L磷酸钠、5%甘油和150 mmol/L NaCl的溶液：将5 mL 0.5 mol/L磷酸钠、5 mL 50%甘油和1.5 mL 5 mol/L NaCl加入38.5 mL水中。

七、 Western Blotting

1. 转移缓冲液：3 g Tris碱（三羟甲基氨基甲烷）、14.4 g甘氨酸、0.37 g SDS、100 mL甲醇。用水将体积调至1 L。

2. 1×PBS，0.05%（体积分数）Tween-20：将50 mL 10×PBS稀释到450 mL水中。加入0.25 mL Tween-20（黏度很高，因此需要小心移液！）。

3. 25 mmol/L Tris、200 mmol/L甘氨酸溶液、1.3 mmol/L（0.37 g/L）SDS、10%（体积分数）甲醇蒸馏水。

4. 封闭缓冲液。称取1 g低脂奶粉放入50 mL无菌离心管中。加入20 mL PBS-Tween溶液并涡旋振荡形成均匀悬液。

5. V5-HRP抗体（Invitrogen R961-25）。

6. SuperSignal West Pico Plus化学发光底物（赛默飞世尔科技公司，34577）。

八、 其他溶液和材料

1. 磷酸盐缓冲液（PBS）10×浓缩液：80 g NaCl、2 g KCl、14.4 g Na$_2$HPO$_4$、2.4 g KH$_2$PO$_4$。溶于800 mL水，用盐酸调节pH至7.4，再加水定容于1 L。可根据需要进行高压灭菌。使用前需稀释10倍至1×工作浓度。

2. 20 g/L多聚甲醛：将2 g多聚甲醛粉末溶于100 mL 1×PBS中。加热至70 ℃直至溶解。冷却后，如需调节pH至4，可使用1.0 mol/L NaOH或0.1 mol/L

HCl溶液进行调整。

3. 二甲基亚砜-乙醇-乙酸（80∶20∶1，体积比）：将8 mL二甲基亚砜、2 mL乙醇和0.1 mL乙酸混合。

4. ProLong Gold抗荧光猝灭封片剂（ThermoFisher P36930）。

5. BugBuster细胞裂解试剂（Novagen 70584）。

第三节　方法

一、 合成基因的设计与生产

与设计的全新蛋白质序列相对应的合成基因可以从许多供应商处获得。一般来说，建议委托供应商优化基因序列以便在预定的重组宿主中表达。在本文所述的工作中，所有基因都在标准的大肠杆菌菌株进行了优化。为了方便辅助因子的装载、蛋白质的检测和纯化，同时指导细胞内的空间定位，附加序列的加入需要考虑几个因素。为了在蛋白质序列中加入 c 型血红素，必须在蛋白质的适当位置［图 8-1(a)、(b)］加入大肠杆菌细胞色素 c 成熟蛋白（CX_1X_2CH）的识别序列，通常是在血红素朝向核心的螺旋上[6,7]。这一位置决定了 X_1 和 X_2 氨基酸相同性的选择，应选择具有高螺旋倾向（如 Ala、Lys、Glu、Leu）和适当特性的残基，以匹配该位置的溶剂暴露。虽然在厌氧表达过程中，基因组编码的细胞色素 c 成熟装置可以上调，但共价血红素结合到 CX_1X_2CH 共识序列中的水平通常很低。为了克服这一问题并实现高水平的血红素结合，需要与编码整个大肠杆菌成熟装置的 pEC86 质粒共转染。此外，有必要在新的 c 型细胞色素表达载体中加入一个外质体信号序列，该序列通常来自大肠杆菌麦芽糖结合蛋白（MKIKTGARILALSALTTMMFSASALAK）。它将引导蛋白质通过 SEC 易位子进入外质，使外质细胞色素 c 成熟装置催化共价血红素结合。这些附加序列可以作为合成基因构建体的一部分合成，也可以通过将合成基因克隆到合适的质粒中来添加。相比之下，含 b 型血红素的从头蛋白质的表达不需要额外的质粒，而且通常倾向于细胞质表达，因此不需要额外的序列元件。对于本文讨论的疏水性蛋白设计，在 C 端加入线性 V5 表位（GKPIPNPLLGLDST）标签以实现特异性检测，并常规使用可裂解的 N 端纯化标签，如六、八或十组氨酸。

二、 含有b型或c型血红素的可溶性蛋白质的表达和纯化

1. 将合成基因克隆到合适的大肠杆菌载体中。对于这些可溶性c型含血红素蛋白，建议使用pMal-p4x的改良版，其中除周质信号序列外，麦芽糖结合蛋白序列已被删除[6-8]。对于含b型血红素的蛋白质，标准的pET载体也是合适的，包括pET45b或pET151-TOPO，在构建体的N端加入TEV可切除的六价嘌呤标签[9]。在这些例子中，使用的策略包括不依赖连接酶的克隆方法或使用适当的限制性酶进行限制/连接，以删除载体上的大部分多重克隆位点。这一过程需要TEV蛋白酶，TEV蛋白酶可按既定方案表达，也可从各种来源购买（见注释2）。

2. 使用QIAgen miniprep试剂盒或类似试剂盒将重组质粒纯化至高浓度（约200 ng/μL）。

3. 对于c型蛋白构建体，将所选质粒与pEC86（在组成型表达载体中编码整个大肠杆菌细胞色素c成熟装置[15]）共同转化到感受态T7 Express（高效）大肠杆菌细胞中。将转化细胞平铺在含有羧苄青霉素和氯霉素的2% LB琼脂上，羧苄青霉素和氯霉素的浓度分别为50 μg/mL和34 μg/mL。对于b型蛋白构建体，将所选质粒转化到感受态T7 Express（高效）大肠杆菌细胞中。将转化细胞平铺在含有50 μg/mL苄青霉素的2% LB琼脂上。在37 ℃下培养过夜（见注释3）。

4. 将100 mL LB培养基加入250 mL带挡板玻璃烧瓶中，用泡沫塞塞住烧瓶口，用铝箔盖住瓶口，用高压灭菌胶带固定铝箔，对培养容器进行高压灭菌。根据需要准备尽可能多的类似起始培养烧瓶。为准备表达，将1 L LB加入适当大小的带挡板玻璃或塑料烧瓶（通常为2.5 L）中，用铝箔盖住瓶口，用高压灭菌胶带固定铝箔，并对培养容器进行高压灭菌。总共2 L的表达介质就足以产生可观数量的蛋白质，下面的纯化也对应这个规模（见注释4）。

5. 按照良好的无菌操作规程，从步骤4准备的无菌培养容器中取出铝箔和泡沫塞。c型蛋白分别加入浓度分别为50 μg/mL和34 μg/mL的羧苄青霉素和氯霉素，b型蛋白只加入浓度为50 μg/mL的羧苄青霉素。用无菌牙签或移液管尖从琼脂板上挑出一个菌落，接种于培养瓶中。更换瓶塞，扔掉铝箔。在37 ℃下以250 r/min振荡培养过夜（16 h）。这些过夜培养物在600 nm处的吸光度（OD_{600}）应该约为4。

6. 如步骤5所述，从步骤4中制备的大型无菌培养容器中取出铝箔和泡沫塞。

在表达c型蛋白时，分别加入50 µg/mL的羧苄青霉素和34 µg/mL的氯霉素；在表达b型蛋白时，只加入50 µg/mL的羧苄青霉素。将50 mL过夜启动培养物接种到装有1 L LB的烧瓶中，在37 ℃、200 r/min条件下培养，直至OD_{600}为0.6～0.8。这通常需要约3 h，取决于大烧瓶中LB培养基的起始温度。

7. 加入0.1～1 mmol/L IPTG诱导重组蛋白表达。诱导后培养细胞3～5 h。对于含b型血红素的构建体，添加血红素前体δ-氨基戊酮酸（ALA）有益于刺激血红素的生物合成，并确保血红素在体内的良好结合。这种化合物是血红素合成途径中的一种前体，外源ALA可覆盖血红素合成过程中的一个关键调节步骤，使细胞在蛋白质"汇"的协调下产生高水平的血红素和四吡咯。如果使用ALA，在用0.1～1 mmol/L IPTG诱导时同时加入至0.3 mmol/L终浓度（见图8-2，注释5和6）。

8. 以相对离心力4000 g离心30 min收获诱导细胞。成功表达蛋白质和加入血红素后，细胞沉淀应为红色或棕色。

9. 将细胞重悬于裂解缓冲液中（每10 g湿细胞约用50 mL缓冲液），并加入丝氨酸蛋白酶抑制剂PMSF至终浓度1 mmol/L。将重悬的细胞置于冰上或4 ℃的冷藏室中。

10. 使用探针超声波仪（Soniprep 150，英国MSE公司）裂解重悬细胞。将重新悬浮的细胞分成30～50 mL等份分装在小玻璃烧杯中，然后在冰上以100%的振幅进行超声处理，脉冲时间为30 s，间隔30 s将裂解的细胞混合。重复超声脉冲，直到裂解细胞溶液的黏度降低到类似于水的状态。上清液的颜色应在超声时变深（见注释7）。

11. 将裂解液以相对离心力40000 g离心30 min。将上清液倒入50 mL离心管中，并用0.2 µm孔径的针筒式过滤器过滤。

12. 使用AKTA纯化系统、AKTA启动器或蠕动泵，以5 mL/min的速率用5个柱体积的裂解缓冲液平衡5 mL HisTrap HP镍亲和柱。

13. 将过滤后的裂解液以5 mL/min的速度注入色谱柱。应出现红色条带，表明血红素蛋白与色谱柱基质成功结合。

14. 用裂解缓冲液清洗色谱柱，直到OD_{280}恢复到基线水平。在5个柱体积内使用0～100%的梯度洗脱缓冲液，收集2 mL的馏分。

15. 使用SDS-PAGE或紫外/可见分光光谱仪评估蛋白质的纯度和/或血红素浓度。

16. 使用7000Da MWCO蛇皮透析管，将汇集的蛋白质放入5 L TEV裂解缓冲液中透析过夜。

17. 理想情况下，将样品放入厌氧手套箱（氧气浓度＜0.0005%，百丽科技），加入TEV蛋白酶（100 μg/mL）和三(2-羧乙基)膦（TCEP，1 mmol/L）。在手套箱中培养过夜。如果没有手套箱，该步骤可在有氧条件下进行，但血红素可能会在氧气存在的情况下降解。

18. 用5个柱体积的裂解缓冲液以5 mL/min的速度重新校准5 mL HisTrap HP镍亲和柱，并加入TEV裂解蛋白样品。收集流过的样品。

19. 使用10 kDa MWCO离心浓缩器将样品浓缩至4 mL。

20. 用3个柱体积的氧化还原缓冲液以大约1 mL/min的速度平衡HiLoad Superdex 16/600 75 pg尺寸排阻色谱柱，并以相同的流速上样蛋白质样品（见注释8）。

21. 含单体血红素的蛋白质一般流速为1 mL/min时在43 min左右洗脱。应收集馏分以分析首先洗脱的高分子量物质以及所有后续峰。然后用SDS-PAGE评估馏分纯度［图8-1（c）］。合并与单体血红素蛋白峰相对应的最高纯度馏分，并使用离心浓缩器浓缩至所需水平。

三、 使用吡啶血红蛋白测定法进行血红素定量

1. 将含有c型血红素的新生血红素蛋白样品浓缩或稀释至约100 μmol/L。在此阶段，新血红素蛋白很可能已完全氧化，因此处于高铁（三价铁）状态。要估算浓度，可使用近似摩尔吸光系数100000 L/（mol·cm）来计算Soret峰最大值的波长（大约在400～420 nm，取决于铁氧化态血红素铁的轴向配体组）［图8-1（e）和（f）］。

2. 在小容量石英比色皿中加入90 μL血红素蛋白溶液，再加入90 μL含40%吡啶的0.4 mol/L NaOH溶液。

3. 充分混合并记录紫外/可见光谱。

4. 加入几粒新鲜的连二亚硫酸钠并充分混合。立即记录紫外/可见光谱。

5. c型血红素浓度可通过氧化和还原光谱的差异以及以下摩尔吸光系数计算得出：$\varepsilon(A_{550red})-\varepsilon(A_{535ox}) = 23970$ L/(mol·cm)[16]。b型血红素浓度可通过氧化和还原光谱的差异以及以下摩尔吸光系数计算得出：$\varepsilon(A_{556red})-\varepsilon(A_{540ox}) = 23980$ L/(mol·cm)[16]。建议重复3次测量，取平均值，以获得准确的血红素浓度。

四、 用2-丁酮萃取非共价结合的四吡咯

1. 通过滴加0.1 mol/L HCl，将含有非共价结合四吡咯的蛋白质溶液（通

常为5～20 mL体积）的pH值降至2[17]。

2. 将酸化蛋白质溶液加入250 mL磨口玻璃塞分离漏斗中，冰浴10 min。

3. 在烧瓶中加入等体积的冰冷2-丁酮，摇匀，确保定期取下盖子以释放压力（见注释9）。

4. 在4 ℃下进行10 min相分离。如果血红素与蛋白质非共价结合，则会分离到上层有机层。

5. 如果不需要鉴定或提纯四吡咯，则收集水层并弃去有机层。

6. 重复步骤2～5，确保完全去除四吡咯。

7. 使用适当截留分子量的透析袋，将蛋白质水溶液置于4 L 10 mmol/L碳酸氢钠缓冲液中透析2 h，更换新鲜缓冲液后重复透析。

8. 将蛋白质水溶液置于4 L所选缓冲液中透析过夜。

五、 液滴形成疏水性新生蛋白质的表达

1. 将合成构建体克隆到所选的高拷贝数大肠杆菌载体中。之前的例子使用的是pET28，通过Nco I /Xho I 酶的限制性连接将基因插入多克隆位点。这种方法可以去除质粒上的N端标签。分子克隆的详细步骤已广泛可用，在此不再赘述。

2. 使用QIAgen miniprep试剂盒或类似试剂盒将重组质粒纯化至高浓度（约200 ng/μL）。

3. 通过热激将重组质粒转染到感受态大肠杆菌BL21-AI。涂布在含有适当选择性抗生素的2% LB琼脂上培养，在37 ℃下过夜培养直至长成菌落（见注释10和11）。

4. 在250 mL带挡板的玻璃烧瓶中加入100 mL LB培养基。用泡沫塞塞住烧瓶口，铝箔盖住瓶颈，高压灭菌胶带固定铝箔，然后对培养皿进行高压灭菌。根据需要准备不同数量的培养瓶。例如，除了实验样品外，还可以用携带参考蛋白的相同菌株、携带空质粒的菌株和未受诱导的菌株作为对照 [图8-2（b）]。

5. 按照无菌操作规范，从步骤中准备好的无菌培养皿中取出铝箔和泡沫塞。加入适当的抗生素，选择合适的质粒。用无菌牙签或吸管尖从琼脂平板上挑取一个菌落，接种到培养瓶中。换上塞子，丢弃铝箔。在37 ℃下，以250 r/min的转速振荡培养过夜（16 h）。这些过夜培养物在600 nm波长下的吸光度（OD_{600}）应约为4。

6. 对于细胞成像和全细胞提取物分析（标题六、七、十～十二），将

1 mL过夜培养物接种到新鲜的100 mL培养物中，在37 ℃、250 r/min条件下培养，直到OD$_{600\,nm}$为1。这通常需要约3 h（见注释12）。

7. 为了进行细胞分馏（标题八和九），将10 mL过夜培养物接种到2.5 L带挡板培养瓶中的1 L LB中，在37 ℃、250 r/min下培养，直到OD$_{600\,nm}$为1。这通常需要3 h。

8. 加入0.3 mmol/L ALA，刺激四吡咯的生物合成。

9. 加入10～200 μmol/L IPTG和0.1%阿拉伯糖，立即诱导重组蛋白的表达。诱导后培养细胞2 h（见注释13）。

六、　蛋白质液滴的荧光光谱成像分析

1. 将蛋白质与荧光报告物（如GFP或其工程变体，如超级折叠GFP）进行转录融合。建议将GFP添加到目的蛋白质的C端，蛋白质之间的连接体长度可能至关重要。为了使GFP折叠并收集到图8-2（a）所示的图像，需要将连接子的长度从10个残基增加到38个残基。按照标题五中的描述诱导该构建体的重组表达。

2. 按标题五中的制备方法取出1 mL诱导细胞，并转移到1.5 mL微量离心管中。

3. 以4000 g离心10 min，收获细胞。

4. 弃去上清液。将颗粒重悬于1 mL经过滤消毒的1×PBS中。

5. 重复步骤3和4三次。

6. 在室温下将细胞放入20 g/L多聚甲醛中孵育20 min。

7. 重复步骤3和4三次，清洗细胞。

8. 将10 μL细胞装入玻璃载玻片和盖玻片之间的ProLongGold抗荧光猝灭封片剂中。

9. 根据仪器可用参数采集细胞图像。图8-2（a）上图所示图像使用徕卡SP8 AOBS共聚焦激光扫描显微镜拍摄，该系统搭载于徕卡DMi8倒置荧光显微镜平台，采用100倍/1.4数值孔径油浸物镜。

七、　蛋白质液滴的透射电子显微镜成像分析

1. 按标题五用1×PBS缓冲液冲洗诱导细胞。

2. 将1 μL洗净的细胞装入0.1 mmol/L膜载体（徕卡），然后用徕卡EMPACT2进行高压冷冻。

3. 将冷冻的膜载体转移到1 mL 1%四氧化锇、0.1%醋酸铀和无水丙酮

中，在自动冷冻置换装置（AFS2，徕卡公司）中于–90 ℃下冷冻保存5 h。

4. 以5 ℃/h的速度升温至0 ℃。

5. 取出样品，用丙酮清洗3次。

6. 用含Epon的丙酮溶液（25%、50%、75% 100%）浸润样品8 h，最后用100%的Epon将样品包埋在流通容器中。在60 ℃下使Epon聚合。

7. 使用配备45°金钢石刀的EM UC6显微切片机（徕卡）对聚合块进行修整和切片。

8. 在涂有碳或酚醛（Agar Scientific公司）的铜槽栅上采集70 nm厚的切片。用3% 的醋酸脲和柠檬酸雷诺铅分别染色10 min和4 min。

9. 根据现有仪器的参数采集图像。图8-2（a）下图中的显微照片是使用配备了FEI Ceta 4 k×4 k CCD摄像机的Tecnai12,120 kV BioTwin Spirit TEM在120 kV的加速电压下采集的。

八、 细胞分馏分离蛋白质液滴

1. 收集1 L诱导细胞，以相对离心力5000 g离心30 min。

2. 弃去上清液，用100 mL 1×PBS重悬颗粒（见注释14）。

3. 在25 KPSI的连续流动细胞破碎仪中裂解细胞（见注释15）。

4. 10000 g离心10 min。丢弃颗粒，保留上清液。

5. 将步骤4中的上清液以相对离心力170000 g离心1 h。

6. 保留颗粒，其中应包含液滴和细胞膜部分。用5 mL 50 mmol/L磷酸钠缓冲液（pH 7.4）、150 mmol/L NaCl溶液和5%（体积分数）甘油重悬。用手持式玻璃匀浆器匀浆至少10次。

7. 测量样本的总蛋白质浓度。一种简便的方法是商用兼容洗涤剂的洛里（Lowry）测定法（DC assay；BioRad）。一般来说，需要将这些样本稀释5倍或10倍，才能达到检测的有效工作范围。

8. 用标题八第6步中使用的重悬缓冲液调整体积，使总蛋白浓度达到5 mg/mL。

9. 分成1 mL等份样品，立即使用或储存在–20 ℃。

九、 用有机溶剂提取ZnPPIX 辅因子

标题八中制备的样品溶剂提取物可用于通过紫外 - 可见吸收和荧光光谱鉴定累积的辅因子，也适用于 LC-MS 分析。

1. 将标题八中的样品以相对离心力13000 g离心10 min。

2. 弃去清液，用1 mL DMSO：乙醇：乙酸（体积比为80：20：1）将沉淀重悬[18]。室温下孵育5 min。

3. 以相对离心力13000 g离心10 min。

4. 小心去除上清液，并转移到1 mL石英吸收比色皿中。

5. 对于ZnPPⅨ的紫外可见吸收光谱，在300～650 nm之间扫描 [图8-2（b）和（c）]。

6. 将400 μL样品转移到荧光微量比色皿中。

7. 为了确定ZnPPⅨ的荧光激发光谱，将发射设置为640 nm，并在350～515 nm之间进行激发扫描 [图8-2（d）]。

8. 要确定ZnPPⅨ的发射光谱，可在420 nm波长处激发并收集450～800 nm波长的发射光谱 [图8-2（d）]。

十、 制备用于蛋白质表达和辅因子分析的全细胞提取物

1. 将50 mL诱导细胞倒入50 mL无菌离心管中。以相对离心力5000 g离心30 min，收获细胞。弃去上清液。

2. 用1 mL名为"BugBuster"的商用细胞裂解试剂重悬颗粒。转移到1.5 mL的微量离心管中。室温下轻轻搅拌培养1 h。

3. 以相对离心力12000 g离心，澄清细胞裂解液。用移液管吸取500 μL上清液并转移到一个新的试管中（见注释16）。

4. 使用与洗涤剂兼容的Lowry法测定细胞提取物的总蛋白浓度，如标题八所示，为了使样品处于该方法的工作范围内，可能需要将提取物稀释10倍后放入新鲜的BugBuster中。

十一、细胞裂解物中辅因子的测定

根据标题九 [图 8-2（d）]（见注释 17），可通过对这些样品进行直接荧光检测来确定在标题十中制备的细胞裂解物中 ZnPP Ⅸ 的含量。

十二、通过免疫印迹（蛋白印迹）进行蛋白质表达分析

检测 V5 表位的蛋白印迹可用于评估 De novo 蛋白质的相对细胞表达水平 [图 8-2（e）]。

1. 在标题七中制备的30 μL细胞裂解液中加入10 μL 4×SDS-PAGE样品应用缓冲液。使用InvitrogenNuPAGELDS样品缓冲液（4×浓缩液：106 mmol/L Tris-HCl、141 mmol/L Tris碱、2%十二烷基硫酸锂，0.51 mmol/L

EDTA，10% 甘油，0.22 mmol/L SERVA Blue G250，0.175 mmol/L酚红，pH 8.5；产品编号NP0007）可获得良好的效果。

2．将样品加热至70 ℃，持续10 min（见注释18）。

3．根据标题十中确定的总蛋白质浓度，计算所需的样品量，以确保每个样品在SDS-PAGE凝胶上的蛋白质负载量相同。小的新蛋白质适合4%～20% Tris-甘氨酸凝胶，这种凝胶可从多家不同的供应商处购买。使用预先染色的分子量标记，如PageRuler Plus（Thermo Fisher Scientific 26,619）。

4．按照制造商建议的条件运行凝胶。

5．在25 mmol/L Tris、200 mmol/L甘氨酸、1.3 mmol/L（0.37 g/L）SDS和10%（体积分数）甲醇的蒸馏水溶液中浸泡0.2 μm硝酸纤维素印迹膜1 h。

6．根据制造商的说明，使用湿转移系统将蛋白质从凝胶转移到硝化纤维素膜上。转移缓冲液与标题十二中用来浸泡膜的缓冲液相同（见注释19）。

7．用50 g/L低脂奶粉、1×PBS、0.05%（体积分数）Tween-20阻断膜1 h。一张10 cm×10 cm的膜可用20 mL该试剂完成封闭。一些供应商提供专门用于蛋白印迹的小塑料盒，效果也不错。

8．丢弃阻断液，在相同的阻断缓冲液中用1∶10000稀释度的V5-HRP抗体检测膜。10 cm×10 cm的膜用20 mL。室温下孵育1 h。

9．弃去抗体溶液，用1×PBS和0.05%（体积分数）Tween-20洗膜。有效的清洗方法是3次5 min洗涤和2次1 min洗涤，每次清洗后丢弃清洗液。

10．用增强化学发光试剂（如SuperSignal West PicoPlus）孵育1 min进行显影。对于10 cm×10 cm的膜，10 mL该试剂就足够了。

11．使用专用数字成像系统（如Amersham Imager，GE医疗）记录印迹（见注释20）。

第四节　注释

1．我们倾向于在每次实验前现配新鲜的10 mmol/L IPTG和10%阿拉伯糖。

2．含b型血红素的蛋白质也可以在大肠杆菌周质中表达，诱导时补充δ-氨基乙酰丙酸后，细胞就能成功地吸收b型血红素。

3. 大肠杆菌菌株T7 Express是BL21（DE3）的衍生菌株，由于它能产生产量极高的小分子从头蛋白，因此被用于可溶性蛋白的表达。它可以替代BL21（DE3）和其他相关菌株。由于c型蛋白是通过带有*tac*启动子的pMal-p4x载体的变体表达的，因此这些蛋白可以通过缺乏基因组T7 RNA聚合酶的大肠杆菌菌株表达。将pEC86和可溶性c型血红素蛋白载体同时转化到T7 Express细胞中会降低转化效率，通常观察到的成功转化的菌落数明显少于单质粒转化。

4. 使用带挡板的培养瓶可改善培养液的混合和通气效果。

5. 虽然ALA对确保高水平的b型血红素生物合成和掺入很重要，但它对高效的c型血红素掺入却没有必要。

6. 表达时间超过5 h会导致表达的新生蛋白质发生水解。因此，应避免长时间或隔夜表达。

7. 超声波用于裂解表达c型血红素原的细胞，因为其他方法会通过明显的氧依赖机制促进血红素降解。使用法国压滤机也可实现无降解的裂解，但不建议使用其他方法。虽然使用蔗糖渗透休克等质外预处理方法可以提高c型血红素蛋白的纯度，但标准细胞超声处理的蛋白产量要高得多。

8. 通常使用尺寸排阻色谱法去除c型血红素蛋白制剂中的脱辅基蛋白。使用含0.1% 三氟乙酸的水-乙腈梯度洗脱，反相高效液相色谱也能实现类似的全蛋白与脱辅基蛋白分离。

9. 在进行非共价血红素提取时，优先使用酸化的2-丁酮，而不是丙酮，因为后者会导致蛋白质沉淀。

10. 这里使用大肠杆菌菌株BL21-AI来表达疏水蛋白，因为它在诱导前很少出现重组基因的"泄漏"表达。该菌株需要同时添加IPTG和阿拉伯糖来诱导表达。如图8-2（e）所示，要调整或调节该系统中蛋白质的表达，最好的方法是将阿拉伯糖的过量浓度保持在0.1%，并调整IPTG的浓度。

11. 可获得BL21-AI的商用超能菌株。自制的钙能力菌株成本效益高，一旦质粒到手，就能满足大多数标准转化的需要。

12. 公认的良好做法是在OD_{600}为0.7时诱导基因表达，这样细胞在生长的中对数期相对同步。然而，表达疏水性蛋白有时会使细胞不堪重负而停止进一步生长。因此，在较高的细胞密度（$OD_{600}=1$）下进行诱导，可以获得更高的蛋白质产量，便于后续分析和纯化。

13. 许多标准方案诱导蛋白质表达的时间都长于此处规定的2 h。我们发现，较长的表达时间过程并没有明显增加蛋白质的产量。我们尚未研究细胞内液滴形成的详细时间过程。

14. 无论是吸打还是涡旋搅拌，都可以扰动收获的细胞沉淀。无论哪种方法，重要的是重悬浮后看不到细胞"团块"。使用手持式玻璃匀浆器将细胞悬浮液匀浆即可确保这一点。

15. 用压力裂解细胞往往是一种更"温和"但仍然有效的裂解细胞方法。一般来说，疏水性蛋白质最好避免使用声波处理，因为声波处理往往会促进蛋白质的聚集。

16. 经过BugBuster处理后，未裂解的细胞沉淀可能相当易变。我们发现最好只取500 μL上清液。

17. BugBuster细胞裂解液的成分相对复杂，因此不可用于吸光度测定。

18. 煮沸疏水性蛋白质样品会导致其聚集。最好加热至70 ℃。

19. 传统的"湿转移"蛋白印迹法是处理小分子疏水性蛋白的首选。在我们看来，半干法和干法的一致性和有效性差得多。

20. 用于捕捉蛋白印迹的数字仪器避免了围绕图像饱和度和曝光的问题，这些问题可能会使传统摄影胶片的使用复杂化。

致谢

作者感谢 Lorna Hodgson 和 Paul Verkade 对细胞成像方法的支持。这项工作得到了布里斯托尔大学 BBSRC 的支持（BBI014063/1、BB/R016445/1 和 BB/M025624/1）。

参考文献

[1] Huang PS, Boyken S, Baker D (2016) The coming of age of de novo protein design. Nature 537: 320-327.

[2] Grayson KJ, Anderson JLR (2018) Designed for life: biocompatible de novo designed proteins and components. J R Soc Interface 15: 20180472.

[3] Poulos T (2014) Heme enzyme structure and function. Chem Rev 117: 3919-3962.

[4] Grayson KJ, Anderson JLR (2018) The ascent of man(made oxidoreductases). Curr Opin Struct Biol 51: 149-155.

[5] Brandenburg OF, Fasan R, Arnold FH (2017) Exploiting and engineering hemoproteins for abiological carbene and nitrene transfer reactions.

Curr Opin Biotechnol 47: 102-111.

[6] Anderson JLR, Armstrong CT et al (2014) Constructing a man-made c-type cytochrome maquette in vivo: electron transfer, oxygen transport and conversion to a photoactive light harvesting maquette. Chem Sci 5: 507-514.

[7] Watkins DW, Armstrong CT et al (2016) A suite of de novo c-type cytochromes for functional oxidoreductase engineering. Biochim Biophys Acta 1857: 493-502.

[8] Watkins DW, Jenkins JMX et al (2017) Construction and in vivo assembly of a catalyticallyproficient and hyperthermostable de novo enzyme. Nat Commun 8: 358.

[9] Hutchins GH, Noble CEM, et al. (2020) Precision design of single and multi-heme de novo proteins. BioRxiv. https: //doi.org/10.1101/ 2020.09.24.311514

[10] Schuster BS, Reed EH et al (2018) Controllable protein phase separation and modular recruitment to form responsive membraneless organelles. Nat Commun 9: 2985.

[11] Nott T, Petsalaki E et al (2015) Phase transition of a disordered nuage protein generates environmentally responsive membraneless organelles. Mol Cell 57: 936-947.

[12] Lin Y, Protter DSW et al (2015) Formation and maturation of phase-separated liquid droplets by RNA binding proteins. Mol Cell 60: 208-219.

[13] Shin Y, Berry J et al (2017) Spatiotemporal control of intracellular phase transitions using lightactivated optoDroplets. Cell 168: 159-171.

[14] Curnow P, Hardy BJ et al (2020) Small-residue packing motifs modulate the structure and function of a minimal de novo membrane protein. Sci Rep 10: 15203.

[15] Arslan E, Schulz H et al (1998) Overproduction of the Bradyrhizobium japonicum c-type cytochrome subunits of the cbb3 oxidase in *Escherichia coli*. Biochem Biophys Res Commun 251: 744-747.

[16] Berry EA, Trumpower BL (1987) Simultaneous determination of hemes a, b and c from pyridine hemochrome spectra. Anal Biochem 161: 1-15.

[17] Teale FW (1959) Cleavage of the haem-protein link by acid methylethylketone. Biochem Biophys Acta 35: 543

[18] Létoffé S, Heuck G et al (2009) Bacteria capture iron from heme by keeping tetrapyrrole skeleton intact. Proc Natl Acad Sci USA 106: 11719-11724.

第四部分

理性设计

第九章

增强酶热稳定性的理性设计工程化策略

Vinutsada Pongsupasa，Piyanuch Anuwan，Somchart Maenpuen，Thanyaporn Wongnate

摘要

需要对具有较低热稳定性的蛋白质进行热稳定性工程的基础研究，以扩大其利用率。因此，对蛋白质的热稳定性调节因子的理解对于其热稳定性工程是必需的。蛋白质工程旨在通过完善蛋白质稳定性和活性来克服其在恶劣条件下的自然局限性。理性设计方法需要结合一个晶体结构数据集以及生物物理信息、蛋白质功能和基于序列的数据，尤其是在自然进化过程中有利于蛋白质折叠的共识序列。可以通过单点突变或多点突变改变氨基酸来实现。实际上，这些突变方法显示出几个好处。例如，所提供的突变是在评估和设计后产生的，这增加了获得有利突变的机会。理性设计工程可以改善酶的生化特性，包括动力学行为、底物特异性、热稳定性和有机溶剂耐受性。此外，这种方法大大降低了库的规模，因此可以减少耗时耗力。在这里，我们通过计算算法和程序，结合实验手段来创制具有热稳定性的酶，为未来应用提供便利。

关键词： 热稳定性，热点，酶工程，定点突变，高通量筛选，计算机模拟设计，蛋白质稳定性

第一节　引言

理性设计工程是一种用于蛋白质修饰的计算机技术（图 9-1）。从本质上讲，蛋白质通常无法耐受恶劣的工业环境，例如高温度、高 pH 值和高浓度的盐 [1]，因为它们主要适合在温和条件下发挥作用 [2]。已经开发出用于预测蛋白质稳定性突变作用的计算工具以增强其工业潜力。然而，通常

只有对蛋白质稳定性影响很小的单点突变才能用现有的工具进行预测，随后必须进行蛋白质表达、纯化和表征。通过构建多点突变体可以实现更高程度的稳定。因此，需要对蛋白质稳定性进行有效和精确的预测计算。为了满足这一目标，许多计算工具已经开发出来（表 9-1）[2-14]。在这里，我们主要关注 FireProt[2,3] 方法，这是多点突变蛋白的自动设计方法，因为它将结构和进化信息结合在其计算核心中。FireProt 利用了 16 种生物信息学工具和几种力场计算。

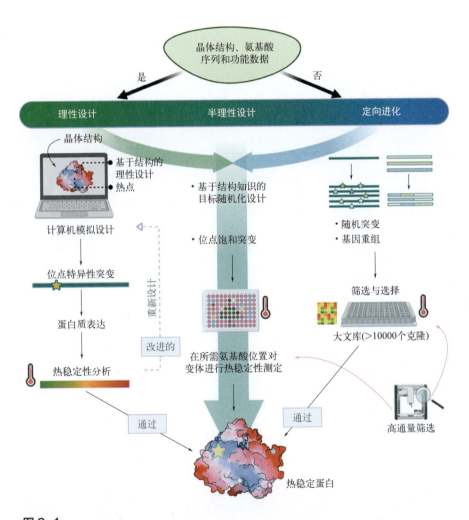

图 9-1

基于合理设计、半合理设计和定向进化的蛋白质工程示意图

表9-1　对提高蛋白质稳定性合理设计有用的计算程序和Web服务器[2-14]

名称	类型	描述	参考文献
FireProt	网络服务器	1. Web 服务器，用于自动设计多点热稳定突变蛋白。 2. 使用三种蛋白质工程策略、16 个从生物信息学数据库获得的工具和计算工具，将结构和序列信息结合在其计算核心中，以制造热稳定突变体。 3. 可从 http://loschmidt.chemi.muni.cz/fireprot 获取。 三种策略： ①基于进化的方法，使用背对面分析。 ②基于能量的方法，使用保守性、相关性和评估突变后自由能的变化。 ③基于进化和基于能量的组合方法。 16 个工具：BLAST，UniRef90 database，USEARCH，UCLUST，Clustal Omega tool，MI，aMIc，McBASC，DCA，SCA，ELSC，OMES，Jensen-Shannon divergence，back-to-consensus analysis，FoldX 和 Rosetta	[2,3]
EASE-MM	网络服务器	1. 具有多种模型的进化，氨基酸和结构编码，是一种基于序列的方法。 2. 结合了多个专业的机器学习模型，以预测位于不同二级结构元素（螺旋、折叠及卷曲）的残基中突变的蛋白质稳定性变化（$\Delta\Delta G_u$），并且具有不同水平的可接触表面积（暴露或埋藏模型）。 3. 可从 http://sparks-lab.org/server/server/ase 获取	[4]
I-Mutant	网络服务器	1. 基于神经网络的 Web 服务器，用于自动预测单个位点突变蛋白质稳定性的变化。 2. 基于支持向量机。 3. 经过训练，可以预测两个方向蛋白质稳定性变化（$\Delta\Delta G$ 符号）和 $\Delta\Delta G$ 相关值。 4. 从蛋白质结构或序列开始预测蛋白质稳定性。 5. 可以选择在不同温度和 pH 范围内蛋白质稳定性变化的预测。 6. 可从 http://gpcr.biocomp.unibo.it/cgi/predivorts/i-mutant2.0/i-mutant2.0.cgi 获取	[5]
FoldX	网络服务器	1. 一种经验力场算法。 2. 开发用于快速评估突变对蛋白质和核酸稳定性、折叠和动力学的影响。 3. 基于其高分辨率晶体结构的大分子的自由能计算。 4. 使用从蛋白质工程实验获得的经验数据加权了 FoldX 中的不同能量项。 5. 可从 http://foldx.embl.de/ 获取	[6]
PROSS	网络服务器	1. 蛋白质修复一站式站点（PROSS）。 2. 解决了低表达水平、低溶解度、大肠杆菌或其他异源系统表达困难、错误折叠、聚集、低 T_m 等问题。	[7]

名称	类型	描述	参考文献
PROSS	网络服务器	3．提供了几个突变的序列，这些序列被预期为输出更稳定。 4．选择用于优化蛋白质计算能量的所有氨基酸突变，受同源序列推断的限制。 5．X 射线结构不可用；因此，您可以使用： 　①分辨率≤ 2.8 Å 的 Cryo-EM 结构； 　②一个仅包含一个构象的 NMR 结构； 　③非常相似的蛋白质结构（相对于您感兴趣的蛋白质，最多 4 ～ 5 个突变）； 　④由 SWISS-PROT 或 Rosetta 生成的模型（建议当蛋白质在二级结构中非常丰富，并且与同源物共享至少 40% 的序列特征时）； 　⑤选择所有优化蛋白质计算能量的氨基酸突变，但受同源序列推断的约束。 　因此，它生成的设计可以改善与稳定性相关的一系列分子参数，同时保留功能。 6．完成计算所需的时间（在几个小时内或 1 ～ 2 天内）取决于蛋白质的大小以及并行运行的其他查询数量。 7．可从 http://pross.weizmann.ac.il 获取	[7]
Disulfide Design 2.0 (DbD2)	网络服务器	1．一个基于网络的、独立于平台的应用程序。 2．能够分析与预测二硫键蛋白区域的 B 因子，并期望提高蛋白质的热稳定性。 3．相关残基对的 B 因子求和。 4．选择具有最高 B 因子的候选二硫化物用于突变和热稳定性分析。 5．可从 http://cptweb.cpt.wayne.edu/dbd2/ 获取	[8]
mCSM	网络服务器	1．突变截止扫描矩阵（mCSM）。 2．一种依赖基于图的特征的错义突变研究的方法。 3．编码原子之间的距离模式以表示蛋白质残基环境和训练预测模型。 4．预测单点突变对蛋白质稳定性、蛋白质 - 蛋白质和蛋白质 - 核酸亲和力的影响。 5．可从 http://structure.bioc.cam.ac.uk/mcsm 获取	[9]
Rosetta	程序	1．用于大分子结构建模的综合软件套件。 2．提供了大量经过实验验证的工具，用于建模和设计蛋白质、核酸和其他生物聚合物。 3．Rosetta 通过用已知结构片段的扭转角代替当前模型中片段的扭转角来搜索结构空间。 4．包括用于蛋白质和核酸的结构预测、设计和重塑的工具。 5．通过蒙特卡罗策略组装了已知蛋白质的短片段，以产生类似天然蛋白质的构象。	[10, 11]

续表

名称	类型	描述	参考文献
Rosetta	程序	6. 在 https://www.rosettacommons.org/software 上可用。 7. Rosetta 全民在线服务器（ROSIE）为托管可通过网络访问的 Rosetta 协议提供了一个通用环境。 8. 可从 http://rosie.rosettacommons.org 获取	[10, 11]
Eris	网络服务器	1. 一个蛋白质稳定性预测服务器。 2. Eris 以希腊神话中的纷争女神的名字命名。 3. 当没有高分辨率结构时，蛋白质结构的细化。 4. 通过利用最近开发的 MEDUSA 建模套件来计算突变（$\Delta\Delta G$）诱导的蛋白质稳定性的变化。 5. 计算大数据集（＞500）的 $\Delta\Delta G$ 值，并与实验数据进行比较，发现显著相关性，相关系数从 0.5～0.8 不等。 6. Eris 模型主体的灵活性，对于小到大突变的 $\Delta\Delta G$ 估计至关重要。 7. 可从 https://dokhlab.med.psu.edu/eris 获取	[12]
PoPMuSiC	程序	1. 一个有效的工具，用于蛋白质和肽中单位点突变的合理计算机辅助设计。 2. 基于统计势，其能量来源于实验表征的蛋白质突变体数据集中报告的残基或原子接触的频率。 3. 允许估计用户给出的特定点突变的折叠自由能的变化。 4. 在给定的蛋白质或蛋白质区域中进行所有可能的点突变，并选择最稳定或不稳定的突变，或关于热力学稳定性的中性突变。 5. 对于每个序列位置或二级结构，还评估了偏离最稳定序列的偏差，这有助于确定最合适的位点以引入突变。 6. 可从 http://babylone.ulb.ac.be/popmusic 获取	[13]
FRESCO	程序	1. 计算库快速酶稳定的框架（FRESCO）。 2. Rosetta 与 FoldX 能量计算相结合，并将单点突变与二硫化物预测相结合，从而大幅提高酶的能量。 3. FRESCO 策略包括潜在稳定点突变的计算设计，二硫键点突变由预测折叠 ΔG（$\Delta\Delta G^{Fold}$）变化的计算工具选择。 4. 通过 Rosetta-ddg 和 FoldX 计算 $\Delta\Delta G^{Fold}$ 值，因为基础算法给出了明显不同的预测，从而产生了不同的突变。 5. 所有残基都可以突变，除非在活动部位内部或附近。 6. 稳定突变是用多种算法产生的。 7. 变体被消除，其具有已知通常降低热稳定性的性质，例如增加疏水性表面暴露于水相或增加不饱和的氢键供体和受体的数量。 8. 消除了变体，增加了灵活性。在结合最稳定的突变之前使用实验筛选	[14]

　　热稳定蛋白是通过基于能量和进化方法的两种不同的蛋白质工程策略来构建的。检查多点突变体是否有可能在设计的蛋白质结构中的存在拮抗作用。此外，通过基于知识的过滤器、协议优化和有效并行化的利用来减少 FireProt 方法的时间需求。该服务器配有交互式和易于使用的接口，该接口允许用户直接分析热稳定蛋白。要求用户通过提供其 PDB ID 或通过上传用户 PDB 文件来指定蛋白质结构。通过使用目标蛋白序列作为输入查询，对 UNIREF90 数据库 [16] 进行 BLAST 搜索 [15] 来获得序列同源物。然后使用 USEREARCE[17] 将鉴定的同源物与查询蛋白进行比对。从同源物列表中排除了低于 30% 或高于 90% 的查询的序列。使用 UCLUST[17] 聚类 r 序列。

　　群集代表根据 BLAST 查询覆盖范围进行排序。编辑了前 200 个查询，以创建使用 Clustal Omega 工具 [18] 的多序列比对。多个序列比对用于：（1）估计蛋白质中每个残基位置的保护系数 [19]；（2）采用共识决定确定相关位置；（3）分析蛋白质中各个位置的氨基酸频率。此外，基于能量的方法被 FoldX 和 Rosetta 工具所采用。FoldX 协议用于填充残基的缺失原子，并用 Rosetta 模块最小化修补结构。保守和相关的位置被排除在外，以进行进一步分析。使用 FoldX 工具对其余位置进行饱和诱变。将预测的 $\Delta\Delta G$ 超过 −1 kcal/mol 的突变移开，其余则进入 Rosetta 计算流程。最后，Rosetta 预测为强稳定的突变被标记为设计多点突变体的潜在候选者。

　　第二种方法基于从多个序列比对获得的信息。蛋白质序列每个位置中最常见的氨基酸通常对蛋白质稳定性产生不可忽略的影响 [20-23]。因此，Fire-Prot 采用多数和频率比的方法来识别野生型氨基酸与最常见氨基酸不同的位置的突变。选定的突变通过 FoldX 评估。稳定变体被列为多点突变体工程的候选突变。为了避免单个突变之间的拮抗作用冲突，FireProt 通过利用 Rosetta 来最大程度地减少这些影响。基于能量和进化的方法，分别评估了 10 Å 范围内的所有单点突变对。一旦获得了所有残留对的自由能的变化，FireProt 就会根据其预测的稳定性将其引入多点突变体中。

　　在这里，我们通过定点突变展示了一种合理的设计策略，该策略使用一对互补引物对特定残基进行突变以产生突变体，其中引物设计是成功突变的关键参数。此外，下面描述了复杂的高通量筛选测定，其基于热稳定性来鉴定变体的良好候选者。

第二节　材料

准备所有用于分子生物学和蛋白质表达实验的溶液和无菌蒸馏水。清楚地标记所有实验中使用的管。塑料器皿和玻璃器皿以及工作区域必须干净。用于细菌培养的培养基必须经高压灭菌（通常为 121 ℃ 持续 20 min），并在使用前检查确定未被污染。不同酶的热稳定性筛选材料、培养条件及检测体系需根据其类型进行针对性制备。

一、蛋白质结构和设计工具

1. 感兴趣的蛋白质的晶体结构。在网站上搜索PDB数据库（http://www.rcsb.org/pdb/）获取。
2. 安装晶体结构可视化软件。例如，Avogadro、Jmol、Pymol或UCSF Chimera程序。
3. 在设计引物时可使用多种专业软件，如Gene Designer、OLIGO、OligoCalc、Primer3Plus、NCBI的PrimerBLAST、Primo Pro和SnapGene Viewer，进行以下关键参数分析：自二聚化评估；发夹结构形成检测；引物3'端与5'端自退火验证；基础参数计算——引物的长度、GC含量和解链温度（T_m）。

二、位点定向突变

1. 8～10 g/L琼脂糖凝胶：将0.8～1 g的琼脂糖溶解在100 mL的Tris-乙酸盐-EDTA（TAE）缓冲液中。
2. 用于PCR反应的10× 缓冲液（通常随所选的DNA聚合酶配套提供）。
3. 10×TAE缓冲液：将48.5 g Tris碱溶解在800 mL去离子水中，加入11.4 mL冰醋酸和20 mL 0.5 mol/L EDTA，然后通过去离子水定容至1 L。将储备溶液稀释10倍，以制备最终的1× 工作缓冲液（40 mmol/L Tris碱、20 mmol/L乙酸和1 mmol/L EDTA）。
4. 琼脂板。
5. 琼脂糖凝胶电泳装置。
6. 脱氧核苷酸三磷酸（dNTPs）：dATP、dCTP、dGTP、dTTP。
7. 6×DNA凝胶上样缓冲液。
8. 具有适当梯度大小的DNA标记。

9. 含有目标基因的DNA质粒模板。

10. DNA聚合酶（即*Taq* DNA聚合酶、*Pfu* DNA聚合酶、Q5高保真DNA聚合酶、Phusion高保真DNA聚合酶）。

11. *Dpn* I 和Cut Smart缓冲液（New England Biolabs公司）。

12. 加热块或水浴锅。

13. 恒温摇床。

14. 微波炉。

15. PCR纯化试剂盒和质粒提取试剂盒。

16. 聚合酶链式反应（PCR）热循环仪。

17. 引物。

18. Red Safe核酸染色溶液。

19. 无菌蒸馏水或分子级水。

20. 无菌培养基。包括琼脂培养基和液体培养基。例如LB培养基：加入10 g胰蛋白胨，5 g酵母提取物，10 g NaCl，补加蒸馏水至1 L，由高压灭菌器灭菌。

三、 筛选条件

1. 96孔透明的微量滴定板及实验室烧瓶。

2. 用于蛋白质表达的其他营养补充剂。例如，1 mol/L异丙基-β-D-1-硫代半乳糖苷（IPTG）：称量2.383 g IPTG并溶解在10 mL无菌水中。通过0.22 μm无菌过滤器进行灭菌，分装成1 mL等分试样，然后将其存储在-20 ℃。

3. 琼脂平板，其包含来自转化的突变体库的菌落。

4. 抗生素。例如，100 mg/mL氨苄西林：将1 g氨苄西林钠溶解在足够的水中，定容至10 mL。使用0.22 μm无菌过滤器除菌。

5. 细胞裂解试剂（1 mL/g，以细胞计）。例如，10 mg/mL溶菌酶：10 mg溶菌酶溶于1 mL的10 mmol/L Tris-HCl中（pH 8.0）；1 mol/L二硫苏糖醇（DTT）：将1.54 g DTT添加到10 mL dH$_2$O中，通过0.22 μmol/L针筒式过滤器过滤除菌，并将等分试样放入2 mL试管中，在-20 ℃下冷冻保存；100 mmol/L苯基甲磺酰氟（PMSF）；1 mL异丙醇溶解17.4 mg PMSF，并在-20 ℃下冷冻保存；0.5 mol/L乙二胺四乙酸（EDTA）：向800 mL水中加入186.1 g EDTA-2Na·2H$_2$O，用NaOH将pH调节至8.0。

6. 净化材料。例如，硫酸铵、蛋白质柱色谱系统、透析袋（典型的1～50 kDa MWCO膜孔径约10～100 Å）。

7. 培养基。例如LB、ZY-5052。ZY：10 g蛋白胨、5 g酵母提取物溶解在1 L蒸馏水中，并加入5 mmol/L Na_2SO_4、2 mmol/L $MgSO_4$、40%葡萄糖和1×5052自诱导剂。50×5052母液：250 g甘油、25 g葡萄糖、100 g α-乳糖溶解在730 mL蒸馏水中制备。所有培养基使用高压灭菌器进行灭菌。

8. 酶反应检测试剂的配制需根据具体酶反应体系确定。例如，2 mmol/L黄素单核苷酸（FMN）：称取9.13 mg FMN加超纯水定容10 mL；20 mmol/L烟酰胺腺苷二核苷酸（NADH）：称取0.13 g NADH溶于pH 8.5的Tris-HCl缓冲液中；50 mmol/L磷酸钠缓冲液（NaH_2PO_4，pH 7.0）：称取8.20 g NaH_2PO_4加超纯水定容至1 L，用NaOH或HCl调节pH至7.0。

四、 时间依赖性热灭活测定

1. 96孔透明微量滴定板。
2. Bradford试剂。
3. 反应试剂（例如缓冲液、底物）。

五、 热位移分析——差示扫描荧光法（TSA）

1. 荧光染料。
2. 反应缓冲液。
3. 实时PCR仪。
4. 具有光学透明平盖的实时PCR管或具有光学密封膜的96孔PCR板。

六、 位点饱和突变

1. 96孔微量滴定无菌板。
2. 用于96孔板的铝密封箔膜。
3. 抗生素。
4. 细胞裂解试剂。
5. 蛋白质表达诱导剂。
6. 特定酶活性测定的试剂。
7. 无菌培养基。包括琼脂培养基和液体培养基。例如LB培养基、TB培养基和ZY培养基。

第三节　方法

定点突变是一种通过 PCR 特异性地创建和改变双链质粒 DNA 中的核苷酸碱基，以改变蛋白质中的目标氨基酸，从而提高蛋白质的活性或热稳定性的技术。本节概述了热稳定酶的热筛选方案。热位移测定（TSA）通过测定热变性温度的变化，评估蛋白质在不同条件或突变状态下的稳定性。测量蛋白质热位移最常见的方法是差示扫描荧光法（DSF）或热荧光法，它使用专门的荧光染料 [24] 来跟踪蛋白质的特定折叠过程。位点饱和突变是一种通过聚合酶链式反应用所有可能的氨基酸取代单个密码子或一组密码子的蛋白质工程技术。该引物是为该位置的随机密码子而设计的。位点饱和突变的成功关键是在靶向位置上有多种和足够的氨基酸。

一、 计算机预测

1. 搜索蛋白质数据库中感兴趣蛋白的高分辨率晶体结构（PDB; http://www.rcsb.org/ pdb/）[25]，该存储库提供了生物大分子的结构数据（见注释1）。从美国国家生物技术中心信息中心搜索核苷酸序列（NCBI; https://www.ncbi.nlm.nih.gov）。NCBI的核苷酸数据库收录了来自包括GenBank、RefSeq、TPA和PDB在内的多个来源的序列[26]。

2. 根据所用计算工具（表9-1）的不同，将现有的PDB文件或蛋白质结构和核苷酸序列的PDB代码输入程序或Web服务器。可以从本地计算机或网络驱动器下载PDB文件。选择生物单元或指定将执行程序计算的链路。

3. 根据所使用的算法，调整一些计算参数以预测稳定的酶。单击运行按钮提交任务。分析过程完成后，Web服务器通常会在分析完成后将结果发送到电子邮箱（见注释2）。

4. 评估并保存结果。将从特定标准中选择候选突变体的列表，以进行进一步的实验和表征（见注释3）。

二、 引物设计

1. 从预测程序中选择所需的突变残基。然后，设计一个正向和反向引物来覆盖该位置（图9-2）。两个引物均由其3′端的非重叠序列和5′端的引物互补（重叠）序列组成（见注释4）。

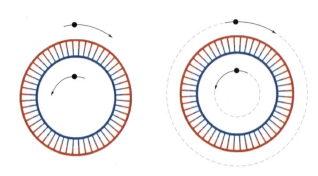

图 9-2

诱变 PCR 扩增的引物设计（引物包含非重叠和互补区以提高 PCR 产量）

2. PCR引物最佳长度为18～30 bp（见注释5）。非重叠区序列应大于互补区序列，且非重叠区的熔解温度应比互补区高5～10 ℃（见注释6）。

3. 引物的GC含量应为40%～60%，以确保引物的稳定结合。退火步骤的条件由引物的T_m减去5 ℃计算（见注释7）。

4. 在互补区或非重叠区设计要突变的碱基[27]。

三、 定点突变

1. 定点突变的PCR反应含有各1 μmol/L引物、各200 μmol/L dNTP、1×PCR反应缓冲液、3～5个单位DNA聚合酶、1～100 ng质粒模板和灭菌水（见注释8）。

2. PCR循环如下：95 ℃预变性30 s，95 ℃变性10 s，在引物的T_m−5 ℃退火30 s，72 ℃延伸（按1 min/kb片段长度计），72 ℃最终延伸10 min。

3. 应通过凝胶电泳和核苷酸测序研究PCR产物，以确认突变的位置。通过微波炉熔化用TAE缓冲液配制的0.8%～1.0%（质量浓度）琼脂糖凝胶，然后将凝胶倒入在琼脂糖凝胶电泳托槽。装载与6×装载染料混合的PCR产物（5×PCR:1× 染料），以与DNA标记物比较大小。

四、 筛选条件

1. 应使用针对目标酶的特异性方案来研究野生型酶的初始活性（见注释9）。

2. 将由计算程序预测的突变酶通过目标酶的特异性方案转化到宿主细胞中用于表达。

3. 蛋白质表达后，破碎细胞并离心取上清液获得粗酶液。随后将候选粗酶液置于比野生型酶的解链温度（T_m）高5~10 ℃的环境中热处理10 min（见注释10）。孵育后，通过离心来清除沉淀的蛋白质。

4. 通过Bradford测定法测定澄清上清液的蛋白质浓度，其中每个变体反应测定法使用相同浓度的蛋白质，以使酶活性正常化（见注释11）。在不断升高的温度下测量酶变体的活性，直到酶失活（见注释10）。

5. 将每个变体的特定活性与野生型酶的特定活性进行比较。选择比野生型具有更大特定活性的变体以进一步表征。

五、　时间依赖性热灭活测定

1. 将每个高耐热性变体在水浴中培养不同的时间（例如，0~180 min，取决于酶的耐热性），培养温度远高于野生型（见注释12）。

2. 在收获细胞和裂解细胞后，细胞裂解物在相对离心力10000 g和4 ℃下持续离心10 min，丢弃细胞沉淀并收集上清液以测量酶活性。

3. 测定酶活性，通过测定随时间推移底物浓度的降低或产物的增加来分析酶活性。

4. 应绘制孵育时间与酶活性（初始速率）的相关性，以观察酶活性随温度升高而降低的趋势。每条曲线的连续线表示使用单指数衰减模型对数据的拟合结果。误差条表示3~5个重复的测量值。然后，将酶热变异的结果与野生型进行比较，选择突变体进行进一步的实验。这些信息有利于工业应用[28]。

六、　热位移分析（TSA）——差示扫描荧光法

1. 从基因库中取50 μmol/L候选热稳定酶，在含有50 μL缓冲液和最佳的荧光染料浓度的RT-qPCR反应中进行测试（见注释13）。蛋白质和染料的确切浓度是通过实验测定开发研究来确定的。

2. 在35 ℃的实时热循环仪中孵育酶，并将温度以1 ℃/min的速度升高直至100 ℃。每个间隔都进行荧光读数。绘制导数曲线，酶熔解温度对应峰值最小值。典型的升温速率范围为0.1~10 ℃/min，但通常采用1 ℃/min。典型的蛋白质展开温度为25~95 ℃，在这个温度范围内，按0.2~1 ℃/图像定期测量每个孔中的荧光。

3. DSF数据通过染料发射最大值绘制解链曲线。通过确定每个解链曲线的拐点（s）来计算T_m值。稳定性曲线及其中点值（解链温度，T_m也称为疏水暴露温度）是通过逐渐升高温度以展开蛋白质并测量每个点处的荧光来获得的。仅针对蛋白质和蛋白质+配体测量曲线，并计算ΔT_m。

4. 荧光响应的结果说明酶在热位移中展开。该测定法测量蛋白质在不同条件下的热变性温度变化，从而测量蛋白质的稳定性。它测量蛋白质从天然形式转变为变性形式的温度。荧光染料如SYPRO Orange会与疏水性表面结合，水会强烈猝灭其荧光。当蛋白质展开时，暴露的疏水表面与染料结合，通过排除水而导致荧光增加。

5. 请参阅第三节标题七和八中提供的示例。

七、 示例1：黄素还原酶（C1）的热稳定性筛选[29]

1. pET11a-C1质粒用作定点诱变的模板，通过PCR构建C1库。将C1变体转化至大肠杆菌BL21（DE3），以进行蛋白质的表达。在含有50 μg/mL氨苄西林的LB培养基中，37 ℃培养直到OD_{600}约为1.5，然后在23 ℃下添加1 mmol/L IPTG和培养基，直到OD_{600}达到大约4.0。以转速15000 r/min离心1 h收集细胞。

2. 用50 mmol/L磷酸钠缓冲液（pH 7.0）悬浮细胞，其中包含1 mmol/L DTT、0.5 mmol/L EDTA和100 μmol/L PMSF，然后通过超声处理提取粗蛋白，之后离心处理以去除细胞碎片。

3. 通过在45 ℃的水浴加热10 min，筛选C1变体的粗提取物的热稳定性。孵育后，离心沉淀蛋白质。通过Bradford测定法测定C1的蛋白质含量，用于酶活性标准化。

4. 通过NADH氧化酶活性测定C1酶活性：C1可以氧化NADH并还原FMN，可以通过分光光度法检测在340 nm下的吸光度降低来定量。该反应体系通常包含磷酸钠缓冲液（pH 7.0，50 mmol/L）中的C1（4～16 nmol/L）、FMN（15 mmol/L）和NADH（200 mmol/L）。

5. 通过在0～180 min的不同时间点孵育C1并测定NADH氧化活性来确定C1的时间依赖性热失活。

6. 通过拟合Michaelis-Menten方程（见注释14）绘制C1活性随时间增加的结果，使用v_{max}、K_m和k_{cat}值来比较高温下的活性（见注释15）。

7. 对于C1的热变性分析，将5 μmol/L C1与磷酸钠缓冲液（pH 7.0，50 mmol/L）混合，并在PCR管中将总体积调整为20 μL。当温度从25 ℃

升至90 ℃，监测实时PCR仪器中固有荧光。

八、示例2：筛选HadA变体的热稳定性[30]

1. 基于计算和合理分析，在 *E. coli* BL21（DE3）中表达HadA变体，并在37 ℃下，在650 mL含有50 μg/mL氨苄西林的ZYP-5052自诱导培养基中培养至OD$_{600}$达到1.0，然后将温度切换至25 ℃，振荡16 h。

2. 通过离心收集细胞，并将细胞沉淀重悬于裂解缓冲液中（50 mmol/L NaH$_2$PO$_4$缓冲液pH 7.0，含有5 mmol/L EDTA、100 μmol/L PMSF和1 mmol/L DTT），然后通过超声裂解。

3. 离心去除细胞碎片，并将上清液转移到新离心管中。将硫酸铵以20%～40%的含量加入上清液中，以沉淀所需的蛋白质。将蛋白重悬于含有50 mmol/L NaCl的30 mmol/L NaH$_2$PO$_4$缓冲液（pH 6.5）中。用14kMWCO透析袋在NaH$_2$PO$_4$中透析粗蛋白16 h。透析后，使用DEAE-Sepharose柱（GE-Healthcare）通过阴离子交换色谱法纯化HadA。

4. 使用实时荧光定量PCR仪监测荧光变化，测定蛋白质解链温度（T_m）。该反应含有10 μmol/L蛋白质和5×Sypro橙色染料，在100 mmol/L HEPES pH 8.0缓冲液中。温度梯度应逐渐从25 ℃升温至95 ℃，升温速率为1 ℃/min。

5. 为确定HadA突变体的热稳定性，将HadA分别置于25 ℃、35 ℃、40 ℃、45 ℃、50 ℃和55 ℃下孵育不同时间，然后冰浴10 min以终止热变性，离心弃去变性蛋白。

6. 采用分光光度法检测400 nm波长处4-硝基苯酚（4-NP）的消耗速率，以此测定HadA的残余酶活。将50 μmol/L 4-NP与2 μmol/L HadA、1 μmol/L C1、20 μmol/L NAD$^+$、20 μmol/L FAD混合到1 mL的检测缓冲液中。

7. 根据方程$t_{1/2}$ = (ln2)/k计算半衰期，并分析一阶方程。半衰期表示酶活性剩余50%的时间，可使用该值来比较变体和野生型的热稳定性。

九、位点饱和突变

1. 通过在耐热性关键残基位点引入位点饱和突变，构建酶突变体文库（见注释16）。

2. 采用最适转化方案将突变产物导入宿主细胞。挑起突变菌落接种至96孔板（每孔含有200 μL添加入特定抗生素的培养基），加盖后于适宜时间、温度和摇床转速下培养。取5%母板的菌液进行接种表达蛋白质，培养至对数生长中期，当OD$_{600}$达到0.2~0.4时加入蛋白质表达诱导剂，持续监至OD$_{600}$达到饱和。向主平板中加入50%甘油，-80 ℃冷冻保存用于文库存储（图9-3）。

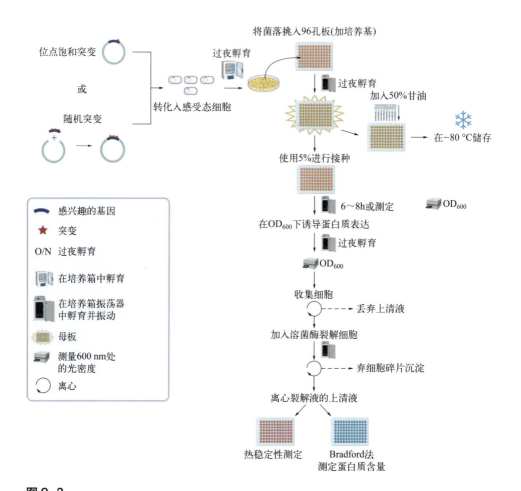

将菌落挑入96孔板(加培养基)

位点饱和突变

或

随机突变

转化入感受态细胞

过夜孵育

过夜孵育

加入50%甘油

在-80 ℃储存

使用5%进行接种

6~8h或测定

OD$_{600}$

在OD$_{600}$下诱导蛋白质表达

过夜孵育

OD$_{600}$

收集细胞

→ 丢弃上清液

加入溶菌酶裂解细胞

→ 弃细胞碎片沉淀

离心裂解液的上清液

热稳定性测定

Bradford法测定蛋白质含量

感兴趣的基因

突变

O/N　过夜孵育

在培养箱中孵育

在培养箱振荡器中孵育并振动

母板

测量600 nm处的光密度

离心

图 9-3

位点饱和诱变和高通量随机诱变概述

3. 表达后，通过使用离心机（在4 ℃转速4000 r/min条件下离心10 min）收集细胞，然后通过在合适的裂解缓冲液中使用溶菌酶来打破细胞（见注释17）。然后离心（在4 ℃转速4000 r/min条件下离心10 min），将细胞裂解物转移到新板中。上清液将用于进一步的实验中。

4. 取1 μg蛋白分装至96孔板，在高于野生型酶的熔解温度5~10 ℃的温度下处理10 min，然后在适用于靶酶的测定缓冲液中的测定活性（见注释18）。

5. 通过酶的初始反应速率计算残余酶活，并绘制温度升高与酶活降低的关系图以计算表观T_m。

6. 基于热稳定性和/或初始酶活的提升，从-80 ℃冷冻保存的主平板中重新培养突变体进行测序筛选。

7. 氨基酸对耐热性的变化结果可以通过使用PyMOL等分子可视化程序来解释，以分析突变位点的距离和构象变化。

第四节　注释

1. 以PDB ID或定义的PDB文件形式提供结构。然后，用户可以选择由Makemultimer工具生成的预定义的生物单元，也可以手动选择应进行计算的链路。分辨率是对蛋白质或核酸的晶体收集的数据质量的量度。分辨率为1 Å左右的高分辨率结构被高度排列，并且很容易看到电子密度图中的每个原子。较低的分辨率结构，分辨率为3 Å或更高，仅显示蛋白质链的基本轮廓，必须推断原子结构[25]。

2. 调整参数以获得可靠的结果；但是，由于默认设置已被优化，因此没有必要。完成计算所需的时间取决于蛋白质的大小以及并行运行的其他查询的数量。

3. "结果浏览器"页面主要包含有关作业的信息、计算的状态、结果和数据下载的链接。根据键能、B因子、相关的二级结构或取决于工具的三维考虑因素来寻找候选者。由于催化活性可能受到影响，避免了活性位点环境附近的突变发生改变，因此提出了表面积参数。$\Delta\Delta G^{Fold}$值被考虑用于进一步分析，优先选择通过引入盐桥、二硫键、氢键或增强疏水相互作用与相邻残基发生相互作用的残基。

4. 引物的非重叠区应足够长以有效结合新合成的DNA。

5. 较短的引物很容易结合模板，但是它们的特异性不足。引物的长度需兼顾选择性并适配退火温度。

6. T_m的计算可以通过不同的方法确定。在这项研究中，T_m是根据简单公式计算的：$T_m = 4(G + C) + 2(A + T)$。

7. 为了促进结合，T_m应在52～58 ℃范围内。如果>65 ℃，它可能具有进行次级退火的趋势。一对引物的T_m值应该相似，且3′端应尽量设计为C

或G。

8. 为了获得完美的结果，应使用良好的质粒（未破坏和长期被溶解稀释），并且应在pH 8.5～9范围内调整缓冲液，以获得适当的盐浓度。

9. 改变适合反应测定的条件。底物浓度应保持在不少于K_m的10倍，以确保最大反应速率。所用底物或形成的产物的浓度不得抑制酶反应。

10. 通常，10～20 min是一个很好的孵化时间。为了测试不同的温度，请使用热循环仪的可编程梯度功能（如果有）；否则，在单独的实验中尝试不同的温度。

11. 采用Bradford分析法测定粗蛋白量用于酶活性的标准化。另一方面，所关注的酶上的GFP标签可能有利于报告表达酶的实时数量。

12. 时间和温度取决于先前结果中的熔解（解链）温度。

13. 染料在折叠蛋白的存在时具有显著的背景值。DSF最常用的染料是Sypro Orange，主要是由于其高信噪比及其相对较长的激发波长（接近500 nm）。这使得大多数小分子的干扰最小化，因为这些分子在较短的波长下具有吸收最大值。

14. Michaelis-Menten方程$v = v_{max}S/(K_M + S)$。

15. v_{max}是最大反应速率，K_M是底物的米氏常数，而S是[NADH]。

16. 位点饱和突变是一种用所有可能的氨基酸取代该位置的密码子的技术。为了预测每种氨基酸的可能性，Q_{pool}将用于测定（根据每个碱基对的荧光强度计算得出的Q_{pool}值以预测每个氨基酸的百分比，对于所有可能的氨基酸，$Q_{pool} > 0.7$）。

17. 溶菌酶是小规模破碎细胞的最佳选择。用于$E. coli$细胞裂解时，使用新鲜制备的溶菌酶溶液（10 mg/mL）获得最高的裂解活性。此外，添加EDTA以捕获金属蛋白酶活性中心的二价金属离子，以使它们失活，这可以帮助更容易地水解细胞膜。

18. 检测试剂取决于用于测定酶活性的方法（例如吸光度）和酶的类型。

致谢

这项工作得到了泰国国家研究委员会（NRCT）的资助［项目编号：NRCT5-RSA63025-02，资助对象：T.W.）和 NRCT5-RSA 3012-01（资助对象：S.M.)］。我们还感谢 Vidyasirmedhi 科学技术研究所（VIS-TEC）、B 项目管理单元和英国皇家工程院（UK）为 V.P.、P.A. 和 T.W. 提供的全球合作计划的资金支持。

参考文献

[1] Modarres HP, Mofrad MR, Sanati-Nezhad A (2016) Protein thermostability engineering. RSC Adv 6(116): 115252-115270. https://doi.org/10.1039/C6RA16992A

[2] Musil M, Stourac J, Bendl J, Brezovsky J, Prokop Z, Zendulka J, Martinek T, Bednar D, Damborsky J (2017) FireProt: web server for automated design of thermostable proteins. Nucleic Acids Res 45(W1): W393-W399. https://doi.org/10.1093/nar/gkx285

[3] Bednar D, Beerens K, Sebestova E, Bendl J, Khare S, Chaloupkova R, Prokop Z, Brezovsky J, Baker D, Damborsky J (2015) FireProt: energy- and evolution-based computational design of thermostable multiple-point mutants. PLoS Comput Biol 11(11): e1004556. https://doi.org/10.1371/journal.pcbi.1004556

[4] Folkman L, Stantic B, Sattar A, Zhou Y (2016) EASE-MM: sequence-based prediction of mutation-induced stability changes with feature-based multiple models. J Mol Biol 428(6): 1394-1405. https://doi.org/10.1016/j.jmb.2016.01.012

[5] Capriotti E, Fariselli P, Casadio R (2005) I-Mutant2.0: predicting stability changes upon mutation from the protein sequence or structure. Nucleic Acids Res 33(Web Server issue): W306-W310. https://doi.org/10.1093/nar/gki375

[6] Schymkowitz J, Borg J, Stricher F, Nys R, Rousseau F, Serrano L (2005) The FoldX web server: an online force field. Nucleic Acids Res 33(Web Server issue): W382-W388. https://doi.org/10.1093/nar/gki387

[7] Goldenzweig A, Goldsmith M, Hill SE, Gertman O, Laurino P, Ashani Y, Dym O, Unger T, Albeck S, Prilusky J, Lieberman RL, Aharoni A, Silman I, Sussman JL, Tawfik DS, Fleishman SJ (2016) Automated structure- and sequence-based design of proteins for high bacterial expression and stability. Mol Cell 63 (2): 337-346. https://doi.org/10.1016/j.molcel.2016.06.012

[8] Craig DB, Dombkowski AA (2013) Disulfide by Design 2.0: a web-based tool for disulfide engineering in proteins. BMC Bioinformatics 14: 346. https://doi.org/10.1186/1471-2105-14-346

[9] Pires DE, Ascher DB, Blundell TL (2014) mCSM: predicting the effects of mutations in proteins using graph-based signatures. Bioinformatics 30(3): 335-342. https://doi.org/10.1093/bioinformatics/btt691

[10] Rohl CA, Strauss CE, Misura KM, Baker D (2004) Protein structure prediction using Rosetta. Methods Enzymol 383: 66-93. https://doi.org/10.1016/S0076-6879(04)83004-0

[11] Conchúir SÓ, Barlow KA, Pache RA, Ollikainen N, Kundert K, O'Meara MJ, Smith CA, Kortemme T (2015) A web resource for standardized benchmark datasets, metrics, and rosetta protocols for macromolecular modeling and design. PLoS One 10(9): e0130433. https://doi.org/10.1371/journal.pone.0130433

[12] Yin S, Ding F, Dokholyan NV (2007) Eris: an automated estimator of protein stability. Nat Methods 4(6): 466-467. https://doi.org/10.1038/nmeth0607-466

[13] Kwasigroch JM, Gilis D, Dehouck Y, Rooman M (2002) PoPMuSiC, rationally designing point mutations in protein structures. Bioinformatics 18(12): 1701-1702. https://doi.org/10.1093/bioinformatics/18.12.1701

[14] Wijma HJ, Floor RJ, Jekel PA, Baker D, Mar-rink SJ, Janssen DB (2014) Computationally designed libraries for rapid enzyme stabiliza tion. Protein Eng Des Sel 27(2): 49-58. https://doi.org/10.1093/protein/gzt061

[15] Camacho C, Coulouris G, Avagyan V, Ma N, Papadopoulos J, Bealer K, Madden TL (2009) BLAST+: architecture and applications. BMC Bioinformatics 10(1): 421.

[16] Suzek BE, Wang Y, Huang H, PB MG, Wu CH, Consortium U (2015) UniRef clusters: a comprehensive and scalable alternative for improving sequence similarity searches. Bioinformatics 31(6): 926-932.

[17] Edgar RC (2010) Search and clustering orders of magnitude faster than BLAST. Bioinformatics 26(19): 2460-2461.

[18] Sievers F, Wilm A, Dineen D, Gibson TJ, Karplus K, Li W, Lopez R, McWilliam H, Remmert M, So̎ding J (2011) Fast, scalable generation of high-quality protein multiple sequence alignments using Clustal Omega. Mol Syst Biol 7(1): 539.

[19] Capra JA, Singh M (2007) Predicting func tionally important residues from sequence con-servation. Bioinformatics 23(15): 1875-1882.

[20] Amin N, Liu A, Ramer S, Aehle W, Meijer D, Metin M, Wong S, Gualfetti P, Schellenberger V (2004) Construction of stabilized proteins by combinatorial consensus mutagenesis. Pro tein Eng Des Sel 17(11): 787-793.

[21] Lehmann M, Loch C, Middendorf A, Studer D, Lassen SF, Pasamontes L, van Loon AP, Wyss M (2002) The consensus concept for thermostability engineering of proteins: fur ther proof of concept. Protein Eng 15 (5): 403-411.

[22] Pey AL, Rodriguez-Larrea D, Bomke S, Dammers S, Godoy-Ruiz R, Garcia-Mira MM, Sanchez-Ruiz JM (2008) Engineering proteins with tunable thermodynamic and kinetic stabilities. Proteins 71(1): 165-174.

[23] Sullivan BJ, Nguyen T, Durani V, Mathur D, Rojas S, Thomas M, Syu T, Magliery TJ (2012) Stabilizing

proteins from sequence statistics: the interplay of conservation and correlation in triosephosphate isomerase stability. J Mol Biol 420(4-5): 384-399.

[24] Heller RC, Chung S, Crissy K, Dumas K, Schuster D, Schoenfeld TW (2019) Engineering of a thermostable viral polymerase using metagenome-derived diversity for highly sensi- tive and specific RT-PCR. Nucleic Acids Res 47 (7): 3619-3630. https://doi.org/10.1093/nar/gkz104

[25] Berman HM, Westbrook J, Feng Z, Gilliland G, Bhat TN, Weissig H, Shindyalov IN, Bourne PE (2000) The Protein Data Bank. Nucleic Acids Res 28(1): 235-242. https://doi.org/10.1093/nar/28.1.235

[26] Coordinators NR (2014) Database resources of the National Center for Biotechnology Information. Nucleic Acids Res 42(Database issue):D7-D17. https://doi.org/10.1093/nar/gkt1146

[27] Liu H, Naismith JH (2008) An efficient one-step site-directed deletion, insertion, sin gle and multiple-site plasmid mutagenesis protocol. BMC Biotechnol 8: 91. https://doi.org/10.1186/1472-6750-8-91

[28] Peterson ME, Daniel RM, Danson MJ, Eisenthal R (2007) The dependence of enzyme activity on temperature: determination and val idation of parameters. Biochem J 402 (2): 331-337. https://doi.org/10.1042/BJ20061143

[29] Maenpuen S, Pongsupasa V, Pensook W, Anuwan P, Kraivisitkul N, Pinthong C, Phonbuppha J, Luanloet T, Wijma HJ, Fraaije MW, Lawan N, Chaiyen P, Wongnate T (2020) Creating flavin reductase variants with thermostable and solvent-tolerant properties by rational-design engineering. Chembiochem 21(10): 1481-1491. https://doi.org/10.1002/cbic.201900737

[30] Pongpamorn P, Watthaisong P, Pimviriyakul P, Jaruwat A, Lawan N, Chitnumsub P, Chaiyen P (2019) Identification of a hotspot residue for improving the thermostability of a flavin- dependent monooxygenase. Chembiochem 20(24): 3020-3031.

第十章

运用分子模拟指导有机溶剂中生物催化的蛋白质工程

Haiyang Cui，Markus Vedder，Ulrich Schwaneberg，Mehdi D. Davari

摘要

有机溶剂中的生物催化对生产大宗和/或精细化学品（如药品、生物柴油和香料）的行业非常有吸引力。酶在OSs中的性能不佳（例如，活性降低，稳定性不足和失活）否定了有机溶剂出色的溶剂性能。分子动力学（MD）模拟提供了一种补充方法，可以研究酶动力学与有机溶剂稳定性之间的关系。在这里，我们描述了OS中酶的MD模拟的计算过程，结合GROMACS软件，以枯草芽孢杆菌脂肪酶A（BSLA）在二甲基亚砜（DMSO）共溶剂中的MD模拟为例。我们讨论了所考虑的主要基本实际问题（例如力场的选择、参数化、模拟设置和轨迹分析）。该方案的核心部分（酶–有机溶剂系统设置，基于结构和基于溶剂化的可观察物的分析）可推广到其他酶和任何有机溶剂系统。结合实验研究，获得的分子认识最有可能指导研究人员访问合理蛋白工程方法来量身定制OS耐药酶并扩大OS培养基中的生物催化范围。最后，我们讨论了在OS中克服计算生物催化的遗留挑战的潜在解决方案，并简要介绍了未来的方向以进一步改善该领域。

关键词： 分子动力学模拟，有机溶剂，生物催化，GROMACS，蛋白质工程

第一节　引言

生物催化剂被广泛应用于化学和制药行业[1-3]。目前多种工业级酶促反应已在有机（共）溶剂（OSs）体系中实现并优化。将有机溶剂应用于生物催化中有几个优点，包括增强的活性和稳定性、疏水底物/产物的溶解度提高、产品回收率较高、将热力学平衡转移到新反应等方面[4-6]。

此外，在有机溶剂中进行的酶促反应具有巨大的工业潜力[7-9]，因为

它们将有效地将酶的合成能力与化学合成结合在一起。但是，现有的挑战是绝大多数酶在有机溶剂中表现出催化活性降低或丧失[10,11]。

已经应用了许多技术来研究不同方面的酶-OS相互作用。例如，可以通过蛋白质X射线晶体学[12,13]、圆二色谱（CD）[14]或核磁共振（NMR）光谱法[15-17]等手段获得酶的构象变化和结构迁移率。相关溶剂层的动力学可以通过超快荧光[18,19]、NOE[20]和红外（IR）光谱[21]进行充分验证。此外，分子动力学（MD）模拟为研究蛋白质动力学与有机溶剂中酶的稳定性之间的联系提供了一种补充方法，该方法已被验证与许多实验测量结果具有高度一致性[20,22-26]。最近的证据强调，酶与有机溶剂的相互作用主要取决于有机溶剂的分子结构和性质以及蛋白质的"类型"[27,28]。总的来说，酶和有机溶剂之间的相互作用主要通过五个不同的方面体现：①构象变化[27,29,30]；②失去结合水[31-35]；③活性部位抑制[36-39]；④界面灭活[40]；⑤底物基态的热力学稳定[41,42]。同型有机溶剂中的酶结构对有机溶剂的官能团敏感[27,29,30]。通常，极性有机溶剂从酶表面显著剥离水分子，这对于结构折叠和稳定性至关重要[23,27,43-45]，从而影响蛋白质的功能[32,33,35]。南极假丝酵母脂肪酶B（CALB）在叔丁醇、甲醇和己烷共溶剂中的MD分析表明，有机溶剂的停留时间随着水活性（aw）的增加而减少。aw表示酶周围的含水量[34,39,46]，通常伴随着较高的酶柔韧性[45]。与非极性溶剂相比，极性OS更喜欢深入酶内部并诱导构象变化。关于结构完整性，酶在非极性OS中比极性OS更坚固。Kamal等人[47]研究声称甲醇和异丙醇使枯草芽孢杆菌脂肪酶A（BSLA）的结构变得松散，但更易发生解折叠，从而导致BSLA的稳定性降低。值得注意的是，OS对酶稳定性和柔韧性的影响还与酶的"类型"密切相关。

本章将为研究人员开展酶-有机溶剂模拟提供入门指南，重点阐述有机溶剂体系中的计算生物催化方法（包括最佳模拟实践、潜在的缺陷和局限性以及有价值的分析技术）。特别需要指出的是，这些技术将帮助研究人员识别基于结构和溶剂化的重要观测指标，从而确定蛋白质的催化功能，为合理和可靠地设计有机溶剂耐受酶提供依据。本研究以BSLA为模型蛋白，采用其晶体结构（PDB ID：1i6w[48]，链A，分辨率1.5 Å）作为模拟输入。使用GROMACS v5.1.2模拟软件包[49]对BSLA在DMSO共溶剂体系中进行MD模拟。然后利用MD轨迹计算各种基于结构和溶剂化的观测指标。

第二节　模拟有机溶剂中蛋白质的方法

一、　力场和参数化过程的选择

　　力场的选择决定了酶 - 水系统中相互作用的基本机制和特性的准确性。已经报道采用几个力场来研究有机溶剂中的酶行为，例如 AMBER[50,51]、OPLS-AA[52,53] 和 GROMOS[54-57]。大多数力场都可以很好地再现蛋白质在水中的稳定性，并与实验数据表现出很好的一致性 [49,58]。总体而言，需要开发一组改进的参数，以产生 OS 的更准确的属性 [51,59-61]。但是，任何参数的组合都不可能产生非常高的准确性，例如密度（ρ）、介电常数（ε）、黏度（η）、汽化焓（ΔH_{vap}）、表面张力、恒定体积和压力的热容量、等温可压缩性和容量扩展系数 [51,62]。与纯有机溶剂相比，有机溶剂和水的混合物通常会偏离实验性能。此外，考虑到计算成本和准确性，应选择合适的水分子模型（例如 SPC、SPC/E、SPC/L、TIP3P、TIP4P 和 TIP5P），以重现有机溶剂的物理特性 [63,64]。通常，SPC 和 SPC/E 在 GROMOS 力场中应用，但是 TIP3P 和 TIP4P/TIP5P 分别在 AMBER 和 OPLS 中表现出良好的性能。在特定力场中开发的一些水模型通常被其他力场采用（见注释 1）。

　　为了迅速建立可靠的酶 - 有机溶剂 - 水分子模拟系统，应考虑以下方面：①以前研究中建立的有机溶剂参数可以直接应用到具有匹配力场或修改后的附加力场的新系统中；②可以应用多个程序来生成有机溶剂的拓扑文件，例如自动化力场拓扑构建器（ATB）[65] 和 GAFF 与 Resp/AnteChamber[66] 结合，然而，需要检查纯有机溶剂和 / 或有机溶剂共溶剂系统的参数以与实验值进行比较；③在有机溶剂共溶剂中保留 / 消除用于酶模拟的结晶水可能会影响平衡过程和酶催化机制；④共溶剂中的有机溶剂浓度应合理地转化为有机溶剂 / 水分子的数量；⑤应该选择适当的系统大小，特别是盒子大小，以实现计算资源的有效利用。尽管不存在酶 - 有机溶剂模拟的通用协议，但只要模型参数很好地满足实验测定，分子动力学模拟的可信现象就可以为有机溶剂中的生物催化提供有价值的预测。

二、　GROMACS用于酶-有机溶剂模拟的实例

　　本节提供我们实际采用的实验方案，用于评估蛋白质 - 有机溶剂相

互作用，并为潜在的蛋白质工程策略提供依据。分子动力学模拟可通过以下软件包实现，例如 GROMACS[67]、AMBER[68,69]、CHARMM[70]、LAMMPS[71,72]、NAMD[73] 和 YASARA[74]、Cp2k[75]。GROMCAS 是免费的开源软件，并且一直是最快的分子动力学代码之一。支持一些详细的在线文档和教程来掌握和应用 GROMACS，尤其是网站 http://www.gromacs.org/[76] 和 http://www.mdtutorials.com/gmx/。 这 里，GROMACS v5.1.2 和 GROMOS96（54a7）力场用于模拟 DMSO 中的 BSLA。BSLA 野生型和 60%（体积分数）DMSO 分别用作蛋白质和有机（共）溶剂的模型（图 10-1）。分子动力学模拟的起始结构取自 BSLA 的晶体结构（PDB ID：1i6w[48]，链 A，分辨率 1.5 Å）。据报道，该力场是模拟有机溶剂和蛋白质的可靠力场 [52,58,77-79]。有机溶剂分子结构的拓扑文件（如 DMSO_ATB.itp）首先取自 ATB（自动力场拓扑生成器），参数集为 GROMOS96（54a7）力场 [65]。然后根据报告的模型修改每个模型的参数 [80-83]。在蛋白质 - 有机溶剂体系模拟前，需分别对纯有机溶剂和有机溶剂 - 水混合体系进行 3 次重复的 10 ns 分子动力学模拟，以验证有机溶剂（OS）力场参数对实验性质的可重现性（见注释 2）。

（一）力场路径的规范

GROMACS 软件中提供了几个力场。此外，GROMACS 允许调用修改的力场，这为复杂系统的研究提供了机会。我们修改后的力场是直接从网络服务器 ATB 获得的 (https://atb.uq.edu.au/)。执行以下命令后，GROMACS 将识别新的"自定义"力场：

```
export GMXLIB=/user/directonary1/directonary2/directonary3/ force_field/
```

（二）蛋白质的拓扑文件准备

拓扑文件可以按照分子拓扑的 GROMACS 规范构建。拓扑文件列出了每个原子的常数属性，以定义模拟中分子的"规则"。此外，它还包含内部坐标，可以自动将坐标分配给晶体 PDB 文件中缺失的氢和其他原子。可以使用以下命令生成具有（修改的）力场的拓扑文件：

```
echo 1 | gmx pdb2gmx -f BSLA_WT.pdb -o BSLA_WT.gro -p BSLA_DMSO.top -water spce-ignh
```

拓扑文件规定，BSLA 结构将溶剂化成含有 SPC/E 水分子的盒子中 [84]（见注释 3）。

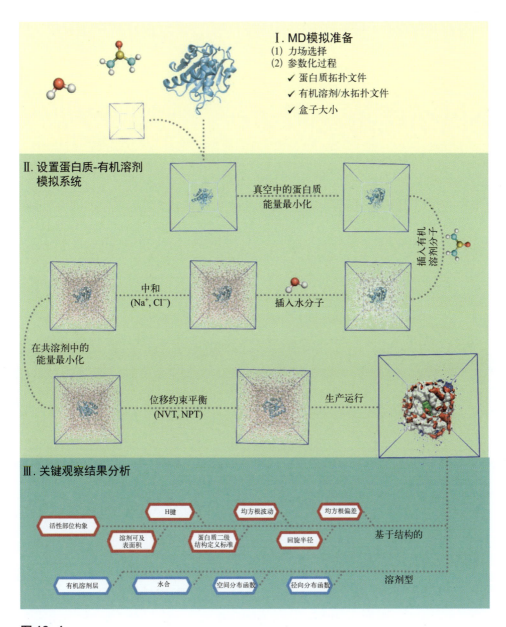

图 10-1

用于蛋白质 - 有机溶剂体系分子动力学模拟的计算工作流程

选择力场:

来自 "/user/directonary1/directonary2/directonary3/force_field":

1: GROMOS96 54a7 力场 (Eur Biophys J 2011, 40: 843-856. DOI: 10.1007/s00249-011-0700-9)

从 "方向到力场:

2: AMBER03 蛋白质力场，AMBER94 核酸力场 (Duan et al. J Comp Chem 2003, 24: 1999-2012)

3: AMBER94 力场 (Cornell et al. JACS 1995, 117: 5179-5197)

4: AMBER96 蛋白质力场，AMBER94 核酸力场 (Kollman et al. Acc Chem Res 1996, 29: 461-469)

5: AMBER99 蛋白质力场，AMBER94 核酸力场 (Wang et al. J Comp Chem 2000, 21: 1049-1074)

6: AMBER99SB 蛋白质力场，AMBER94 核酸力场 (Hornak et al. Proteins 2006, 65: 712-725)

7: AMBER99SB-ILDN 蛋白质力场，AMBER94 核酸力场 (Lindorff-Larsen et al. Proteins 2010, 78: 1950-58)

8: AMBERGS 力场 (Garcia and Sanbonmatsu, PNAS 2002, 99: 2782-2787)

9: CHARMM27 全原子力场 (CHARM22 plus CMAP for proteins)

10: GROMOS96 43a1 力场

11: GROMOS96 43a2 力场（改进烷烃二面角参数）

12: GROMOS96 45a3 力场 (Schuler JCC 2001, 22: 1205)

13: GROMOS96 53a5 力场 (JCC 2004, 25: 1656)

14: GROMOS96 53a6 力场 (JCC 2004, 25: 1656)

15: GROMOS96 54a7 力场 (Eur Biophys J (2011), 40: 843-856, DOI: 10.1007/s00249-011-0700-9)

16: OPLS-AA/L 全原子力场 (2001 版氨基酸二面角参数）

该表显示了力场选择的选项。

（三）蛋白质环境的制备

应该准备一个合适的模拟盒来模拟蛋白质的环境。在蛋白质周围创建模拟框的命令如下所示：

```
gmx editconf -f BSLA_WT.gro -o BSLA_WT_box.gro -c -d 1.2
```

输出文件现在包含这样的信息：蛋白质在默认的立方体模拟框中，并且居中（-c）在中间。使用周期性边界，盒子距离蛋白质的最近点（-d 1.2）至少 1.2 nm（见注释 4）。

（四）真空中蛋白质的能量最小化

能量最小化通常用于消除空间碰撞或不适当的几何结构，并以低分辨率细化实验结构。可以选择不同的最小化算法，如最速下降法和共轭梯度法。蛋白质在真空中的能量最小化有利于更复杂的系统（如蛋白质 - 水 - 离子）的能量最小化。对于能量最小化，我们需要一个参数文件 em-vac-pme.mdp，指定应进行哪种类型的最小化、步骤数等。然后我们使用 grompp 来组装模拟参数（.mdp）、结构（.gro）和拓扑文件（.top）（见注释 5）：

```
gmx grompp -f em-vac-pme.mdp -c BSLA_WT_box.gro -p BSLA_DMSO. top -o
em-vac.tpr -maxwarn 1
```

生成 em-vac.tpr 后，可以使用以下命令来提交能量最小化的工作：

```
gmx mdrun -v -deffnm em-vac
```

（五）OS共溶剂系统生成

要生成 DMSO 共溶剂系统，需要使用以下命令从 DMSO.pdb 转换 DMSO 分子的 .gro 文件（见注释 6）：

```
gmx editconf -f DMSO.pdb -o DMSO.gro
```

为了模拟蛋白质的共溶剂环境，盒子里的蛋白质（em-vac.gro）需要被溶剂化，换句话说，用水和 DMSO 分子填充。一旦 OS 分子被填充，空间就被水分子填充（见注释 7）：

```
gmx insert-molecules -f em-vac.gro -ci DMSO.gro -nmol 1133 -o BSLA_WT_box_DMSO.gro
```

由于无法在拓扑文件中自动更新 DMSO 分子信息，因此需要将拓扑文件修改为以下命令（见注释 8）：

```
sed -i′ s+; Include water topology +# include "/user/directon- ary1/directonary2/directonary3/force_field/gromos54a7_atb.ff/ DMSO_ATB.itp" +g′ BSLA_DMSO.top
echo "DMSO 1133" >> BSLA_DMSO.top
```

OS 分子的数量主要由 OS 浓度和盒子大小确定。可以用 -maxsol 命令对水分子的数量进行测试，直到无法插入任何分子，因为额外的水分子会自动排除：

```
gmx solvate -cp BSLA_WT_box_DMSO.gro -cs spc216.gro -maxsol 3673 -p BSLA_DMSO.top -o BSLA_WT_box_DMSO_water.gro
```

（六）中和系统

在继续动力学之前，模拟系统的净电荷需要被中和，以防止由于模拟中使用的周期性边界条件引起的副作用而产生的伪影。净电荷会导致相邻周期性图像之间的静电排斥。通过更换水基团（"SOL"），将一定数量的正钠离子或负氯离子添加到系统中，以实现中性化。为了准备中和步骤，我们使用grompp来组装模拟参数（.mdp）、结构（.gro）和拓扑文件（.top）：

```
gmx grompp -f em-sol-pme.mdp -c BSLA_WT_box_DMSO_water.gro -p BSLA_DMSO.top -o BSLA_WT_box_DMSO_water_ion.tpr -maxwarn 1
```

然后，通过用单原子离子随机取代溶剂分子（第 15 族，水），所得系统的净电荷为零（见注释 9）：

```
echo 15 | gmx genion -s BSLA_WT_box_DMSO_water_ion.tpr -o BSLA_WT_
box_DMSO_water_ion.gro -neutral -pname NA -nname CL -p BSLA_DMSO.top
```

（七）有机（共）溶剂中蛋白质的能量最小化

有机溶剂溶剂化和电子中性系统现在已经组装好了。为了确保系统中没有空间冲突或不合适的几何形状，需要额外的能量最小化步骤来放松结构（见注释 5）：

```
gmx grompp -f em-sol-pme.mdp -c BSLA_WT_box_DMSO_water_ion. gro -p
BSLA_DMSO.top -o em-sol.tpr -maxwarn 1
gmx mdrun -v -deffnm em-sol
```

（八）位置限制性平衡

位置限制性平衡通常分为两个阶段进行：NVT（粒子数、体积和温度恒定）和 NPT（粒子数、压力和温度恒定）。这两个短时模拟都是用文件 posre.itp 定义相关参数［由第二节标题二（二）中的 pdb2gmx 生成］，对蛋白质重原子施加谐波位置限制。这允许 DMSO 共溶剂在 BSLA 周围平衡而不干扰蛋白质结构。NVT 系综也被称为"等温 - 等容"或"正则"。尽管通常采用 1 fs 或 2 fs 的时间步长，但步骤的适用步长需根据体系的具体组成而定。通常，50 ～ 100 ps 的模拟时长足以使体系温度达到 .mdp 文件中设定值（例如，$T = 298$ K）的平稳平台期（见注释 5）。

要执行 NVT 平衡，可以使用以下命令。

```
gmx grompp -f nvt-pr-md.mdp -c em-sol.gro -p BSLA_DMSO.top -o nvt-pr.tpr
-maxwarn 1 -r em-sol.gro
gmx mdrun -v -deffnm nvt-pr
```

在分子动力学生产运行之前，系统的压力（例如，1 bar❶）也必须通过 NPT 平衡来稳定，这也被称为"等温等压"合集。以下命令可用于运行 NPT（见注释 5）：

```
gmx grompp -f npt-pr-md.mdp -c nvt-pr.gro -r nvt-pr.gro -t nvt-pr.cpt -p BSLA_
DMSO.top -o npt-pr.tpr -maxwarn 1
gmx mdrun -v -deffnm npt-pr。
```

（九）生产模拟运行

完成两个平衡步骤后，在所需的温度和压力下对 BSLA-DMSO 溶剂

---

❶ 1 bar=10^5 Pa。

系统进行了良好的平衡。可以通过以下命令释放并准备用于分子动力学生产的位置限制因素（请参见注释 5 和 10）：

```
gmx grompp -f npt-pr-mdrun.mdp -c npt-pr.gro -r npt-pr.gro -t npt-pr.cpt -p
BSLA_DMSO.top -o npt-nopr.tpr -maxwarn 1
gmx mdrun -v -deffnm npt-nopr
```

三、　关键观测值的分析以及在OS中设计更好的生物催化剂所获得的知识

　　MD 模拟轨迹产生的可观测值可以准确描述 OS 中与酶功能相关的蛋白质状态。尽管蛋白质与 OS 的相互作用是一个复杂的难题，但每一个特定的可观察到的结果仍然可以提供潜在的信息来指导 OS 中更好的生物催化。总共有 11 个关键可观察物被表示为指纹，以在两个不同方面（表 10-1 中的基于结构和溶剂化）表征 BSLA 在 DMSO 中的动力学。以 BSLA 成功地将所获得的分子知识与蛋白质工程整合为例进行了简要的讨论。

（一）MD模拟轨迹预处理

　　为了清楚、准确地执行所有轨迹分析，首先生成了一个新的综合索引文件，如下所示（见注释 11）：

```
gmx make_ndx -f npt-pr.tpr -o index_file.ndx << EOF r 77 & a OG #group 22
r 156 & a NE2 #group 23
13 & a C1 #group 24
13 & a O3 #group 25
13 & a S2 #group 26
15 & a OW #group 27
q
EOF
```

　　下表显示了 index_-file.ndx 中的分子基团。

0	系统：24085 个原子
1	蛋白质：1748 个原子
2	蛋白 -H：1351 个原子
3	C-Alpha：179 个原子
4	主体结构：537 个原子
5	主链：717 个原子
6	主链 +Cb：872 个原子
7	主链 +H：894 个原子

8	侧链：854 个原子	
9	侧链 -H：634 个原子	
10	Prot-Masses：1748 个原子	
11	非蛋白质：22337 个原子	
12	其他：11330 个原子	
13	DMSO：11330 个原子	
14	C：6 个原子	
15	水：11001 个原子	
16	溶胶：11001 个原子	
17	非水：13084 个原子	
18	离子：6 个原子	
19	DMSO：11330 个原子	
20	CL：6 个原子	
21	水和离子：11007 个原子	
22	R_77_ & _OG：1 个原子	
23	R_156_ & _NE2：1 个原子	
24	DMSO_ & _C1：1133 个原子	
25	DMSO_ & _O3：1133 个原子	
26	DMSO_ & _S2：1133 个原子	
27	水_ & _OW：3667 个原子	

在分析轨迹之前，需要使用命令 trjconv 进行预处理，以提取坐标、校正周期性、调整轨迹中的时间单位、帧频等。以下命令将避免蛋白质通过细胞单元扩散，并出现"断裂"或可能"跳跃"到边界：

```
echo 1 0 | gmx trjconv -s npt-nopr.tpr -f npt-nopr.xtc -o npt-nopr_noPBC.xtc -pbc
whole -ur compact-center。
```

（二）结构观测指标

七个结构观测指标，包括均方根偏差（RMSD）、均方根准波动（RMSF）、溶剂可及表面积（SASA）、回旋半径（R_g）、分子内氢键、蛋白质二级结构定义标准（DSSP）及活性位点中的构象变化，这些在表10-1 中进行了描述，并将其应用于功能预测。这些可观察的几何特性可用于以单一或综合的方式评估 OS 中的蛋白质稳定性和灵活性。例如，结合 RMSD、R_g 和分子内氢键的研究，可以计算为整体构象变化和结构致密性的度量。主干 RMSD 值的小标准偏差（＜1Å）表明模拟轨迹在共溶剂中是一致的。RMSF 是有机溶剂中每个残基位置的蛋白质动力学的灵活

表10-1　从蛋白质有机溶剂模拟系统获得的关键可观察物的汇总

可观测指标		描述	应用	命令
	均方根偏差（RMSD）	叠加蛋白的原子之间平均距离（通常是主链原子，例如 Cα）的度量	系统的平衡状态 模拟的可重复性 蛋白质的总体结构变化	echo 4 4 | gmx rms -s em-sol.tpr -f npt-nopr_noPBC.xtc -o rmsd_ em-sol_BSLA_WT_DMSO.xvg -tu ns (see Note 13)
	回旋半径（Rg）	对分子整体扩散的描述，定义为原子集合与其共同重心的均方根距离	蛋白质的球状结构估计 蛋白质的紧凑性 折叠过程和展开行为 与蛋白扩散系数相关	echo 1 | gmx gyrate -s npt-nopr.tpr -f npt-nopr_noPBC.xtc -o gyrate_BSLA_WT_DMSO.xvg
	均方根波动（RMSF）	原子与其在给定结构集中的平均位置之间的距离。换句话说，RMSF 表示给定原子随时间的位置变化程度	蛋白柔韧性 结构波动 蛋白质动力学的保护 沿蛋白质链局部变化的表征	echo 1 | gmx rmsf -s npt-nopr.tpr -f npt-nopr_noPBC.xtc -o rmsf_res_BSLA_WT_DMSO.xvg -res
	蛋白质二级结构定义标准（DSSP）	考虑到蛋白质的3D结构，计算最可能的二级结构分配	标准化二级结构分配 几何特征 蛋白质的二级结构变化	echo 1 | gmx do_dssp -s npt-nopr.tpr -f npt-nopr_noPBC.xtc -o dssp_WT_DMSO.xpm -tu ns gmx xpm2ps -f dssp_WT_DMSO.xpm -o dssp_WT_DMSO.eps -di font (see Note 14)
几何特性	分子内氢键	蛋白质内氢键的公认几何形状（也是常观察到的）是氢最受体之间的距离小于 2.5 Å。供体 - 氢 - 受体角度介于 90°~180°之间	蛋白质折叠变化 分子识别变化 蛋白质结构的刚性 分子间相互作用的特异性 构象稳定性	echo 1 1 | gmx hbond -s npt-nopr.tpr -f npt-nopr_noPBC.xtc -tu ns -hbn hbond_WT_DMSO.ndx -hbm hbond_WT_DMSO.xpm python readHBmap.py -hbm hbond_WT_DMSO.xpm -hbn hbond_WT_DMSO.ndx -f npt-nopr.gro -t 95 -dt 100 -o hbond_WT_DMSO_occupancy.xvg -op hbond_WT_DMSO_occupancy_pairs.dat (see Note 15)

续表

	可观测指标	描述	应用	命令
几何特性	溶剂可及表面积（SASA）	水分子中心（半径1.4 Å）在蛋白质表面滚动的区域	蛋白质暴露于环境的几何测量；总体/疏水/亲水表面积变化；转移自由能计算；隐式溶剂效应计算	gmx sasa -s npt-nopr.tpr -f npt-nopr_noPBC.xtc -b 0 -o area_WT_DMSO.xvg -odg -surface 'group "protein"' -output '"Hydrophobic" group "protein" and charge {-0.2 to 0.2}; "Hydrophilic" group "protein" and not charge {-0.2 to 0.2}; "Total" group "protein"'
	活性部位构象	活性部位中的关键残基之间的距离变化	活性部位的构象变化；催化机制；电子传输	gmx distance -s npt-pr.gro -f npt-nopr_noPBC.xtc -select 'com of group 22 plus com of group 23' -oav distance_Ser77OG_His156NE2_WT.xvg -tu ns -n index_file.ndx
	径向分布函数（RDF）	RDF 表示为方程，$g(r)$ 定义了在距离某个蛋白质或另一个标记粒子（特定的第二个结构或残基）r 处发现 OS 原子的概率	识别相互作用类型（氢键，π-π 互动，静电相互作用，疏水效应）定义水化或有机溶剂层的截止点	echo 1 24 | gmx rdf -s npt-nopr.tpr -f type (H-bond, π-π) npt-nopr_noPBC.xtc -n index_file.ndx -o rdf_C1_BSLA_WT_DMSO.xvg echo 1 25 | gmx rdf -s npt-nopr.tpr -f npt-nopr_noPBC.xtc -n index_file.ndx -o rdf_O3_BSLA_WT_DMSO.xvg echo 1 26 | gmx rdf -s npt-nopr.tpr -f npt-nopr_noPBC.xtc -n index_file.ndx -o rdf_S2_BSLA_WT_DMSO.xvg
溶剂化现象	空间分布函数（SDF）	蛋白质或局部区域周围的直观隔离现象，尤其是在活性部位	水合外壳或有机溶剂层的分布；蛋白质-有机溶剂系统中的 SDF 确定为与蛋白质相关的局部坐标系中水和 DMSO 的三维密度分布	gmx_mpi trjconv -s npt-nopr.tpr -f npt-nopr_noPBC.xtc -o spatial_protein_fit.xtc -fit rot+trans echo 15 1 | gmx_mpi spatial -s npt-nopr.tpr -f spatial_protein_fit.xtc -nab 300 -bin 0.12 -n index_file.ndx mv grid.cube SDF_water_proten_BSLA_WT.cube echo 13 1 | gmx_mpi spatial -s npt-nopr.tpr -f spatial_proten_fit.xtc -nab 300 -bin 0.12 -n index_file.ndx mv grid.cube SDF_OS_proten_BSLA_WT.cube (see Note 16)

续表

溶剂化现象	可观测指标	描述	应用	命令
	水合壳	将氧原子距离蛋白质非氢原子≤3.5 Å 范围内的水分子定义为第一水合壳，其数量即为水合水平	整体/局部水合变化 与 OS 耐受性高度相关 水-蛋白质相互作用	echo 2 26 | gmx mindist -s npt-nopr.tpr -f npt-nopr_noPBC.xtc -on Hydrationshell_WT_DMSO.xvg -or Hydrationshell_distance_WT_DMSO.xvg -d 0.35 -group -tu ns -n index_file.ndx
	有机溶剂层	其中心原子在蛋白质的任何非氢原子的特定距离截止范围内的有机溶剂分子被描述为有机溶剂层，有机溶剂的数量被描述为有机溶剂-溶剂化水平	整体/局部有机溶剂溶剂化变化 活性部位的抑制作用 有机溶剂-蛋白质相互作用	echo 2 27 | gmx_mpi mindist -s npt-nopr.tpr -f npt-nopr_noPBC.xtc -on OSlayer_WT_DMSO.xvg -or OSlayer_distance_WT_DMSO.xvg -d 0. 68 -group -tu ns -n index_file.ndx (see Note 17)

性和 / 或保守性的良好预测因子。SASA 和 DSSP 在模拟过程中精确地执行了表面积变化和二次结构扰动。为了直接快速地比较后一种可观察性，通常基于每个模拟的平衡范围（通常是最后的 40%[54]）来计算时间平均 RMSD、R_g、分子内氢键和 SASA。时间平均 SASA 可能随着助溶剂极性的增加而增加 [27,54]。含有催化残基的局部区域的柔性可能会影响蛋白质的活性，并与底物结合裂缝构象的变化有关。总的来说，当比较不同有机溶剂和水中的这些结构可观察性时，这种差异将提供一条线索，即通过适当的技术（如蛋白质工程、交联、包埋、化学修饰）恢复蛋白质的"天然"状态应该有利于其在有机溶剂中的催化性能 [54]。当然，蛋白质的整体构象变化可能（不是）是有机溶剂中蛋白质活性和抗性降低的主要原因。因为有机溶剂对蛋白质稳定性和柔韧性的影响不仅取决于酶的类型 [27]，还取决于有机溶剂的物理化学性质（如极性非质子性、极性质子性和非极性）[85]。上述结构可观察性的一部分（例如 RMSD、分子内氢键、SASA）能够执行局部结构变化，因为可以选择特定区域作为目标（见注释 12）。

（三）溶剂化观测指标

极性有机溶剂分子更倾向于干扰酶表面的水合壳 [56,57]。酶确实需要与其表面结合的必需水分子，以维持酶结构、动力学和催化功能 [9,43]。水分子的添加可以增加酶在 OS 中的催化动力学和柔韧性 [23]。为了确定有机溶剂剥离水分子的驱动力，可以通过计算表 10-1 中所述的有机溶剂相对于蛋白质的径向分布函数（RDF）来研究周围溶剂分子的取向。表 10-1 中的 SDF、水合壳和有机溶剂层定量准确地描述了蛋白质周围的溶剂化现象。放大局部区域的溶剂化观察，特别是底物结合裂缝 / 位点，可以直接证明有机溶剂分子是否对活性位点表现出明显的亲和力，并是否对酶起到抑制剂的作用。有趣的是，不同的溶剂分子对酶的活性位点具有不同的结合亲和力 [38]，这表明抑制行为与有机溶剂类型和酶折叠有关（见注释 12）。

（四）将获得的分子知识与蛋白质工程相结合，在有机溶剂中实现更好的生物催化

蛋白质工程是生物催化研究中提升生物催化性能的有力工具，使稳定性酶不断产生。据报道，许多有利的酶工程研究可以提高酶的有机溶剂抗性，涉及脂肪酶 [54,86-89]、枯草杆菌蛋白酶 [29,35]、酯酶 [90] 和蛋白酶 [91]。通过分子动力学模拟增加对有机溶剂中酶结构和催化机制的相互作用和分子变化的理解，支持蛋白质工程师不仅设计抗有机溶剂酶，而且基于其结构

特征（例如，表面区域[55,92-94]、通道[95]、结合裂口[54,96,104]、二硫键桥[97,98]、疏水核[95,98]）提出合理的策略。有许多研究 OS 中酶的野生型（WT）的例子[38,50,54]。最近，随着计算资源变得越来越便捷，研究人员开始关注使用原子 MD 模拟在酶突变位点解析分析中探测涉及有机溶剂的直接溶剂化相互作用的能力[55,99]。蛋白质工程中流行的技术，包括定点突变（SDM）、定点饱和突变（SSM）、重组方法（如 CompassR[100-102]、2GenReP 和 InSiReP[99,101,102]），可以为 MD 模拟提供大量的酶样品，这有利于将分子知识与酶突变体的定制化特性相关联。同时，对更多的酶或突变进行大规模的统计研究确实有利于观察全貌。在一项开创性研究中，将三种 OS［即 1,4- 二噁烷、二甲基亚砜、2,2,2- 三氟乙醇（TFE）］中的 BSLA WT 的计算结果与 "BSLA-SSM" 变体库（3440 个变体；具有氨基酸交换的所有自然多样性）相结合，揭示了两种互补的合理设计策略：①表面电荷工程和②底物结合裂口工程[54]。此外，Cui 等人在分析了 28 个 BSLA 变体中 35 个结构和动态可观测值的分布后，发现取代位点的酶表面水合作用增加是驱动 2,2,2- 三氟乙醇［TFE，12%（体积分数）］抗性提高的主要因素[55]。值得注意的是，四个表面取代的迭代重组表明，BSLA 变体中的水合程度与其有机溶剂抗性密切相关（$R^2 = 0.91$）。因此，通过将分子动力学模拟和蛋白质工程的分子理解相结合，可以有效、合理地利用蛋白质基序或区域，促进更通用的蛋白质工程原理的发展[28,103,104]，这些蛋白质基序和区域有望稳定或增强灵活性，以调节所需有机溶剂中的蛋白质功能。

第三节 有机溶剂中生物催化分子动力学模拟的未来方向

在上一节中，我们讨论了如何从蛋白质 -OS 模拟系统中获得结构 / 溶剂化可观测值，以及如何将其用于酶工程。为了提高酶在 OS 中的性能，使其在工业应用中更具竞争力，将分子动力学研究的结果与实验数据（例如，蛋白质工程、CD、NMR、晶体学、化学修饰、添加盐 / 表面活性剂 / 冠醚等）相结合使人们有可能深入了解有机溶剂 - 蛋白质的相互作用，从而常规地在有机溶剂中使用酶来增强化学生产。微观水性质可以通过不同的实验技术进行分析，如 X 射线、核磁共振和中子衍射。然而，蛋白质周围水 / 有机溶剂的位置和停留时间的位点分辨表征一直很棘手。尽管将蛋白质限制在反胶束的纳米级内部可以减缓水动力学并通过 NMR 检测全局蛋白质 - 水相互作用[105]，但这种反胶束很容易被有机溶剂分子破坏。除了一般的结构 / 溶剂化可观测性之外，我们相信，对于这样一个复杂的系统，具有高再现性和准确性的基于能量的可观测性（如有机溶剂结合能）作为另一个重要部分，可以通过更可靠的计算方法［如自由能计算、复制交换分子动力学（REMD）］来实现。随着模拟速度、准确性和可访问性的大幅提高，以及实验结构数据和通用力场的激增，可以缩小真实但复杂的实验情况与具有代表性但简化的模拟环境之间的差距。有机溶剂 - 蛋白分子动力学模拟中复杂而耗时的计算特别适合机器学习演进，并有效而广泛地揭示了有机溶剂中生物催化的分子机制。

第四节　注释

1. 没有可用的水模型能够以合理的精度再现所有的水特性。所有的经验模型都是参数化的，从头计算模型也可能表现得不太好。

2. 第二节标题二和三中的所有模拟过程和分析方法都可以很容易地转移到酶突变体/重组体[99]中，FoldX可以用于基于野生型结构产生变体结构[55,106]。优选具有最高近原子分辨率和更好完整性的蛋白质的初始结构，其可以取自蛋白质数据库（www.rcsb.org），或使用同源性建模工具（如YASARA[74]、I-TASSER、Phyre2或Rosetta）构建的同源性模型。值得注意的是，同源模型结构的准确性将对模拟的可靠性产生负面影响。

3. 命令-inh表示忽略输入的PDB文件中的H原子。否则，H原子的名称必须准确地表示为GROMACS中力场所期望的名称。可以应用Linux sed命令来保留初始H坐标。-inh对NMR结构特别有用，经常用于联合原子力场GRO-MOS[107]。对于具有特定pH值的所有原子力场OPLS-AA和AMBER，可以应用命令inter来交互分配带电残基（Glu、Asp、Lys、Arg和His）的电荷状态，并选择所涉及的Cys作为二硫键[107]。

4. 应考虑系统中粒子的数量和MD模拟的效率，选择具有周期性边界条件的模拟盒的适当尺寸。但盒子的边缘需要大于8 Å（短距离VDW和静电截止），以避免看到蛋白质穿过周期边界[107,108]。GROMACS提供各种盒子类型，包括标准立方体/矩形盒子、截头八面体、六角棱镜和菱形十二面体。

5. 如果您确定所有警告都是无害的，请使用-maxwarn选项。相关.mdp文件可以从在线网站[107]获得。

6. 可以从ATB网站https://atb.uq.edu.au/获得DMSO.pdb。

7. 应当根据有机溶剂的浓度来计算有机溶剂分子的数量。一种简单而近似的计算方法如下：①将有机溶剂分子迭代添加到包含蛋白质的模拟盒中，以获得完全适合盒子的有机溶剂可访问空间的有机溶剂分子数量；②计算预期浓度下有机溶剂分子的数量；③将有机溶剂分子随机放置在模拟框内的蛋白质周围；④添加水分子以填充未被蛋白质和有机溶剂分子占据的空间。

8. 这两个命令将通过引用DMSO拓扑文件并在[分子]部分插入DMSO分子号来更新拓扑文件。DMSO的名称应与其在.itp文件中的名称一致。

9. -pname代表阳离子，-nname代表阴离子。

10. 通过GROMACS采用的并行化和加速方案，可以应用多种方法从mdrun获得良好的性能，如MPI、GPU和OpenMP。更多详细信息请访问GROMACS网站https://manual.GROMACS.org/current/user-guide/mrun-perfor mance.html。

11. GROMACS的美妙之处之一是，与gmx make_ndx或gmx select相结合，使研究人员能够放大/缩小他们感兴趣的特定可观察性或属性。由于蛋白质结构可能不完整，当应用ri选择氨基酸时，识别的残基数量可能会发生变化。为了避免重复计数，分子的中心原子通常用于表示整个分子。

12. 分子动力学程序GROMACS及其姊妹分子图形程序Gnuplot[109]、Pymol[110]和VMD 1.9.2[111]，旨在为从计算专家到实验室实验者的所有研究人员带来易于使用的工具，挖掘结构和动力学信息。此外，Microsoft Excel结合宏函数或PowerShell为初学者提供了一种舒适友好的方法来处理大量模拟数据。

13. 如果RMSD显示在模拟时间内尚未达到平衡阶段，则需要使用命令tpbconv来扩展模拟（参见GROMACS网站上的更多详细信息）。

14. 对于二级结构分析，应从http://swift.cmbi.ru.nl/gv/dssp下载DSSP程序然后在默认情况下将dssp可执行文件复制到/usr/local/bin/dssp中，或者设置指向该dsp可执行程序的环境变量dssp，例如setenv dssp/opt/dssp/bin/dsp。GROMACS 2018.3之后的GROMACS版本无法与DSSP很好地兼容，请使用GROMACS 2018.3这样的旧版本来管理此作业。

15. Python脚本readHBmap.py（与Python 2.7一起应用）从GROMACS的h_bond生成的HB-Map文件（.xpm）中提取氢键的存在。这个readHBmap.py可以从http://www.gromacs.org/Downloads/User_conttributions/Other_software下载，并且在使用之前需要作为Python模块加载。

16. 具有"Isosurface"表现的强大而灵活的工具包VMD可以读取和可视化输出的Gaussian98立方体格式文件（.cube）。-nab代表额外存储箱的数量，以确保正确的内存分配（GROMACS网站）。存储箱的默认宽度为0.05 nm（GROMACS网站）。-nab和-bin的值可以根据模拟轨迹和分子大小进行修改。

17. 当有机溶剂分子的"中心"原子大约在这个距离处显示出第一个极小值时，截止距离是由有机溶剂在BSLA残基周围的径向分布函数（RDF）确定的[45,54]。DMSO的"中心"原子分别是S2。因此，DMSO的截止值为6.8 Å[54]。

参考文献

[1] Hudson EP, Eppler RK, Clark DS (2005) Biocatalysis in semi-aqueous and nearly anhydrous conditions. Curr Opin Biotechnol 16 (6): 637-643.

[2] Kaul P, Asano Y (2012) Strategies for discovery and improvement of enzyme function: state of the art and opportunities. Microb Biotechnol 5(1): 18-33.

[3] Polizzi KM, Bommarius AS, Broering JM, Chaparro-Riggers JF (2007) Stability of biocatalysts. Curr Opin Chem Biol 11 (2): 220-225.

[4] Carrea G, Riva S (2000) Properties and synthetic applications of enzymes in organic solvents. Angew Chem Int Ed 39 (13): 2226-2254.

[5] Gupta MN (1992) Enzyme function in organic solvents. Eur J Biochem 203 (1-2): 25-32.

[6] Klibanov AM (2001) Improving enzymes by using them in organic solvents. Nature 409 (6817): 241.

[7] Arnold FH (1993) Engineering proteins for nonnatural environments. FASEB J 7 (9): 744-749.

[8] Castro GR, Knubovets T (2003) Homogeneous biocatalysis in organic solvents and water-organic mixtures. Crit Rev Biotechnol 23(3): 195-231.

[9] Gorman LAS, Dordick JS (1992) Organic solvents strip water off enzymes. Biotechnol Bioeng 39(4): 392-397.

[10] Lombard C, Saulnier J, Wallach J (2005) Recent trends in protease-catalyzed peptide synthesis.

Protein Pept Lett 12(7): 621-629.

[11] Wang S, Meng X, Zhou H, Liu Y, Secundo F, Liu Y (2016) Enzyme stability and activity in non-aqueous reaction systems: a mini review. Catalysts 6(2): 32.

[12] Boutet S, Lomb L, Williams GJ, Barends TR, Aquila A, Doak RB, Weierstall U, DePonte DP, Steinbrener J, Shoeman RL (2012) High-resolution protein structure determination by serial femtosecond crystallography. Science 337(6092): 362-364.

[13] Svergun DI, Petoukhov MV, Koch MH (2001) Determination of domain structure of proteins from X-ray solution scattering. Biophys J 80(6): 2946-2953.

[14] Greenfield NJ (2006) Using circular dichroism spectra to estimate protein secondary structure. Nat Protoc 1(6): 2876.

[15] Hazy E, Bokor M, Kalmar L, Gelencser A, Kamasa P, Han K-H, Tompa K, Tompa P (2011) Distinct hydration properties of wild-type and familial point mutant A53T of α-synuclein associated with Parkinson's disease. Biophys J 101(9): 2260-2266.

[16] Lee CS, Ru MT, Haake M, Dordick JS, Reimer JA, Clark DS (1998) Multinuclear NMR study of enzyme hydration in an organic solvent. Biotechnol Bioeng 57 (6): 686-693.

[17] Nordwald EM, Armstrong GS, Kaar JL (2014)

NMR-guided rational engineering of an ionic-liquid-tolerant lipase. ACS Catalysis 4(11): 4057-4064. https://doi.org/10. 1021/cs500978x

[18] Singh PK, Kumbhakar M, Pal H, Nath S (2009) Ultrafast torsional dynamics of protein binding dye thioflavin-T in nanoconfined water pool. J Phys Chem B 113 (25): 8532-8538.

[19] Zhang L, Wang L, Kao Y, Qiu W, Yang Y, Okobiah O, Zhong D (2007) Mapping hydration dynamics around a protein surface. Proc Natl Acad Sci USA 104 (47): 18461-18466.

[20] Fioroni M, Diaz MD, Burger K, Berger S (2002) Solvation phenomena of a tetrapeptide in water/trifluoroethanol and water/ethanol mixtures: a diffusion NMR, intermolecular NOE, and molecular dynamics study. J Am Chem Soc 124(26): 7737-7744.

[21] Maeda Y (2001) IR spectroscopic study on the hydration and the phase transition of poly(vinyl methyl ether) in water. Langmuir 17(5): 1737-1742.

[22] Abel S, Galamba N, Karakas E, Marchi M, Thompson WH, Laage D (2016) On the structural and dynamical properties of DOPC reverse micelles. Langmuir 32 (41): 10610-10620.

[23] Dahanayake JN, Mitchell-Koch KR (2018) How does solvation layer mobility affect protein structural dynamics? Front Mol Biosci 5: 65.

[24] Dielmann-Gessner J, Grossman M, Nibali VC, Born B, Solomonov I, Fields GB, Havenith M, Sagi I (2014) Enzymatic turnover of macromolecules generates long lasting protein-water-coupled motions beyond reaction steady state. Proc Natl Acad Sci U S A 111(50): 17857-17862.

[25] George DK, Charkhesht A, Hull OA, Mishra A, Capelluto DG, Mitchell-Koch KR, Vinh NQ (2016) New insights into the dynamics of zwitterionic micelles and their hydration waters by gigahertz-to-terahertz dielectric spectroscopy. J Phys Chem B 120 (41): 10757-10767.

[26] King JT, Kubarych KJ (2012) Site-specific coupling of hydration water and protein flexi bility studied in solution with ultrafast 2D-IR spectroscopy. J Am Chem Soc 134 (45): 18705-18712.

[27] Dutta Banik S, Nordblad M, Woodley JM, Peters GH (2016) A correlation between the activity of Candida antarctica lipase B and differences in binding free energies of organic solvent and substrate. ACS Catalysis 6 (10): 6350-6361.

[28] Stepankova V, Bidmanova S, Koudelakova T, Prokop Z, Chaloupkova R, Damborsky J (2013) Strategies for stabilization of enzymes in organic solvents. ACS Catalysis 3 (12): 2823-2836.

[29] Watanabe K, Yoshida T, Ueji S (2004) The role of conformational flexibility of enzymes in the discrimination between amino acid and ester substrates for the subtilisin-catalyzed reaction in organic solvents. Bioorg Chem 32(6): 504-515.

[30] Yaacob N, Ahmad Kamarudin NH, Leow ATC, Salleh AB, Raja Abd Rahman RNZ, Mohamad Ali MS (2017) The role of solvent-accessible Leu-208 of cold-active Pseudomonas fluorescens strain AMS8 lipase in interfacial activation, substrate accessibility and low-molecular weight esterification in the presence of toluene. Molecules 22(8): 1312.

[31] Chaudhary AK, Kamat SV, Beckman EJ, Nurok D, Kleyle RM, Hajdu P, Russell AJ (1996) Control of subtilisin substrate specificity by solvent engineering in organic solvents and supercritical fluoroform. J Am Chem Soc 118(51): 12891-12901.

[32] Klibanov AM (1997) Why are enzymes less active in organic solvents than in water? Trends Biotechnol 15(3): 97-101.

[33] Serdakowski AL, Dordick JS (2008) Enzyme activation for organic solvents made easy. Trends Biotechnol 26(1): 48-54.

[34] Valivety RH, Halling PJ, Peilow AD, Macrae AR (1992) Lipases from different sources vary widely in dependence of catalytic activity on water activity. BBA-Protein Struct M 1122 (2): 143-146.

[35] Wangikar PP, Michels PC, Clark DS, Dordick JS (1997) Structure and function of subtilisin BPN solubilized in organic solvents. J Am Chem Soc 119(1): 70-76.

[36] Bovara R, Carrea G, Ottolina G, Riva S (1993) Effects of water activity on V_{max} and K_m of lipase catalyzed transesterification in organic media. Biotechnol Lett 15 (9): 937-942.

[37] Foresti ML, Galle M, Ferreira ML, Briand LE (2009) Enantioselective esterification of ibuprofen with ethanol as reactant and solvent catalyzed by immobilized lipase: experimental and molecular modeling aspects. J Chem Technol Biotechnol 84(10): 1461-1473.

[38] Graber M, Irague R, Rosenfeld E, Lamare S, Franson L, Hult K (2007) Solvent as a com- petitive inhibitor for Candida antarctica lipase B. BBA-Protein Struct M 1774 (8): 1052-1057.

[39] Valivety RH, Halling PJ, Macrae AR (1993) Water as a competitive inhibitor of lipase-catalysed esterification in organic media. Bio technol Lett 15(11): 1133-1138.

[40] Doukyu N, Ogino H (2010) Organic solvent- tolerant enzymes. Biochem Eng J 48 (3): 270-282.

[41] Kim AS, Kakalis LT, Abdul-Manan N, Liu GA, Rosen MK (2000) Autoinhibition and activation mechanisms of the Wiskott-Aldrich syndrome protein. Nature 404 (6774):151-158.

[42] Xu Z, Affleck R, Wangikar P, Suzawa V, Dordick JS, Clark DS (1994) Transition state sta- bilization of subtilisins in organic media. Biotechnol Bioeng 43(6): 515-520.

[43] Bellissent-Funel M, Hassanali A, Havenith M,

Henchman R, Pohl P, Sterpone F, van der Spoel D, Xu Y, Garcia AE (2016) Water determines the structure and dynamics of proteins. Chem Rev 116(13): 7673-7697.

[44] Micaelo NM, Soares CM (2007) Modeling hydration mechanisms of enzymes in nonpolar and polar organic solvents. FEBS J 274 (9): 2424-2436.

[45] Wedberg R, Abildskov J, Peters GH (2012) Protein dynamics in organic media at varying water activity studied by molecular dynamics simulation. J Phys Chem B 116(8): 2575-2585. https://doi.org/10.1021/jp211054u

[46] Ducret A, Trani M, Lortie R (1998) Lipase catalyzed enantioselective esterification of ibuprofen in organic solvents under con trolled water activity. Enzyme Microb Technol 22(4): 212-216.

[47] Kamal MZ, Yedavalli P, Deshmukh MV, Rao NM (2013) Lipase in aqueous-polar organic solvents: activity, structure, and stability. Protein Sci 22(7): 904-915.

[48] van Pouderoyen G, Eggert T, Jaeger KE, Dijkstra BW (2001) The crystal structure of *Bacillus subtilis* lipase: a minimal α/β hydro-lase fold enzyme. J Mol Biol 309(1): 215-226.

[49] Abraham MJ, Murtola T, Schulz R, Páll S, Smith JC, Hess B, Lindahl E (2015)GROMACS: high performance molecular simulations through multi-level parallelism from laptops to supercomputers. SoftwareX 1: 19-25.

[50] Trodler P, Pleiss J (2008) Modeling structure and flexibility of *Candida antarctica* lipase B in organic solvents. BMC Struct Biol 8(1): 9.

[51] Zhang Y, Zhang Y, McCready MJ, Maginn EJ (2018) Evaluation and refinement of the general AMBER force field for nineteen pure organic electrolyte solvents. J Chem Eng Data 63(9): 3488-3502.

[52] Dahanayake JN, Gautam DN, Verma R, Mitchell-Koch KR (2016) To keep or not to keep? The question of crystallographic waters for enzyme simulations in organic solvent. Mol Simul 42(12): 1001-1013.

[53] Mohtashami M, Fooladi J, Haddad- Mashadrizeh A, Housaindokht MR, Monhemi H (2019) Molecular mechanism of enzyme tolerance against organic solvents: insights from molecular dynamics simulation. Int J Biol Macromol 122: 914-923.

[54] Cui H, Stadtmüller THJ, Jiang Q, Jaeger K-E, Schwaneberg U, Davari MD (2020c) How to engineer organic solvent resistant enzymes: insights from combined molecular dynamics and directed evolution study. ChemCatChem 12: 4073.

[55] Cui H, Zhang L, Eltoukhy L, Jiang Q, Korkunc¸SK, Jaeger K-E, Schwaneberg U, Davari MD (2020d) Enzyme hydration determines resistance in organic cosolvents. ACS Catalysis 10: 14847-14856.

[56] Duarte AM, van Mierlo CP, Hemminga MA (2008) Molecular dynamics study of the solvation of an α-helical transmembrane peptide by DMSO. J Phys Chem B 112 (29): 8664-8671.

[57] Vymětal J, BednárováL, Vondrášek J (2016) Effect of TFE on the helical content of AK17 and HAL-1 peptides: theoretical insights into the mechanism of helix stabilization. J Phys Chem B 120(6): 1048-1059.

[58] Schmid N, Eichenberger AP, Choutko A, Riniker S, Winger M, Mark AE, van Gunsteren WF (2011) Definition and testing of the GROMOS force-field versions 54A7 and 54B7. Eur Biophys J 40(7): 843-856.

[59] Lei Y, Li H, Han S (2003) An all-atom simulation study on intermolecular interaction of DMSO-water system. Chem Phys Lett 380 (5-6): 542-548.

[60] Liu H, Mueller-Plathe F, van Gunsteren WF (1995) A force field for liquid dimethyl sulfoxide and physical properties of liquid dimethyl sulfoxide calculated using molecular dynamics simulation. J Am Chem Soc 117 (15): 4363-4366.

[61] Zhang H, Jiang Y, Cui Z, Yin C (2018) Force field benchmark of amino acids. 2. Partition coefficients between water and organic solvents. J Chem Inf Model 58(8): 1669-1681.

[62] Caleman C, van Maaren PJ, Hong M, Hub JS, Costa LT, van der Spoel D (2012) Force field benchmark of organic liquids: density, enthalpy of vaporization, heat capacities, surface tension, isothermal compressibility, volumetric expansion coefficient, and dielectric constant. J Chem Theory Comput 8 (1): 61-74.

[63] Dick TJ, Madura JD (2005) A review of the TIP4p, TIP4p-ew, TIP5p, and TIP5p-e water models. Annu Rep Comput Chem 1: 59-74.

[64] Gl€attli A, Oostenbrink C, Daura X, Geerke DP, Yu H, Van Gunsteren WF (2004) On the transferability of the SPC/L water model to biomolecular simulation. Braz J Phys 34 (1): 116-125.

[65] Malde AK, Zuo L, Breeze M, Stroet M, Poger D, Nair PC, Oostenbrink C, Mark AE (2011) An automated force field topology builder (ATB) and repository: version 1.0. J Chem Theory Comput 7(12): 4026-4037.

[66] Wang J, Wang W, Kollman PA, Case DA (2001) Antechamber: an accessory software package for molecular mechanical calculations. J Am Chem Soc 222:U403

[67] Van Der Spoel D, Lindahl E, Hess B, Groenhof G, Mark AE, Berendsen HJ (2005) GROMACS: fast, flexible, and free. J Comput Chem 26(16): 1701-1718.

[68] Case DA, Darden T, Cheatham Ⅲ TE, Simmerling C, Wang J, Duke RE, Luo R, Merz KM, Pearlman DA, Crowley M (2006) AMBER 9. University of California, San Francisco 45.

[69] Case DA, Darden TA, Cheatham TE, Simmerling CL, Wang J, Duke RE, Luo R, Crowley M, Walker RC, Zhang W (2008) Amber 10. University of California.

[70] Brooks BR, Brooks CL III, Mackerell AD Jr, Nilsson L, Petrella RJ, Roux B, Won Y, Archontis G, Bartels C, Boresch S (2009) CHARMM: the biomolecular simulation program. J Comput Chem 30(10): 1545-1614.

[71] LAMMPS. http://lammps.sandia.gov

[72] Plimpton S (1995) Fast parallel algorithms for short-range molecular dynamics. J Comput Phys 117(1): 1-19.

[73] Phillips JC, Braun R, Wang W, Gumbart J, Tajkhorshid E, Villa E, Chipot C, Skeel RD, Kale L, Schulten K (2005) Scalable molecular dynamics with NAMD. J Comput Chem 26 (16): 1781-1802.

[74] Land H, Humble MS (2018) YASARA: a tool to obtain structural guidance in biocatalytic investigations. In: Protein engineering. Springer, pp 43-67.

[75] Hutter J, Iannuzzi M, Schiffmann F, Vande-Vondele J (2014) cp2k: atomistic simulations of condensed matter systems. Wiley Interdiscip Rev Comput Mol Sci 4(1): 15-25.

[76] GROMACS website. https://www.gromacs.org

[77] Jewel Y, Liu T, Eyler A, Zhong W, Liu J (2015) Potential application and molecular mechanisms of soy protein on the enhancement of graphite nanoplatelet dispersion. J Phys Chem C 119(47): 26760-26767.

[78] Migliolo L, Silva ON, Silva PA, Costa MP, Costa CR, Nolasco DO, Barbosa JA, Silva MR, Bemquerer MP, Lima LM (2012) Structural and functional characterization of a multifunctional alanine-rich peptide analogue from *Pleuronectes americanus*. PLoS One 7 (10): e47047.

[79] Zou Z, Alibiglou H, Mate DM, Davari MD, Jakob F, Schwaneberg U (2018) Directed sortase A evolution for efficient site-specific bioconjugations in organic co-solvents. Chem Commun 54(81): 11467-11470.

[80] Fioroni M, Burger K, Mark AE, Roccatano D (2000) A new 2,2,2-trifluoroethanol model for molecular dynamics simulations. J Phys Chem B 104(51): 12347-12354.

[81] Geerke DP, Oostenbrink C, van der Vegt NF, van Gunsteren WF (2004) An effective force field for molecular dynamics simulations of dimethyl sulfoxide and dimethyl sulfoxide-water mixtures. J Phys Chem B 108 (4): 1436-1445.

[82] Nagy PI, Völgyi G, Takács-Novák K (2008) Monte carlo structure simulations for aqueous 1,4-dioxane solutions. J Phys Chem B 112(7): 2085-2094.

[83] Taha M, Khoiroh I, Lee M-J (2013) Phase behavior and molecular dynamics simulation studies of new aqueous two-phase separation systems induced by HEPES buffer. J Phys Chem B 117(2): 563-582.

[84] Mark P, Nilsson L (2001) Structure and dynamics of the TIP3P, SPC, and SPC/E water models at 298 K. J Phys Chem A 105 (43): 9954-9960.

[85] Khabiri M, Minofar B, BrezovskýJ, DamborskýJ, Ettrich R (2013) Interaction of organic solvents with protein structures at protein-solvent interface. J Mol Model 19 (11):4701-4711

[86] Josiane F-MV, Fulton A, Zhao J, Weber L, Jaeger K-E, Schwaneberg U, Zhu L (2018) Exploring the full natural diversity of single amino acid exchange reveals that 40%-60% of BSLA positions improve organic solvents resistance. Bioresour Bioprocess 5(1): 2.

[87] Markel U, Zhu L, Frauenkron-Machedjou VJ, Zhao J, Bocola M, Davari MD, Jaeger K-E, Schwaneberg U (2017) Are directed evolution approaches efficient in exploring nature's potential to stabilize a lipase in organic cosolvents? Catalysts 7(5): 142.

[88] Park HJ, Joo JC, Park K, Kim YH, Yoo YJ (2013) Prediction of the solvent affecting site and the computational design of stable *Candida antarctica* lipase B in a hydrophilic organic solvent. J Biotechnol 163 (3): 346-352.

[89] Park HJ, Joo JC, Park K, Yoo YJ (2012) Stabilization of *Candida antarctica* lipase B in hydrophilic organic solvent by rational design of hydrogen bond. Biotechnol Bioproc E 17 (4): 722-728.

[90] Moore JC, Arnold FH (1996) Directed evolution of a para-nitrobenzyl esterase for aqueous-organic solvents. Nat Biotechnol 14 (4): 458-467.

[91] Ogino H, Uchiho T, Doukyu N, Yasuda M, Ishimi K, Ishikawa H (2007) Effect of exchange of amino acid residues of the surface region of the PST-01 protease on its organic solvent-stability. Biochem Biophys Res Commun 358(4): 1028-1033.

[92] Badoei-Dalfard A, Khajeh K, Asghari SM, Ranjbar B, Karbalaei-Heidari HR (2010) Enhanced activity and stability in the presence of organic solvents by increased active site polarity and stabilization of a surface loop in a metalloprotease. J Biochem 148 (2): 231-238.

[93] Femmer C, Bechtold M, Panke S (2020) Semi-rational engineering of an amino acid racemase that is stabilized in aqueous/organic solvent mixtures. Biotechnol Bioeng 117 (9): 2683-2693.

[94] Reetz MT, Wu S (2008) Greatly reduced amino acid alphabets in directed evolution: making the right choice for saturation mutagenesis at homologous enzyme positions. Chem Commun 43: 5499-5501.

[95] Koudelakova T, Chaloupkova R, Brezovsky J, Prokop Z, Sebestova E, Hesseler M, Khabiri M, Plevaka M, Kulik D, Kuta Smatanova I (2013) Engineering enzyme stability and resistance to an organic cosolvent by modification of residues in the access tunnel. Angew Chem Int Ed 125(7): 2013-2017.

[96] Chen K, Arnold FH (1993) Tuning the activity of an enzyme for unusual environments: sequential random mutagenesis of subtilisin E for catalysis in dimethylformamide. Proc Natl Acad Sci USA 90(12): 5618-5622.

[97] Kawata T, Ogino H (2010) Amino acid residues involved in organic solvent-stability of the LST-03 lipase. Biochem Biophys Res Commun 400(3): 384-388.

[98] Ogino H, Uchiho T, Yokoo J, Kobayashi R, Ichise R, Ishikawa H (2001) Role of intermolecular disulfide bonds of the organic solvent- stable PST-01 protease in its organic solvent stability. Appl Environ Microbiol 67 (2): 942-947.

[99] Cui H, Davari MD, Schwaneberg U (2020) CompassR yields highly organic solvent-tolerant enzymes through recombination of compatible substitutions. Chem Eur J. https://doi.org/10.1002/chem. 202004471

[100] Cui H, Cao H, Cai H, Jaeger K-E, Davari MD, Schwaneberg U (2020) Computer-assisted recombination (CompassR) teaches us how to recombine beneficial substitutions from directed evolution campaigns. Chem Eur J 26(3): 643-649. https://doi.org/10. 1002/chem.201903994

[101] Cui H, Davari MD, Schwaneberg U. Recombination of single beneficial substitutions obtained from protein engineering by computer-assisted recombination (CompassR). Methods in molecular biology. Springer Nature (in press)

[102] Cui H, Pramanik S, Jaeger KE, Davari MD, Schwaneberg U (2021) CompassR-guided recombination unlocks design principles to stabilize lipases in ILs with minimal experimental efforts. Green Chemistry 23 (9): 3474-3486.

[103] Bornscheuer UT, Hauer B, Jaeger KE, Schwaneberg U (2019) Directed evolution empowered redesign of natural proteins for the sustainable production of chemicals and pharmaceuticals. Angew Chem Int Ed 58 (1): 36-40.

[104] Chen K, Arnold FH (1991) Enzyme engineering for nonaqueous solvents: random mutagenesis to enhance activity of subtilisin E in polar organic media. Nat Biotechnol 9 (11): 1073-1077.

[105] Nucci NV, Pometun MS, Wand AJ (2011) Site-resolved measurement of water-protein interactions by solution NMR. Nat Struct Mol Biol 18(2): 245-249.

[106] Schymkowitz J, Borg J, Stricher F, Nys R, Rousseau F, Serrano L (2005) The FoldX web server: an online force field. Nucleic Acids Res 33(suppl_2): W382-W388.

[107] Lemkul JA. GROMACS tutorials. http:// www. mdtutorials.com/gmx/

[108] Duan Y, Wu C, Chowdhury S, Lee MC, Xiong G, Zhang W, Yang R, Cieplak P, Luo R, Lee T (2003) A point-charge force field for molecular mechanics simulations of proteins based on condensed-phase quantum mechanical calculations. J Comput Chem 24 (16): 1999-2012.

[109] Janert PK (2010) Gnuplot in action: under- standing data with graphs. Manning

[110] DeLano WL (2002) The PyMOL molecular graphics system. http://www.pymol.org

[111] Humphrey W, Dalke A, Schulten K (1996) VMD: visual molecular dynamics. J Mol Graph 14(1): 33-38.

第十一章

酶动态通道的计算机模拟工程

Alfonso Gautieri, Federica Rigoldi, Archimede Torretta, Alberto Redaelli,
Emilio Parisini

摘要

酶工程是一种定制化改造天然酶的过程，通过对酶序列和结构特征进行局部修饰，通过对酶的进行修饰，可以提高其催化效率、稳定性或特异性。从而将天然酶转化为更高效、专一且耐受性强的生物催化剂，使其适用于多元化的工业过程。当前酶工程策略主要靶向酶的活性位点（即催化反应发生区域）。然而，连接酶表面与其深埋活性位点的动态通道在酶功能中起着关键作用——该通道作为"守门人"调节底物进入催化"口袋"的过程。因此，针对底物入口通道的序列和结构进行工程化改造，正成为进准调控酶活性、优化底物特异性及控制反应混杂性的新兴研究方向。

本章阐述了采用理性计算机设计模拟和筛选方法，对果糖肽氧化酶的动态通道进行工程化改造，旨在降低底物进入催化位点的空间位阻，拓宽酶促反应底物范围。我们的目标是改造这类酶，实现糖尿病监测设备中糖基化蛋白的直接检测。设计策略核心在于酶主链结构的重构，这一技术突破超越了传统酶工程方法的局限：单点突变无法实现主链改造，而定向进化策略中自然发生此类事件的概率极低。

该策略可显著降低候选酶变体的实验制备和表征成本及周期，是一种加快鉴定新的和改进的酶的有前途的方法。理性酶设计致力于开发计算机模拟策略，以实现生物催化剂的高效、精准和低成本开发，满足制药、能源、环境保护等多领域需求，从而最终推动绿色化学的应用并提高化工过程效率。

关键词： 理性酶工程，动态通道，底物进入，分子建模，蛋白质设计

第一节 引言

酶的活性位点，也就是催化反应发生的地方，可以位于蛋白质表面，或者在大多数情况下，位于蛋白质内部的腔室中，这些腔室通过一个或多

个通道连接到蛋白质表面。通道在酶的催化功能中起着积极的作用。事实上，它们负责将反应物、溶剂和辅因子运输到活性位点并释放反应产物[1][图 11-1（a）]。

除了化学反应阶段外，酶催化循环的所有其他步骤都在很大程度上取决于通道的特性。通道的主要功能包括：

① 作为门控结构，控制底物、辅因子和溶剂的进入；

② 保护催化部位不受有害化学物质（如过渡金属）的影响；

③ 选择首选底物，从而增强酶的特异性；

④ 允许反应物在一个有限的空间内富集；

⑤ 防止高反应活性中间体的释放；

⑥ 控制反应产物的释放。

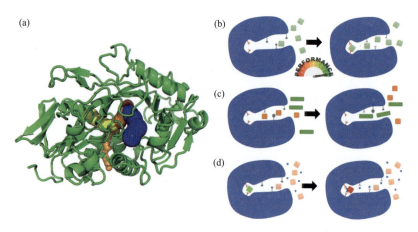

图 11-1

晶体结构中观察到的通道示例和改变酶的活性、特异性和混杂性的酶通道工程示意图

（a）在烟曲霉原变种（PDB 4WCT）晶体结构中观察到的多个 Amadoriase Ⅰ 通道（以不同颜色描绘）；（b）更换通道内衬残基的类型和大小可以增加 / 降低催化活性；（c）通道的改造会影响酶的混杂性，例如允许更大的或不同的底物进入催化位点；（d）酶通道中的突变可以通过改变溶剂和辅因子的转运来改变酶的混杂性

当前可以用来研究酶通道的金标准技术包括稳态动力学和 X 射线晶体学[2]。虽然通道可以在晶体结构中可视化，但在许多情况下，酶（特别是通道），并不是静态结构。通常，除了热运动之外，不同构象之间的某种程度的动态变化是酶功能所固有的，例如提供门控功能，配体结合后的适应或过渡态的稳定。就此而言，可以从分子动力学（MD）模拟中收集

有关通道动态特性的更多相关信息 [3]。

虽然催化位点提供了核心的酶功能，但通道允许对酶活性进行微调，这些不同的作用也反映在序列保守性上。的确，虽然活性位点在同源酶中通常是高度保守的，而且活性位点的突变往往对酶的功能有害，但通道保守性通常较低，对突变的抵御能力更强。这方面对于酶工程来说是非常有价值的，因为它允许在不改变酶核心活性的情况下重新定义酶的功能。

因此，酶通道越来越多地被酶工程师用于：（1）微调催化活性；（2）调节底物特异性（包括对映体选择性），以及（3）控制酶促反应的混杂性 [图 11-1（b）~（d）]。在接下来的章节中将提供这三类蛋白质工程干预的相关案例示例。通道工程主要基于单点或多点突变，这些突变通过改变通道内衬氨基酸来改变通道的性质。然而，由于越来越精确的蛋白质工程软件的发展，在不破坏蛋白质稳定性的情况下重塑蛋白质骨架的酶修饰也正在成为通道工程的一种可能策略。在引言的最后一部分和接下来的段落中，描述了一个通道工程干预的案例研究，该研究以通道和门控结构的显著重塑为特征。

一、工程催化活性

酶的周转率主要是底物到达内腔并结合到活性位点所需时间的函数，以及产物从催化位点解离并释放到环境中所需时间的函数 [4,5]。从这个角度来看，可以通过改变配体的运输来调节酶的催化活性，要么改变底物从主体溶剂到催化口袋，要么改变产物从内腔到环境的运输。这种效果可以通过改变通道的大小、电荷分布和动态行为来实现。

降低催化活性的一种简单而有效的策略是通过引入大氨基酸来修饰通道内衬残基，以便至少部分地阻碍进口通道。这一策略被成功地用于降低脲酶的催化活性，并在通道中引入了负责镍运输的大的残基 [6]。除了空间位阻效应外，静电效应还可用于延迟配体进出催化位点的通道。通过在人吲哚胺 2,3- 双加氧酶 1 中引入 S167H 突变，Lewis-Ballester 及其同事能够将酶活性降低为原来的 1/5000，这要归功于新引入的组氨酸残基与配体之间形成了水介导的氢键，从而有效降低了其周转率 [7]。

同样，通过用较小的残基取代巨大的通道内衬残基，也有可能提高酶活性。通过拓宽通道的尺寸，这些突变可能会加速配体和辅因子进入催化口袋，以及反应产物的排出。这种策略使得环氧化物水解酶的催化活性提高了 42 倍，这要归功于用较小的丙氨酸取代了大体积的氨基酸，如蛋氨酸或苯丙氨酸。这些进口通道修饰导致反应产物释放速度更快，这代表了催化循环的限速步骤 [8]。

有趣的是，这两种方法被成功地结合在一起，设计出了一种卤代烷烃脱卤酶。通过引入二硫键来阻断主通道，而通过一系列侧链还原突变来打开次级进口通道。由此产生的酶，其特点是通过广泛的工程通道进入催化位点，具有极高的催化活性和广泛的底物特异性，部分原因是通过工程通道增加了配体的运输能力 [9,10]。

在一些酶中，通道呈现出动态结构。几丁质酶 B 是一种糖苷水解酶，它催化糖苷键的水解，并具有通道状的催化裂缝。这种通道在结构上是动态的，它能适应底物的结合。活性位点通道壁上四个突出残基的突变导致构象自由度增加，这反过来又导致结合时构象熵变化的显著减少。这一观察结果表明，通道内衬残基对于赋予最佳底物结合的适当结构刚度至关重要，从而最终影响酶的催化活性 [11]。

二、 工程底物特异性

许多酶能够催化不同底物参与的反应，尽管对它们具有不同的催化活性。考虑到酶底物需要穿过通道才能到达埋藏的催化位点，通道工程可用于调节酶底物的特异性。

修改酶接受链状化合物（如碳链）的特异性的一般方法依赖于通道长度的工程设计，以调整对长链或短链底物的特异性。例如，醛脱甲酰基加氧酶是一种参与脂肪酸碳链尾部生物合成途径的酶，在生物燃料的生产中具有潜在的应用。然而，该酶对不同链长底物的特异性较低，这对于生物燃料的生产是不理想的。在一项研究中，在通道内引入大体积氨基酸（苯丙氨酸或酪氨酸）可以微调底物的链长选择性，使酶对特定链长的底物更有活性，因此更适合生物燃料生产 [12]。使用类似的方法，通过在其长通道的不同位置引入大氨基酸来设计烷烃羟化酶，从而迫使酶选择特定长度的烷烃底物 [13]。

D- 氨基酸氧化酶可将 D- 氨基酸降解为 α- 酮酸、过氧化氢和氨。通过对猪和人的 D- 氨基酸氧化酶进行结构分析并结合 MD 模拟，Subramanian 和同事确定了位于环上靠近活性位点的残基，这些残基对酶的活性和特异性起决定性作用。事实上，这些位置的工程化改造被证明是调节酶活性和特异性的一种极好的方法。特别是，Y55A 突变可增强酶对大体积底物的催化活性 [14]。

在许多工业应用中，产生（或用作底物）单一对映体的能力是非常理想的特性。虽然化学催化难以实现，但许多天然存在的酶能提供不同程度的对映体选择性，可以通过改造活性位点和通道来进一步设计。脂肪酶是水解脂肪酸的酶，在反式脂肪酸（呈现线性构象）和顺式脂肪酸（呈现弯曲构象）之间的选择性一般较低。通过改变通道的几何形状，对脂肪酶通道内衬残基的突变可实现对脂肪酸的选择性微调。具体来说，偏好反式脂肪酸的脂肪酶是通过缩小通道并诱导直线进入而获得的。另一方面，对顺式脂肪酸的选择性是通过突变诱导的，导致通道产生紧密弯曲[15]。使用定向进化方法，Li 和同事通过活性位点和通道修饰的结合改变了单胺氧化酶的对映体选择性。酶工程导致酶的发展更具对映体选择性，以及对更大和疏水性更强的底物更有活性。催化曲线的改变是由于入口通道的疏水性增加，同时结合口袋的形状也发生了改变[16]。

三、　工程基质混杂性

酶是非常特殊的催化剂。然而，除了其主要化学反应以外，它们通常还能够催化副反应。虽然次级催化活性通常比主要催化活性慢，但在自然或诱导的选择压力下，这些辅助反应可能成为主要反应。通过提供必要的选择压力，进口通道工程能够对混杂酶的反应特异性进行微调。事实上，酶的底物通道会影响一种酶催化的不同化学反应的周转率。这是通过控制反应物、溶剂和辅因子到活性位点的运输，以及溶剂中产物的释放来实现的。

糖苷水解酶是以底物的水解为主要催化活性的酶。然而，它们也表现出较低的糖基转移酶活性，这对于低聚糖的合成来说是特别有趣的。David 及其同事[17]设计了一种糖苷水解酶，其中引入了转糖基化 / 水解平衡的变化。他们发现，水通道内三个残基的突变影响了水向活性位点的运输，从而使水解活性降低为野生型的 1/50，同时略微提高了糖基转移酶的活性。从本质上讲，通过改造水通道，他们获得了一种转糖基化 / 水解平衡发生逆转的糖苷水解酶。

Mhg 是一种 α/β 折叠水解酶，具有 γ-内酰胺酶和过水解酶活性，但不具有酯酶活性，尽管其催化三联体和活性位点的几何形状与酯酶相同。Yan 等人[18]通过分子对接和序列分析，假设通道通过阻止酯类化合物进入口袋，在确定酯酶活性缺乏方面发挥了作用。通过设计进口通道，他们成功地获得了 Mhg 的酯酶变体。特别是，L233G 突变导致产生了具有极高特异性酯酶活性的 Mgh 变体，而没有任何 γ- 内酰胺酶和过水解酶活性，从而证明酶通道工程可以是控制催化混杂性的非常有效的策略。

四、 案例研究

氨基酸氧化酶（FAOX）是一类黄素蛋白，可催化果糖基氨基酸氧化生成葡萄糖、氨基酸和过氧化氢[19-21]。这类酶的一些成员对短链果糖肽（最多 6 个氨基酸）表现出反应性[22]，被称为果糖肽氧化酶（FPOX）。

FPOX 可用于糖尿病的治疗，特别是糖化血红蛋白（HbA1c）的高精度检测[23-25]。然而，糖化血红蛋白酶测定需要对糖化血红蛋白进行初步的蛋白水解消化，因为 FPOX 不能与完整糖化蛋白反应。蛋白水解过程会释放出 N-端二肽，缬氨酸 - 组氨酸 - 果糖，然后被 FPOX 水解。其酶促产物过氧化氢，可以用比色法测定[26]。基于相似的检测原理，FPOX 酶同样适用于另一种糖尿病标志物——糖化白蛋白的定量分析[27]。由于对快速、准确的糖尿病监测测试的需求不断增长，不需要对目标蛋白进行任何初步蛋白水解消化的酶促分析将是非常有价值的。然而，天然存在的 FPOX 不能直接检测 HbA1c，因为这些酶对完整蛋白没有明显的活性。正如 FAOX 和 FPOX 酶的晶体结构所示，这是由于它们的活性位点隐藏和通往其催化口袋的通道狭窄[21,22,28]。因此，需要通过酶工程来扩大它们的底物范围[29]。

显然，使用 FPOX 作为诊断工具将在很大程度上受益于能够水解全长糖化蛋白的改良酶的发展。本章运用理性设计方法来设计 FPOX 的通道，以便于进入催化位点。该过程包括比较 FAOX/FPOX 酶的可用晶体结构，以确定保守的结构元件。随后从最小的保守结构开始，运用理性计算机模拟设计和筛选策略生成具有更宽的通往催化位点的通道的工程 FAOX。然后，使用基于 Rosetta 的设计和分子动力学模拟的几个循环对初步模型模板进行优化。最后，在这些模拟的基础上，选择了少量有希望的候选酶进行实验生产，从而获得了一种新的、稳定的、有活性的 FAOX 酶，该酶具有更宽的通往催化口袋的通道，收率很高。

第二节　材料

一、 通道分析与工程用软件

1. 多序列比对：由Sievers等人[30]开发的Clustal Omega软件可以处理非常

大量（从3到数万）的核苷酸或蛋白质序列。mBED算法用于计算导向树，它与HMMM profile-profile技术相结合以生成序列比对。我们建议使用成对序列比对工具（例如，EMBOSS Needle, EMBOSS Matcher分别用于全局和局部比对）来识别两个序列之间的相似性。

2. 蛋白质结构比对：图形化可视化软件（如Pymol软件[31]、VMD软件[32]）。我们建议使用Align或Cealign（在序列相似性较低的情况下）对目标蛋白与先前选定的候选者进行初始全局比对，然后使用Pair_fit函数运行局部结构对齐。均方根（RMS）值可以通过RMS函数获得（它将所选内容拟合到目标结构上，而无需对模型进行任何转换）。

3. 蛋白质设计：Loop建模[33]和RemodelRosetta工具[34]。环路建模方法旨在对蛋白质片段的构象空间进行采样，同时保持终点与全局结构的连接。我们建议在封闭结构（由环路建模阶段输出）上应用重构设计来重新设计面向新环境区域中的氨基酸序列。我们使用循环文件和运动学闭合协议进行环路重建和细化。蓝图文件用于定义需要重新设计的区域，指定在设计阶段的特定位置要使用的氨基酸类型，并列出允许的主链运动。

4. 修改后的结构评价：在显式溶剂（TIP3水分子）中的分子动力学（MD）模拟，生理压力和离子强度（分别为1 atm❶和0.15 mol/L）。温度可以固定在310 K（室温），也可以采用273 K至340 K的温度缩放方案来选择最稳定的设计候选物。

在特定案例研究中使用了 NAMD[35] 和 ACEMD[36] 软件。

5. 蛋白质稳定：PROSS服务器[37]，然后进行MD模拟。PROSS算法旨在推荐溶剂暴露氨基酸的突变，以提高蛋白质的溶解度（提出潜在的高度稳定的候选物突变），而MD模拟，在显式溶剂和生理条件下，可用于识别最稳定的候选物突变，以便在实验验证阶段进行生产和测试。

二、 实验验证

对于每个特定的部分，都需要以下材料。

（一）蛋白表达与纯化

1. 大肠杆菌BL21（DE3），BL21（DE3）pLysS, BL21（DE3）Rosetta,

---

❶　1 atm=101325 Pa。

BL21（DE3）pGro7和BL21 Star（DE3）细胞。

2. LB培养基。

3. LB琼脂。

4. 氨苄西林。

5. 氯霉素。

6. 阿拉伯糖。

7. 异丙基硫代-β-D-半乳糖苷（IPTG）。

8. pET15b载体：携带克隆的FAOX突变体/截短基因构建体（50 ng/ μL）。

9. 缓冲液A：TBS pH 7.4，5%甘油。

10. 缓冲液B：50 mmol/L Tris-HCl pH 8.0, 150 mmol/L NaCl, 0.5 mmol/L FAD，5%甘油。

11. Ni-NTA琼脂糖珠。

12. Superdex 200 Increase 10/300 GL尺寸排阻柱。

13. Amicon 20超滤离心管（分子量截留量10 kDa）。

（二）酶活性测定

1. 酶标仪（Spark10 M, Tecan）。

2. 缓冲液C：10 mmol/L Tris-HCl（pH 7.4), 20 mmol/L邻苯二胺。

（三）蛋白质结晶

1. Hampton Screen I 和 II 和结晶工具。

2. VDXm板。

第三节　方法

一、合理设计通道

在本节中，我们描述了设计具有扩大底物通道的 FAOX 突变体的计算过程。该过程基于迭代的 Rosetta-MD 协议，其中 Monte Carlo 模拟用于识别合适的候选者，而 MD 模拟用于选择在以下步骤中使用的实际候选者（图 11-2）。

为了重新设计通道，我们从野生型 Amadoriase I 及其天然底物（PDB

编号 4WXZ）的高分辨率 X 射线结构开始，并进行随机加速 MD 模拟，以确定底物到达活性口袋的最可能轨迹。基于这一分析，我们确定了定义入口通道的残基，这些残基代表了我们接下来重新设计阶段的目标区域。

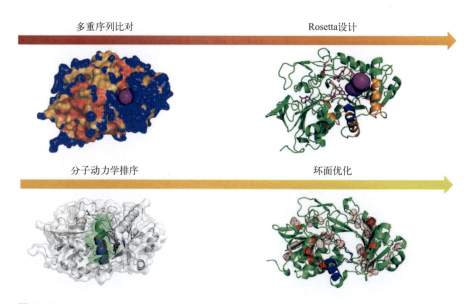

图 11-2

用于扩大底物通道的计算设计途径示意图

从左上角的图片开始，展示了 FAOX 酶之间的结构排列，其结构目前在蛋白质数据库中可查，不同颜色表示不同的保守区域。图片显示，最保守的区域（蓝色）大多远离底物通道，其内衬区域在同一超家族的不同天然酶中显示出更多样化的序列。基于比对结果，我们确定了一个核心（蓝色）区域，通过缩短其序列来使其发生突变，该区域被近端壳区（橙色）包围。另一个 5 Å 的外壳被设置为可重新包装，以方便地适应序列变化。催化残基和黄素辅因子也被显示出来（如棒状），并代表在设计阶段保持不变的热点区域。移动到左侧的第二行图像，表示在 MD 模拟之后，几个不同环路长度的叠加图：通过这些动力学过程计算几何特征，以便对不同的候选物进行排名。然后，在接下来的阶段中使用最有前景的候选物，通过 PROSS 软件预测的单点突变对表面进行优化

在这些区域内，为了确定最适合进行结构修饰的部分，我们对序列进行了比对，并对三种不同的 FPOXs 结构进行了重叠，这些 FPOXs 的晶体结构在文献中是可查的：Amadoriase Ⅰ（PDB 编号：4WCT）[28]，PnFPOX（PDB 编号 5T1E）[38] 和 EtFPOX（PDB 编号：4 RSL）[20]。序列比对使用 Clustal Omega 软件完成，而结构比对则使用 Align 和 Pair_Fit Pymol 函数获得。

重新设计结构的选择是通过平衡最高 X 射线分辨率和我们想要改进的最有利特征来实现的：由于 5T1E 具有更高的分辨率，又在底物入口区

域具有更短的天然螺旋和更短的环结构，因此我们选择这种结构作为进一步修饰步骤的起始骨架。

（一）骨架重构

由于我们的目标是扩大通往酶催化口袋的通道，我们选择了具有八个残基的长通道内衬区域，其序列在同一家族的不同野生型酶中显示出最低的同一性。我们还检查了该区域不包含任何基本的催化残基。相对于我们的特定案例研究，可以将酶的催化残基分为两组。第一组是由结合底物的糖部分（例如，糖化赖氨酸的果糖头）的氨基酸组成的，这些氨基酸在所有 FAOX 之间高度保守。第二组包括那些结合底物的氨基酸部分的氨基酸（例如，糖化赖氨酸的尾部部分），它们更具可变性，因此为每个家族成员提供特异性（例如，α/ε 糖化氨基酸）。我们的设计方法中，修改一个可变区域，不包括任何催化残基结合底物的糖部分。

将该区域从基本骨架结构中移除，并使用 Monte Carlo 模拟通过更短的环路重新闭合结构。具体来说，要缩短的区域由八个连续的氨基酸残基组成，并由以下二级结构元件定义：螺旋 - 转角 - 卷曲。特别地，我们应用环路建模函数来关闭被移除的主链部分的间隙，并分别使用两个、三个或四个残基长度的片段来重建它。我们使用了一种运动学闭合协议——将起始锚点和结束锚点约束到它们的原始位置。具体来说，遵循环路建模指南，我们只允许在插入点之后和之前的两个残基进行主链重新包装，保持所有剩余结构的固定。由于我们删除了部分蛋白质结构，因此改变了一些剩余部分的周围环境，这些部分在野生型结构中被我们删除的八个残基长区域覆盖，因此变得暴露在溶剂中。由于这些变化，我们将 Rosetta 重构函数应用于周围区域的 6 Å 外壳（即，在截断时丢失的那些相互作用的部分）。这一步允许 Rosetta 软件通过改变其一级序列来重新设计该区域。

为了适应这种序列变化，在重构阶段保证可设计区域周围的侧链重新包装为 8 Å 的外壳。由于存在共价结合的黄素，在设计和重包装步骤期间，辅助因子 4 Å 内的所有残基都被冻结以保留其所有相互作用。

最后，用脯氨酸残基盖住修饰的 α- 螺旋区，脯氨酸残基在所有三种野生型结构中都是保守的氨基酸。为了明确每个残基在 Remodel 阶段的行为，我们使用 Blueprint 文件作为输入。

对于每个循环长度，使用环路建模 - 重构协议生成 50 个不同的结构，产生 150 个可能的候选对象的最终池。然后将每个循环长度的 5 个总分最低的结构（即总共 15 个模型）传递到下一阶段。我们使用 score15 函数（来自 Rosetta3.8 的标准得分函数），没有任何额外的权重或更改。

（二）循环长度选择

在设计阶段之后，应用 MD 模拟来选择实验验证阶段的最佳候选物。特别是，在生理条件下对 15 个候选物中的每一个都运行了 50 ns 的 MD 模拟。具体来说，将 AMBER14SB 力场[39]应用于蛋白质、水（TIP3P）和离子，而使用通用 AMBER 力场（GAFF）[40]来建模 FAD 辅因子。这 15 个分子模型采用 TIP3P 水模型进行溶剂化处理（水层厚度 15 Å，最终模拟体系包含约 50000 个原子），通过 NAMD 软件在 NPT 系综下进行能量最小化（1000 步），和平衡模拟［压力 1 atm（101325 Pa），温度 300 K 条件下］平衡。模拟参数设置为：使用时间步长 2 fs，非键作用截断半径 12 Å，刚性键约束和粒子网格 Ewald 长程静电处理。对蛋白质的 Cα 原子施加 $10\ kcal \cdot mol^{-1} \cdot Å^{-2}$ 的弹性常数限制，以防止蛋白质扩散，同时允许水分子以正确的密度分布在蛋白质周围。随后使用 ACEMD 进行 50 ns 的生产模拟，除时间步长增加到 4 fs 外，其余参数均保持平衡阶段设置。

为评估由此获得的不同模型，沿着轨迹比较了均方根偏差（RMSD）和均方根波动（RMSF）。通过监测 RMSD 随着时间的变化，可以确定模拟何时达到稳定，即没有进一步的重大结构变化发生。这种"模拟健康检查"与 NAMD 总能量图（两者都需要呈现典型的渐近趋势才能确定 MD 模拟达到稳定）是筛选后续分析所用有效帧的必要步骤。在研究案例中，尽管环路长度不同，但所有系统都在几纳秒内达到稳定，且三个环长模型之间未发现显著差异。

沿工作轨迹（系统达到稳定后）的 RMSF 分析用于监测模型振动，定义为不同结构中相同原子选择的时间平均位置。分析可知，平均而言，与由两个或四个残基组成的环相比，由三个氨基酸组成的环是最稳定的。

案例中所有的结构稳定性分析都局限于主链残基，不包括侧链原子，这可能导致结果的重大偏差，特别是在极性/带电残基暴露于溶剂的情况下。通过与 5T1E 的野生型形式进行最终结构比对，在剩下的五个候选结构中进行选择，并为接下来的设计步骤选择与天然形式的全局偏差最小的结构。

（三）稳定性优化

结构和稳定性分析表明，具有三残基长环的系统代表了最适合实验生产的候选系统。因此，使用 PROSS 服务器进行最后的序列优化步骤，以确定可能增加工程蛋白溶解度和稳定性的点突变。使用在前一节中确定的最佳候选物作为 PROSS 运行的输入。在这一步中，FAD 辅因子和催化残基中 4 Å 以内的所有残基都被排除在重新设计之外。这是为了避免对酶的催化功能产生任何潜在的干扰。

PROSS 算法的输出结果包含七种可能模型，这些模型具有逐级增加的位点突变。我们对这七个候选变体进行了相同的 50 ns 分子动力学模拟（该协议此前已用于筛选 Rosetta 设计库中的有优候选）。RMSD 分析显示，在七个候选变体中，有两个的整体稳定性下降，因此被排除。在剩余的结构中，RMSF 比较表明所有候选结构在突变区域的残基位移均低于天然酶。结合全局结构比对分析，我们最终选择同时满足新设计区域内振动幅度最小且与被始 5T1E 结构的偏差最小的模型作为实验制备的最佳候选物。

二、 实验验证

模型验证需要生产可溶性和活性蛋白。验证通过功能测试进行，可能结合 X 射线晶体学的结构表征，以获得一组新的搭配，这可能为进一步的分子工程提供新的起点。模型验证为计算生成的理论模型的可行性提供了必要的信息，并且需要在不同的实验条件下进行一定程度的试错测试，以获得最佳的蛋白质生产和分析。

（一）蛋白表达和纯化

当在酶中引入大量修饰时，可以在小规模（20 mL）蛋白质表达试验中筛选获得足够的功能和结构测试所需的最佳表达条件，从而测试不同的大肠杆菌菌株以及表达条件，如温度和诱导物浓度，在本例中诱导物为 IPTG。为此，可以设计一个足够宽的可能覆盖不同的 IPTG 浓度（通常在 0.2 mmol/L 和 1 mmol/L 之间），不同的温度（18 ℃、25 ℃ 和 37 ℃）和大肠杆菌菌株的蛋白质表达矩阵，以最大限度地提高可溶性蛋白的产量。

为了测试溶解度和最大化 FAOX 突变体的表达量，我们测试了以下大肠杆菌菌株: BL21（DE3）Rosetta, BL21（DE3），BL21（DE3）pLysS，BL21 Star（DE3），BL21（DE3）pGro7，但也可以考虑其他菌株。BL21（DE3）Rosetta 菌株通常促进含有大肠杆菌中稀有密码子的异源真核蛋白的表达，而 BL21（DE3）pLysS 菌株可以促进对细菌有毒的重组蛋白的产生。事实上，与 BL21（DE3）细胞相比，pLysS 菌株具有较低的异源蛋白基础表达水平，从而将潜在的毒性问题降至最低。同样，Star 菌株具有内源性 RNA 酶水平降低的特点，因此降低了对 mRNA 的降解，通常在增强异源蛋白表达方面具有竞争优势，特别是当使用低拷贝数质粒时。最后，pGro7 细胞允许目标蛋白与一组分子伴侣共表达，从而减少蛋白聚集并增加可溶性部分中异源蛋白的数量。可以使用不同的表达条件测试这些和其他商业菌株，以确定生产可溶性蛋白的温度、IPTG 浓度和菌株的最佳组合。

1. 小规模溶解度筛选操作。

（1）所选菌株采用以下标准转化方案：BL21（DE3）、BL21（DE3）pLysS、BL21（DE3）Rosetta、BL21（DE3）pGro7 和 BL21 Star（DE3）。

① 用 1 μL 的 pET15b 载体转化感受态细胞，其中克隆了编码 FAOX 突变 / 截短基因模型的 DNA 构建体（50 ng/μL）。

② 将试管放回冰中 30 min。

③ 细胞在 42 ℃ 下热激 45 s，试管立即放回冰中 2 min。

④ 每次转化反应中加入 450 μL LB 培养基，37 ℃，225 r/min 条件下恒定摇匀培养 60 min。

⑤ 每次反应取转化后的细胞 100 μL，在添加 50 mg/L 氨苄西林的 LB 琼脂平板上，37 ℃ 孵育过夜。

（2）预培养：对于每个菌株，挑取转化板上的单个菌落接种于添加 50 mg/L 氨苄西林的 LB 培养液（10 mL）中，在 37 ℃ 和 215 r/min 下孵育过夜。对于 pGro7 菌株，培养基还需补充 20 mg/L 氯霉素（Cam），以便基于含分子伴侣载体的存在进行额外的选择。

（3）表达

① 培养：

将 1 mL 过夜培养物加入 20 mL 新鲜 LB 培养基中。

对于 pGro7 菌株，还必须以 0.5 mg/mL 的终浓度添加阿拉伯糖来诱导分子伴侣的表达。

将培养物在 37 ℃ 下培养至 $OD_{600} = 0.6$。

将培养管在 18 ℃ 下冷却 10 min。

对每个菌株收集 100 μL 的非诱导样品，作为异源蛋白基础表达水平的对照。样品在 −80 ℃ 冷冻保存，用于后续的 SDS-PAGE 分析。

② 诱导：冷却后的培养物补充 IPTG（终浓度为 0.4 mmol/L），在 18 ℃ 和 215 r/min 下过夜。将 Rosetta 细胞在 18 ℃ 下培养 48 h，以兼顾其较

低生长速度的菌株。

（4）提取

① 沉淀澄清：

将细胞在 4 ℃ 下以 10000 r/min 的转速离心 10 min。

将沉淀悬浮在萃取缓冲液 A 中，达到每毫升缓冲液 0.2 g 沉淀的终浓度。

向悬浮沉淀中以 0.2 mmol/L 终浓度补充苯甲基磺酰氟（PMSF）。

对每个菌株采集 100 μL 样品，在 −80 ℃ 冷冻保存。

② 超声：

将澄清后的沉淀进行两个超声循环：在低振幅和 0.5 工作循环下进行 3 min 脉冲式超声和 2 min 暂停式超声。

收集 100 μL 样品，在台式离心机中以 10000 r/min 离心 10 min，然后将可溶性部分从沉淀中分离出来并标记为"S"，同时将沉淀重新分散在 100 μL 的萃取缓冲液 A 中，标记为"P"。试管在 −80 ℃ 冷冻保存备用。

剩余的样品在 4 ℃ 下以 15000 r/min 转速离心 30 min，从细胞碎片沉淀中分离上清液。

（5）Ni-NTA 亲和色谱法

① Ni-NTA 琼脂糖树脂以 0.2 mL 萃取缓冲液 A 平衡。

② 将超声步骤提取的细胞提取物加载到平衡过的 Ni-NTA 树脂上，在室温下孵育 10 min。

③ 将细胞提取液加载到吸附柱上，以 1200 r/min 转速离心 1 min，并收集上样液。

④ 1200 r/min 离心 1 min，以 0.8 mL（4 倍柱体积）清洗缓冲液（含 10 mmol/L 咪唑的缓冲液 A）清洗吸附柱。

⑤ 1200 r/min 离心 1 min，以 0.4 mL（2 倍柱体积）洗脱缓冲液（含 400 mmol/L 咪唑的缓冲液 A）解吸吸附柱中的结合蛋白。

⑥ 每步操作中，收集的样品在 −80 ℃ 冷冻保存。

对于每个菌株，在表达筛选期间收集的所有样品都上样至 10% 丙烯酰胺凝胶，以评估纯化情况并确定用于表达截短模型的最佳菌株。图 11-3 显示了所有五种菌株的筛选结果。

凝胶结果表明，该酶在所有被测菌株中的表达水平不同，并且在各种可溶性组分和沉淀组分中的分布不同。在 BL21（DE3）、BL21（DE3）pGro7、BL21（DE3）pLysS 和 BL21（DE3）中，亲和色谱分离的第一步产生非常低水平的 FAOX 突变体。而当使用 BL21 Star（DE3）菌株时，能观察到异源蛋白的过表达 [图 11-3（d）]。在 S 和 E 通道都可以观察到一个与 FAOX 突变体相对应的强谱带，这表明大部分酶在超声后仍留在可溶性部分，并且它已经正确折叠。

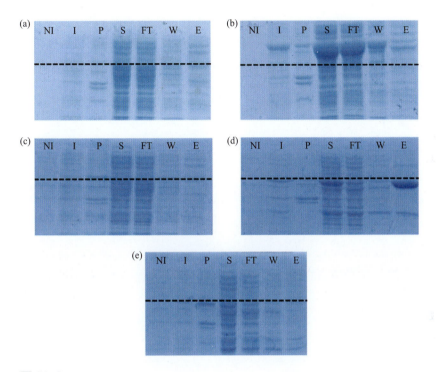

图 11-3

表达、提取和纯化质量控制

考马斯亮蓝染色聚丙烯酰胺凝胶电泳图显示 FAOX 突变体在以下菌株中的表达、提取和亲和色谱纯化谱带：大肠杆菌 BL21（DE3）（a）、BL21（DE3）pGro7（b）、BL21（DE3）pLysS（c）、BL21 Star（DE3）（d）和 BL21（DE3）Rosetta（e）。根据所收集样品的来源进行标记：NI—非诱导组，I—诱导组，P—沉淀组分，S—可溶性组分，FT—流出液，W—10 mmol/L 咪唑洗涤液，e—400 mmol/L 咪唑洗脱液。虚线标示 50 kDa 分子质量标准，大致对应 FAOX 突变体的预测分子质量

2. 大规模蛋白生产操作

一旦确定了提供最高水平可溶性蛋白的菌株，我们就开始大规模生产重组 FAOX 突变体。

（1）表达

① 转化的大肠杆菌 BL21 Star（DE3）在 4 L 添加氨苄西林的 LB 培养基中，37 ℃ 培养，直至 $OD_{600}=0.6$。

② 用 IPTG（最终浓度为 0.4 mmol/L）诱导。

③ 将细胞培养物在 25 ℃、215 r/min 条件下孵育过夜。

（2）提取

① 在 10000 r/min 的转速下离心收获细胞，重新分散在提取缓冲液 B 中，其中 PMSF 的最终浓度为 0.2 mmol/L，并含有脱氧核糖核酸酶（DNase）。然后在 0.5 工作循环下超声裂解细胞，共 8 个循环，包括 3 min 脉冲处理并暂停 2 min。

② 在 15000 r/min 和 4 ℃条件下离心 30 min，将可溶性部分从细胞碎片中分离出来。

（3）Ni-NTA 亲和色谱

① 将细胞提取液加载在 Ni-NTA 柱上，孵育 45 min。

② 用含有 40 mmol/L 咪唑的缓冲液 B 对色谱柱进行充分洗涤，以去除 Ni 树脂中的假蛋白。

③ 然后用含有 400 mmol/L 咪唑的缓冲液 B 洗脱 His 标记的酶。

（4）尺寸排阻色谱：这一纯化步骤在亲和色谱分离之后进行，目的是达到晶体级纯度。

① 以提取缓冲液 B 作为缓冲液，将洗脱的 His 标签 FAOX 突变体上样至 Superdex 200 Increase 10/300 GL 柱。

② 收集所得酶，并使用 Amicon 20 离心过滤浓缩至 5 mg/mL。最终样品保存在 −80 ℃ 下。

（二）酶活测试

酶的催化性能表征的关键是其酶活性的定量分析，以单位衡量。单位（U）定义为在特定测定的 pH 值和温度条件下，每分钟转化 1 μmol 底物所需的酶量（μmol/min）。通过分析酶在不同 pH 值和温度条件下的活性，可以确定最佳催化活性的最佳 pH 值，并量化其热稳定性和熔融温度。在 FAOX 突变体中，酶活性是通过连续比色法随时间测量的，该比色法通过监测 322 nm 光的吸光度来检测果糖赖氨酸酶解过程中葡萄糖的形成。实际上，FAOX 酶将果糖赖氨酸转化为赖氨酸、葡萄糖和过氧化氢（图 11-4）。然而，在溶液中，葡萄糖可以以两种相互转化形式存在：线性形式和 α- 吡喃糖形式，因此，在反应混合物中加入邻苯二胺，以便与葡萄糖发生化学反应，形成可以在 322 nm 处检测到的喹诺啉衍生物，并稳定地保持其线性构象。该方法适用于 Grainer Bio 的 96 孔透明聚苯乙烯板高通量检测模式。

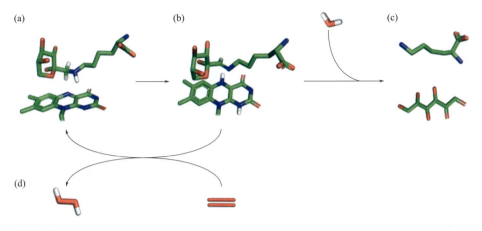

图 11-4

FAOX 酶催化氨基酸去糖基化反应示意图

该酶催化 Amadori 产物中氨基酸部分的氮与果糖部分的碳之间 C—N 键的氧化（a）。该反应产生席夫碱（b），席夫碱被水解生成葡萄糖醛酮和游离氨基酸（c）。还原后的 FAD 被氧分子氧化并释放过氧化氢（d）

活性测试操作：

1. 每孔加入200 μL反应液（10 mmol/L pH 7.4的Tris-HCl、20 mmol/L邻苯二胺，2 mmol/L果糖赖氨酸）。

2. 预孵育1 min后，加入终浓度为0.44 μmol/L的酶开始反应。

3. 在25 ℃下，用Spark10 M（Tecan）酶标仪监测322 nm处吸光度的增加（葡萄糖醛酮在322 nm处的吸光系数为149.25 L/(mol·cm)）。一个酶活性单位定义为每分钟产生1 μmol葡萄糖醛酮所需的酶总量。酶活性（A）由吸光度曲线斜率（S）除以葡萄糖醛酮的吸光系数，并将该值乘以测定的总体积（V_{assay}）得到：

$$A = \frac{S}{\varepsilon_{322}^{glucosone}} V_{assay} \tag{11-1}$$

（三）酶稳态动力学分析

酶促分析可以测量酶的稳态动力学参数。这些参数通常由米氏公式（11-1）导出，包括米氏常数（K_M）、最大反应速率（v_{max}）、和转化数（或催化常数，k_{cat}）。所有这些参数描述了酶的反应速率如何取决于酶本身和底物的浓度。K_M 表示酶对底物的亲和力，v_{max} 表示饱和时的最大反应速率，K_{cat} 表示在给定的酶浓度下，单个催化位点每秒转化的底物分子的最大数目，并可比较突变酶和野生型酶的催化性能。我们采用先前描述的相同方法测量表观稳态动力学参数随时间的变化，并使用不同的底物浓度（从 0.05 到 5 mmol/L）获得米氏曲线。一组数据点重复三次。

动力学分析操作：

1. 每孔制备200 μL的反应混合物，其中含有10 mmol/L pH 7.4的Tris-HCl，20 mmol/L邻苯二胺和不同浓度的果糖赖氨酸（0.05、0.1、0.25、0.5、1、2、5 mmol/L）。

2. 预孵育1 min后，加入酶（终浓度为0.44 μmol/L）开始反应。

3. 在25 ℃下，用Spark10 M（Tecan）酶标仪监测322 nm处吸光度的增加，用得到的斜率计算表观反应速率。

4. 所有的数据点收集后，为了得到所有的动力学参数，将数据用米氏方程进行非线性最小二乘拟合：

$$v = \frac{v_{max}S}{K_M + S}$$

$$k_{cat} = \frac{v_{max}}{[E]_{assay}}$$

（四）蛋白质结晶和结构测定

尽管根据修饰的程度，有预期类似的蛋白结晶条件。但是对于已经进行结构表征的蛋白质突变体结晶时，仍可能需要筛选不同的结晶条件。当蛋白质产量不是问题时，可以同时采用基于文献和从头稀疏矩阵筛选法来确定理想的结晶条件，以避免延迟并将获得良好晶体（甚至可能具有不同衍射极限的多种晶体形式）的概率最大化。虽然有多种类型的商品化稀疏矩阵结晶筛选试剂盒可用于初始筛选，但汉普顿研究公司（Hampton Research）的 Crystal Screen Ⅰ 和 Ⅱ 的约 100 种结晶缓冲液通常是一个很好的起点。在另一方面，当突变体的产量很低（少于 1 ～ 2 mg 纯蛋白）时，应该采用基于文献的方法，包括围绕先前为模板蛋白确定的结晶条件进行筛选。这很可能会降低发现新晶体形式的可能性，但可能允许成功重现已知晶体形式并成功表征突变蛋白的结构。结晶试验通常在约 8 ～ 10 mg/mL 的蛋白质浓度下进行。而且，避免蛋白质缓冲液中的高盐浓度通常会降低成核过程中形成盐晶体的风险。蒸汽扩散结晶实验通常在 24 孔板中进行（采用悬滴法或沉滴法），将 1 μL 的蛋白质溶液与等体积的结晶缓冲液混合。虽然当纯蛋白的可用性降低时，也可以测试更小的体积，但这可能导致显著的再现性问题，应避免。一旦获得合适的晶体，必须确定在数据收集之前用于冷冻晶体的低温条件，因为冷冻保护剂的选择也会极大地影响衍射数据的整体质量。当没有最佳低温条件的知识时，通常可以认为25% 甘油的使用适合于衍射实验。

1. 结晶操作。初始结晶筛选使用汉普顿研究公司的Screen Ⅰ和Screen Ⅱ筛选试剂盒，采用悬滴蒸汽扩散技术。

　① 每种结晶条件下，取 2 μL 纯化蛋白溶液（约 14 mg/mL）与等体积的储备溶液混合于24孔 VDXm 板中，与500 μL储备溶液在室温下平衡。

　② 使用 Crystal screen Ⅱ，条件 2: 0.1 mmol/L pH 6.5 的一水吗啉乙磺酸，12% PEG 20 K，在 1 天内获得 L3_35A 突变体的晶体。

　在收集 X 射线数据之前，将晶体冷冻在相同的化学溶液中，并添加25%（体积分数）甘油进行冷冻保护。

2. 衍射数据处理。在Swiss Light Source（Paul Scherrer Institute, Villigen, Switzerland）的X06DA-PXⅢ 光束线上使用λ = 1.000 Å收集1.38 Å分辨率的数据。数据在空间群P42212中进行索引，晶胞参数a=90.3 Å，b = 90.3 Å，c = 131.95 Å，$\alpha=\beta=\gamma$= 90°。不对称单元包含一个蛋白质分子。

　① 衍射图像使用 iMosflm 进行处理[41]。

　② 使用 CCP4 程序套件（协同计算项目）中的 SCALA 对数据进行缩放（编号 4,1994）。

　③ 使用 PHENIX 程序套件[43] 中的 PHASER 程序[42] 和来自 *Phaeospaeria nodorum* 的果糖肽氧化酶的结构作为搜索模型（PDB 5T1E），通过分子置换确定结构。使用 AUTOBUILD[44] 进行模型建立，使用 REFMAC5[45] 和 PHENIX[43] 进行优化。水分子可以通过 PHENIX 软件包中的 phenix_refine 工具自动添加，也可以通过电子密度图的目视检查手动添加。

　L3_35A 结构的精细最终为 R/R_{free}=14.88/16.91%。L3_35A 突变体的坐标和结构因子储存在 PDB 代码 6Y4J 蛋白质数据库中。

参考文献

[1] Pravda L, Berka K, Svobodová Vaveková R et al (2014) Anatomy of enzyme channels. BMC Bioinformatics. https://doi.org/10.1186/s12859-014-0379-x

[2] Prokop Z, Gora A, Brezovsky J et al (2012) Engineering of protein tunnels: the keyhole—lock-key model for catalysis by enzymes with buried active sites. Protein Engineering Handbook, Wiley-VCH, Weinheim, pp. 421-464.

[3] Chovancova E, Pavelka A, Benes P et al (2012) CAVER 3.0: a tool for the analysis of transport pathways in dynamic protein structures. PLoS Comput Biol 8. https://doi.org/10.1371/journal.pcbi.1002708

[4] Narayanan C, Bernard DN, Bafna K et al (2018) Ligand-induced variations in structural and dynamical properties within an enzyme superfamily. Front Mol Biosci. https://doi.org/10.3389/fmolb.2018.00054

[5] Kreß N, Halder JM, Rapp LR, Hauer B (2018) Unlocked potential of dynamic elements in protein structures: channels and loops. Curr Opin Chem Biol 47: 109-116.

[6] Farrugia MA, Wang B, Feig M, Hausinger RP (2015) Mutational and computational evidence that a nickel-transfer tunnel in UreD is used for activation of Klebsiella aerogenes urease. Biochemistry. https://doi.org/10.1021/acs.biochem.5b00942

[7] Lewis-Ballester A, Karkashon S, Batabyal D et al (2018) Inhibition mechanisms of human Indoleamine 2,3-dioxygenase 1. J Am Chem Soc. https://doi.org/10.1021/jacs.8b03691

[8] Kong XD, Yuan S, Li L et al (2014) Engineer- ing of an epoxide hydrolase for efficient bioresolution of bulky pharmaco substrates. Proc Natl Acad Sci U S A. https://doi.org/10.1073/pnas.1404915111

[9] Brezovsky J, Babkova P, Degtjarik O et al (2016) Engineering a de novo transport tunnel. ACS Catal. https://doi.org/10.1021/acscatal.6b02081

[10] Kokkonen P, Sykora J, Prokop Z et al (2018) Molecular gating of an engineered enzyme captured in real time. J Am Chem Soc. https://doi.org/10.1021/jacs.8b09848

[11] Hamre AG, Frøberg EE, Eijsink VGH, Sørlie M (2017) Thermodynamics of tunnel formation upon substrate binding in a processive glycoside hydrolase. Arch Biochem Biophys. https://doi.org/10.1016/j.abb.2017.03.011

[12] Bao L, Li JJ, Jia C et al (2016) Structure- oriented substrate specificity engineering of aldehyde-deformylating oxygenase towards aldehydes carbon chain length. Biotechnol Biofuels. https://doi.org/10.1186/s13068-016-0596-9

[13] Van Beilen JB, Smits THM, Roos FF et al (2005) Identification of an amino acid position that determines the substrate range of integral membrane alkane hydroxylases. J Bacteriol. https://doi.org/10.1128/JB.187.1.85-91.2005

[14] Subramanian K, Góra A, Spruijt R et al (2018) Modulating D-amino acid oxidase (DAAO) substrate specificity through facilitated solvent access. PLoS One. https://doi.org/10.1371/journal.pone.0198990

[15] Brundiek HB, Evitt AS, Kourist R, Bornscheuer UT (2012) Creation of a lipase highly selective for trans fatty acids by protein engineering. Angew Chem Int Ed. https://doi.org/10.1002/anie.201106126

[16] Li G, Yao P, Gong R et al (2017) Simultaneous engineering of an enzyme's entrance tunnel and active site: the case of monoamine oxidase MAO-N. Chem Sci. https://doi.org/10.1039/c6sc05381e

[17] David B, Irague R, Jouanneau D et al (2017) Internal water dynamics control the transglycosylation/hydrolysis balance in the Agarase (AgaD) of Zobellia galactanivorans. ACS Catal. https://doi.org/10.1021/acscatal.7b00348

[18] Yan X, Wang J, Sun Y et al (2016) Facilitating the evolution of esterase activity from a promis-cuous enzyme (Mhg) with catalytic functions of amide hydrolysis and carboxylic acid perhydrolysis by engineering the substrate entrance tunnel. Appl Environ Microbiol. https://doi.org/10.1128/AEM.01817-16

[19] Wu XL, Palfey BA, Mossine VV, Monnier VM (2001) Kinetic studies, mechanism, and substrate specificity of amadoriase Ⅰ from Aspergillus sp. Biochemistry 40: 12886-12895. https://doi.org/10.1021/Bi011244e

[20] Gan W, Gao F, Xing K et al (2015) Structural basis of the substrate specificity of the FPOD/ FAOD family revealed by fructosyl peptide oxidase from Eupenicillium terrenum. Acta Crystallogr F Struct Biol Commun 71: 381-387. https://doi.org/10.1107/s2053230x15003921

[21] Rigoldi F, Spero L, Dalle Vedove A et al (2016) Molecular dynamics simulations provide insights into the substrate specificity of FAOX family members. Mol BioSyst 12: 2622-2633. https://doi.org/10.1039/C6MB00405A

[22] Ferri S, Miyamoto Y, Sakaguchi-Mikami A et al (2013) Engineering fructosyl peptide oxidase to improve activity toward the fructosyl hexapeptide standard for HbA1c measurement. Mol Biotechnol 54: 939-943. https://doi.org/10.1007/s12033-012-9644-2

[23] Miura S, Ferri S, Tsugawa W et al (2008) Development of fructosyl amine oxidase specific to fructosyl valine by site-directed mutagenesis. Protein Eng Des Sel 21: 233-239. https://doi.org/10.1093/protein/gzm047

[24] Kim S, Miura S, Ferri S et al (2009) Cumulative effect of amino acid substitution for the devel-opment of fructosyl valine-specific fructosyl amine oxidase. Enzym Microb Technol 44: 52-56. https://doi.org/10.1016/j.enzmictec.2008.09.001

[25] Miura S, Ferri S, Tsugawa W et al (2006) Active site analysis of fructosyl amine oxidase using homology modeling and site-directed mutagenesis. Biotechnol Lett 28: 1895-1900. https://doi.org/10.1007/s10529-006-9173-9

[26] Collard F, Zhang J, Nemet I et al (2008) Crystal structure of the deglycating enzyme fructosamine oxidase (amadoriase Ⅱ). J Biol Chem 283: 27007-27016. https://doi.org/10.1074/jbc.M804885200

[27] Hatada M, Tsugawa W, Kamio E et al (2016) Development of a screen-printed carbon electrode based disposable enzyme sensor strip for the measurement of glycated albumin. Biosens Bioelectron 88: 1-7. https://doi.org/10.1016/j.bios.2016.08.005

[28] Rigoldi F, Gautieri A, Dalle Vedove A et al (2016) Crystal structure of the deglycating enzyme amadoriase I in its free form and substrate-bound complex. Proteins 84: 744-758. https://doi.org/10.1002/prot.25015

[29] Ogawa N, Kimura T, Umehara F et al (2019) Creation of haemoglobin A1c direct oxidase from fructosyl peptide oxidase by combined structure-based site specific mutagenesis and random mutagenesis. Sci Rep 9: 942. https://doi.org/10.1038/s41598-018-37806-x

[30] Sievers F, Wilm A, Dineen D et al (2011) Fast, scalable generation of high-quality protein multiple sequence alignments using Clustal omega. Mol Syst Biol 7: 539. https://doi.org/10.1038/Msb.2011.75

[31] The PyMOL Molecular Graphics System, Version 2.0 Schrödinger, LLC.

[32] Humphrey W, Dalke A, Schulten K (1996) VMD: visual molecular dynamics. J Mol Graph 14: 33-38. https://doi.org/10.1016/0263-7855(96)00018-5

[33] Mandell DJ, Coutsias EA, Kortemme T (2009) Sub-angstrom accuracy in protein loop reconstruction by robotics-inspired conformational sampling. Nat Methods 6: 551-552. https://doi.org/10.1038/nmeth0809-551

[34] Huang PS, Ban YEA, Richter F et al (2011) Rosettaremodel: a generalized framework for flexible backbone protein design. PLoS One. https://doi.org/10.1371/journal.pone.0024109

[35] Nelson MT, Humphrey W, Gursoy A et al (1996) NAMD: a parallel, object oriented molecular dynamics program. Int J Supercomput Appl High Perform Comput 10: 251-268. https://doi.org/10.1177/109434209601000401

[36] Harvey MJ, Giupponi G, De Fabritiis G (2009) ACEMD: accelerating biomolecular dynamics in the microsecond time scale. J Chem Theory Comput 5: 1632-1639. https://doi.org/10.1021/Ct9000685

[37] Goldenzweig A, Goldsmith M, Hill SE et al (2016) Automated structure- and sequence- based design of proteins for high bacterial expression and stability. Mol Cell 63: 337-346. https://doi.org/10.1016/j.molcel.2016.06.012

[38] Shimasaki T, Yoshida H, Kamitori S, Sode K (2017) X-ray structures of fructosyl peptide oxidases revealing residues responsible for gating oxygen access in the oxidative half reaction. Sci Rep 7: 2790. https://doi.org/10.1038/s41598-017-02657-5

[39] Case DA, Cheatham TE, Darden T et al (2005) The Amber biomolecular simulation programs. J Comput Chem 26: 1668-1688.

[40] Wang JM, Wolf RM, Caldwell JW et al (2004) Development and testing of a general amber force field. J Comput Chem 25: 1157-1174. https://doi.org/10.1002/Jcc.20035

[41] Battye TGG, Kontogiannis L, Johnson O et al (2011) iMOSFLM: a new graphical interface for diffraction-image processing with MOSFLM. Acta Crystallogr D Biol Crystallogr. https://doi.org/10.1107/S0907444910048675

[42] McCoy AJ, Grosse-Kunstleve RW, Adams PD et al (2007) Phaser crystallographic software. J Appl Crystallogr. https://doi.org/10.1107/S0021889807021206

[43] Adams PD, Afonine PV, Bunkoczi G et al (2010) PHENIX: a comprehensive python-based system for macromolecular structure solution. Acta Crystallogr D Biol Crystallogr 66: 213-221. https://doi.org/10.1107/S0907444909052925

[44] Terwilliger TC, Grosse-Kunstleve RW, Afonine PV et al (2007) Iterative model building, structure refinement and density modification with the PHENIX AutoBuild wizard. Acta Crystallogr D Biol Crystallogr 55: 753-762

[45] Murshudov GN, Skubak P, Lebedev AA et al (2011) REFMAC5 for the refinement of macromolecular crystal structures. Acta Crystallogr D Biol Crystallogr 67: 355-367. https://doi.org/10.1107/S0907444911001314

第十二章

量子力学 / 分子力学（QM/MM）模拟理解酶动态

Rimsha Mehmood，Heather J. Kulik

摘要

量子力学 / 分子力学（quantum mechanics/molecular mechanics, QM/MM）方法已被广泛应用于酶结构和机理的计算建模。在这些方法中，酶的关键区域（例如，正在发生化学反应的位点）用 QM 处理，而周围的区域用 MM 处理。这些方法面临的一个关键挑战是如何选择划分为 QM 的区域，用 MM 处理哪些区域，以及在建模过程的每一步必须做出的许多实际选择。在这里，我们试图通过阐述以下步骤来简化该过程：蛋白质结构预处理、QM 区域尺寸和电子结构方法的选择、必要输入文件的准备，以及酶 QM/MM 模拟中常见报错误的处理。

关键词： 计算建模，QM/MM，酶，电子结构，活性位点，蛋白质环境，动力学，QM 区域选择

第一节　引言

算法和硬件的最新进展将量子力学 / 分子力学（QM/MM）[1-10] 模拟带到了酶计算建模的前沿 [11]。QM/MM 建模需要用量子力学（QM）处理关键区域，例如酶活性位点，而用分子力学（MM）处理酶的其余部分和溶剂。前者准确地描述了关键区域的电子结构，而后者基于简单的经典物理模型，经济高效地结合了更大的蛋白质环境。将 QM 电子结构方法的准确性与 QM/MM 中经济的 MM 模型相结合，为酶的非凡催化能力提供了重要的见解。然而，QM/MM 的预测结果对 QM 区域大小非常敏感。尽管最小的 QM 区域，比如那些只包含酶活性位点的区域，已经被频繁使

用 [9,12,13]，最近的一些研究 [14,15] 表明，最小 QM 区域不足以准确描述酶的能量和电子性质。这就需要在某些情况下使用更大的 QM 区域，特别是在描述活性位点与周围环境之间的电荷转移时 [16,17]。然而，由于电子结构方法（如密度泛函理论或 DFT）的计算成本随系统尺寸的缩放成比例增长，更大的 QM 区域会使计算成本变得更加昂贵。此外，酶通常利用整个蛋白质骨架来微调其催化作用并表现出优于分子催化剂的性能。因此，了解更大的蛋白质环境的作用需要对不同的酶结构进行充分的采样。总之，QM/MM 计算与足够精确的电子结构方法，适当大的 QM 区域和足够的采样，使纳入蛋白质动态构象的影响变得非常昂贵。因此，对酶进行定量预测 QM/MM 模拟需要仔细考虑进行计算的选择，以实现影响计算准确性和成本的所有因素的最佳组合。本章旨在为读者提供必要的知识，以理解这些方法用于酶的 QM/MM 建模，从而利用这个强大的工具来研究迷人的生物化学控制酶的反应。

这里，我们描述了在 AMBER/TeraChem 接口中实现的可加性 QM/MM 协议，其中系统的总能量等于 QM 区域的能量，MM 区域的能量以及 QM 和 MM 区域之间的相互作用能量的总和。QM 区与 MM 区之间的相互作用是通过静电嵌入来描述的，这需要 QM 区被 MM 点电荷极化。在 QM/MM 边界处断裂的共价键可以用多种不同的方法处理，本章提出了一种添加显式氢键原子来钝化断裂的共价键的方案。在第三节设置了八个部分（标题一～八）第一部分描述了蛋白质结构的制备，包括质子化状态的分配和实验确定结构中缺失的残基的添加。第二部分简要讨论了在运行对计算要求更高的 QM/MM 计算之前，用水溶解蛋白质和用纯 MM 平衡系统以消除非物理立体冲突的方案。第三、第四部分描述了在蛋白质周围切割球形溶剂帽并获得下一步所需的拓扑/坐标文件的过程。第五、六部分提供了选择适当的 QM 区域大小和电子结构理论水平的指导方针。第七部分详细介绍了构成 MM 和 QM 代码输入文件的关键字。最后，第八部分提供了解决 QM/MM 计算中常见错误的有用提示。

第二节　材料

1. 有许多用于运行 QM/MM 计算的软件选项，这些计算通常涉及 QM 部分、MM部分的代码，以及驱动这两个代码之间交互的一个或多个代码。在本章中，我们提供了使用GPU加速的AMBER/TeraChem[18-20]接口进行酶的QM/MM模拟的指南，其中AMBER充当驱动TeraChem QM计算并执行能量和力评估的MM部分的主代码。虽然这里描述的关键字和输入文件是针对AMBER和TeraChem的，但蛋白质制备和模拟的一般原则和指南也适用于其他软件。

2. GPU加速AMBER/TeraChem接口允许用户以比CPU代码快得多的速度对具有大QM区域（约100～1000个原子）的酶执行QM/MM计算。虽然AMBER和TeraChem代码需要购买许可证，并且GPU硬件可能不是本地免费提供的，但超级计算资源提供了另一种选择。例如，来自NSF XSEDE[21]的GPU资源可以通过对美国研究人员开放的竞争性提案过程来获取，并且许多NSF XSEDE资源具有广泛的软件许可。

3. 对于GPU加速的QM/MM,GPU数量的选择取决于QM计算的成本以及可用资源。更大的QM区域对计算的要求更高，这促使在单个节点内跨GPU并行化。对于超级计算机的使用，队列时间限制也可能是一个问题。对于所研究的每个新系统，应进行计算时间与GPU数量的比例测试。

4. 除了TeraChem[19,20]之外，AMBER接口对许多QM代码都是通用的，包括高斯[22]和AMBER自己实现的几个半经验理论（即PM6和AM1）。对于这个接口，AMBER的基于CPU的sander代码驱动计算，并在计算的每一步与外部QM程序通信。

5. MM和QM代码可以通过基于文件的系统（所有与AMBER接口的外部QM程序都是如此）或通过基于MPI客户端/服务器的系统相互通信（仅适用于TeraChem）。先前的工作[23]表明，后者在稳定性和性能方面提供了一些优势，特别是对于快速QM计算，但这取决于用户能否根据可用资源选择适当的方案。

第三节　方法

一、　蛋白质结构与制备

1. 从蛋白质数据库（PDB）中选择含有所选酶/蛋白质结构的.pdb文件。在选择合适的结构时，要考虑所使用的方法（X射线晶体学，核磁共振光谱学，冷冻电子显微镜）以及结构的健康状况。后者是可以通过多种指标，如结构的分辨率、*R*值和电子密度支持（见注释1）来确定的。

2. 从蛋白质数据库（PDB）中下载.pdb文件。使用fetch命令和结构体的PDB ID，.pdb文件可以直接加载到可视化软件PyMOL[24]中，例如在PyMOL的命令行界面中输入"fetch 1kao"。

3. 通过移除分子模拟中不直接需要的组件来清理.pdb文件，具体步骤如下。移除结晶剂或离子。去除多余的蛋白质链和单位（有关选择合适链的详细信息，见注释2）。移除溶剂（见注释3）。可选地从.pdb文件中手动移除不需要的原子/残留物行。可选地在PyMOL中可视化结构，以选择和删除不必要的组件，并将所需的结构保存为新的.pdb文件。

4. 打开从PDB下载的原始.pdb文件，滚动到以单词"REMARK 465."开头的行。这些行指的是作为蛋白质序列一部分的残基，但在晶体结构中缺失，因此在.pdb文件中缺失。检查缺失残基的位置。如果这些残基对计算很重要，你可以把这些残基加回去（见注释4）。这可以在PyMOL中手工完成[24]，但更复杂的方法是使用专门的软件，如Modeler[25]，特别是如果有很多缺失的残基。

5. 使用Modeller[25]添加缺失残基。将软件下载到本地目录。遵循Modeller网页上的教程[25]（见注释5）。教程中给出了所有步骤所需的命令，可以复制并作为python脚本保存在本地目录中。第一步的脚本可以保存为step1.py，并与命令mod9.19 step1.py一起提交（见注释6）。如果.pdb文件中含有杂原子（如金属），在python脚本中添加命令env.io.hetatm=True来读取杂原子。在第一步中以.seq扩展名生成的序列文件将使用斜杠字符(/)代替序列中指定位置的缺失残基。按照网页上的说明，使用这个序列文件来生成对齐文件。扩展名为.ali的对齐文件将有两部分。第一部分在"结构"的标题下，现在应该用破折号(——)代替缺失的残基。第二部分在"序列"的标题下，其中用户应将缺失残基的连字符替换为单字母代码，如R表示精氨酸（arginine）等（见注释7）。准备第二步的python脚本，该脚本也可以从Modeller网页中复制[25]。这个脚本会根据比对文件提供的信息添加缺失的残基。默认脚本将在循环二级结构中添加缺失的残基，然后执行循环细化。输入.pdb文件中的所有原子都可能在这最后一步中移动。基于循环细化，多个.pdb文件将在循环的不同位置生成。最好的一个可以根据目视检查和使用Modeller网页[25]中提到的一些指标进行选择（见注释8）。如果用户希望只优化缺失的残基，则用户可以修改脚本，通过修改自动模型命令只细化选定数量的残基（例如，最初缺失的残基）。在这种情况下，只会生成一个.pdb文件，其中包含已添加回来的所选缺失残基（见注释9）。

6. 一旦添加了缺失的残基，则使用H++ web服务器为蛋白质残基分配质子化状态[26-28]（见注释10）。将.pdb文件加载到H++ web服务器中。将内部介电常数设为4以模拟蛋白质环境，外部介电常数设为80，盐度设为0.15，pH设为7.0（见注释11）。保留所有其他选项和关键字的默认值。H++ web服务器生成.pdb，.top和.crd文件，包含所有蛋白质残基的质子化状态。下载这些文件并保存到下一步将要执行的目录中。在处理结构时，H++会去除除标准蛋白质残基以外的金属辅因子、底物等所有成分。这些成分可以通过简单地从原始的.pdb文件中复制相关行来添加回.pdb文件。由于在加工过程中去除了非蛋白质残基，H++不能识别金属位点，因此可能无法将正确的质子化状态分配给金属配位残基。这些残基的质子化状态可以手工确定调整（见注释12）。由于H++对标准氨基酸的效果最好，因此请始终读取过程中生成的输出日志文件计算以确保没有错误或不合理的结果。H++生成的.pdb文件使用与AMBER不兼容的标准蛋白残基名称[18]。为了避免与AMBER不一致，请使用AMBER工具[18]中的ambpdb命令从.top和.crd文件由H++生成。

7. 使用AMBER[18]中的tleap实用程序处理在前面步骤中准备的.pdb文件，以生成拓扑和坐标文件，以供下一步使用。准备一个tleap输入文件，其中包含所有必要的命令和关键字，例如loadpdb命令来加载.pdb文件和source leaprc.ff14SB到加载标准力场，如蛋白质残基的ff14SB（见注释13）。

8. 如果.pdb文件包含非标准残基，如金属辅因子和底物，则需加载必要的.mol2和.frcmod文件，以便为AMBER提供额外的力场参数。

9. tleap会自动将缺失的氢原子添加到.pdb文件中的所有残基中。对于蛋白质残基，氢原子将根据H++分配的质子化状态进行添加。

10. 使用solvatebox命令在蛋白质周围添加一个周期性的溶剂盒（见注释14）。一般来说，在蛋白质和周期性溶剂壁之间至少有10 Å的溶剂缓冲液距离是一个好方法（图12-1）。

11. 使用addons命令添加Na^+/Cl^-平衡离子来中和系统。

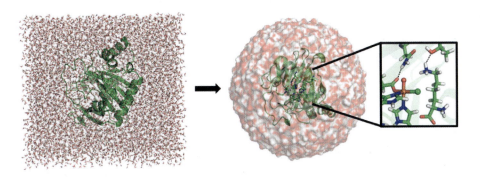

图 12-1

（左）在 TIP3P 水中溶剂化的 BesD[29]（PDB ID: 6NIE）的蛋白质结构

蛋白质结构如图所示为绿色示意图，TIP3P 水为棒状，氧原子为红色，氢原子为灰色。（右）从左图的周期性的水盒中切割出的 TIP3P 水球帽中包裹的蛋白质结构。经过分子力学（MM）处理的区域包括半透明绿色图像所示的蛋白质支架和红 / 灰色半透明表面所示的水球。蛋白质的基本区域用量子力学（QM）进行处理，并以棒状表示。放大后的 QM 区域显示了金属活性位点，以及与活性位点和底物形成氢键有关的一些必需的蛋白质残基（黑色虚线）

12. 使用tleap运行带有所有必要命令的输入文件，这将生成.pdb、.top和.inpcrd文件（见注释15和16）。

13. 通过在PyMOL中可视化AMBER生成的.pdb文件来验证该结构是否符合预期。

二、　蛋白质平衡

1. 强烈建议用分子力学力场来平衡前面步骤中制备的分子动力学（MD）的蛋白质结构。平衡可以用用户选择的任何MD引擎来实现，这里描述了AMBER的指南[18]（见注释17～19）。

2. 在所有MD步骤中，使用SHAKE算法[30]通过在输入文件中设置关键字ntf=2和ntc=2来约束氢原子。

3. 使用粒子网格Ewald（PME）方法，除非在输入文件中设置关键字ntb=0，否则该方法默认为开启状态。这将在倒易空间中处理远程静电，通常可以通过在输入文件中设置cut=10.0来选择10 Å的实空间静电截断值。

4. 从上一步准备的拓扑和坐标文件开始，首先最小化结构，同时在AMBER中使用constraintmask和constraint_wt关键字约束除氢原子以外的所有原子。可以使用200 kcal/mol·Å²的高约束权重，近似地将重原子"冻结"到位。最小化应至少执行1000步（maxcyc=1000），理想情况下，前500个周期（ncyc =500）采用最陡下降，其余最小化周期采用共轭梯度算法。

5. 接下来，使用最陡下降算法对结构进行2000步的无约束最小化。在这一步中，对选择残基（如活性位点配体）的重原子（即非氢原子）可以使用与前一步相同的约束关键词进行约束，以保持晶体结构几何形状。

6. 在最小化之后，使用Langevin恒温器（输入文件中选项ntt=3）通过10 ps的NVT平衡将系统升温至300 K，并设置随机种子（ig=−1）以避免同步伪影。SHAKE算法的使用允许时间步长最大达2 fs（dt=0.0002），但为确保模拟稳定性，初期可使用低至0.5 fs的时间步长。

7. 接下来，在NpT集成中执行最后的平衡步骤，至少持续1 ns，以获得合理的平衡结构。

8. 通过检查水的密度来检查平衡过程是否进行得合适，该密度呈现在AMBER生成的输出文件中。水的平均密度应在1.0 g/cm³左右。一般来说，沿着整个轨迹绘制系统密度、势能和重原子位移的均方根偏差是一个好方法，以确保这些值收敛且不会出现剧烈波动。

三、 蛋白质周围的球形溶剂帽

1. 从分子动力学平衡轨迹中获取所需的蛋白质结构和溶剂/水周期盒的快照.pdb文件（见注释20）。

2. 在PyMOL中打开.pdb文件[24]。

3. 下载名为center-of-mass.py的PyMOL python脚本用于计算质心[24]（见注释21）。

4. 使用PyMOL的命令行界面，导航到包含脚本center-of-mass.py的目录。

5. 使用PyMOL的命令行界面，输入: run center_-of_mass.py。

6. 通过输入: sele prot, resi1-x选择蛋白质结构（此处选择名为prot），其中x应替换为蛋白质结构中残基的总数（包括辅因子、底物等，但不包括溶剂）。

7. 使用PyMOL的命令行界面，通过输入comprot来计算蛋白质的质心。质心的笛卡尔坐标将被呈现到命令行上方的窗口中。复制这些坐标用于后面的步骤（见注释22）。

8. 接下来，通过输入sele sphere, br. all within a of prot_COM选择蛋白质周围的一个水球。这里的变量a是水球到蛋白质质心的半径（以Å表示），sphere是选择的名称（名称可以是任何东西），br.确保在截止范围内的一个完整的残差被包含在选择中（见注释23和图12-1）。

9. 将球体选择保存为一个单独的对象，从中删除名为prot_COM的伪原子，然后将该对象保存为.pdb文件（见注释24）。

10. 将保存的.pdb文件复制到将执行QM/MM计算的本地或远程目录。此文件将用于下一步。

四、 蛋白质周围具有球形溶剂帽的拓扑和坐标文件

1. 用AMBER中的tleap实用程序进行QM/MM计算[18]时，使用上一节获取的.pdb文件，准备坐标（.inpcrd文件扩展名）和拓扑（.prmtop文件扩展名）。所有最初用来准备分子动力学模拟结构的文件，也就是所有的.mol2和.frcmod文件，都应该在同一个目录下。

2. 使用loadpdb命令（如mol=loadpdb sphere.pdb）将文件加载到tleap中，其中mol是为输入球体设置的.pdb文件。

3. 使用与前面步骤用于准备平衡的蛋白质结构文件相同的tleap输入文件。将溶剂的solvatebox行替换为：solvatecap mol TIP3PBOX{x,y,z}a，其中mol为上一步中提到的输入.pdb文件的名称，TIP3PBOX为所使用的水模型的名称，{x,y,z}为前文中使用PyMOL确定的质心坐标，a为球体半径。

4. 用标准协议运行tleap输入文件（加载所需的任何力场参数，添加Na^+/Cl^-平衡离子来中和系统等），保存输出的.inpcrd和.prmtop文件，以备下一步使用。

五、 QM区域选择

1. 确定最小QM区域，该区域应包括酶活性位点和催化相关的底物和辅因子（见注释25）。

2. 除了最小QM区域外，通过实验诱变确定具有重要催化作用且与活性位点在合理距离内的残基也应包括在QM区域内。

3. 此外，如果QM/MM模拟的快照来自使用经典分析工具后处理的分子动力学轨迹，那么基于这种分析，与活性位点形成重要相互作用的残基也应包括在QM区域（图12-1）。相互作用分析可以基于各种协议，如几何氢键分析或AMBER中的MM-GBSA相互作用能分析[18]。

4. 基于化学经验和实验研究的上述步骤可能得到合理大小的QM区域，但可能缺乏与活性位点的电荷转移有关的必要残基。为了解决这一问

题，电荷位移分析[14,31]更倾向于通过定量活性位点周围残基在刚性去除后的电子重组来确定应添加到QM区域的其他重要残基。

5. 电荷移位分析[14,31]需要使用能够进行大QM区域计算的硬件资源。假设这些资源是可用的，该过程包括生成配体结合态（holo）和无配体态（apo）结构用于QM计算。在前面步骤中准备的包含所有底物/辅因子的蛋白质结构文件将被称为holo结构。为了制备apo结构，从holo结构的.pdb文件中删除相应的行，从而在holo结构中严格去除催化相关的底物和/或核心活性位点。如果相关残基是共价附着在蛋白质上的，则需通过去除共价附着残基的侧链原子，将其突变为丙氨酸，保留主链原子（C、O、N、H、CA、HA、CB），并在.pdb文件中将残基名称更改为ALA（丙氨酸）。使用前面提到的tleap协议准备apo结构的坐标和拓扑文件步骤，该协议将自动添加所有缺失的氢原子（见注释26）。一旦holo和apo结构文件准备好，使用下面几节中描述的方案，在活性位点周围使用非常大的QM区域（600～1000个原子）进行单点QM/MM计算。在QM软件TeraChem[19,20]的模板/输入文件中，输入关键词poptype vdd，计算Voronoi变形密度（VDD）电荷。如果未指定poptype，则默认情况下将计算并输出Mulliken原子分电荷。成功完成计算后，计算holo和apo结构中每个残基的副残基电荷总和。原子分电荷可以在与TeraChem作业相关的临时目录（scr文件夹）中的.xls文件中找到（见注释27）。使用一个简单的脚本对每个残基的原子电荷（含或不含连接原子电荷）进行求和（见注释28）。推荐选择不含连接原子的电荷计算方案，以避免连接原子电荷变化而引入的非必要波动。接下来，计算holo态和apo态之间每个残基上的电荷差。如果残基的电荷差大于0.05e，则意味着应该将特定残基包含在QM区域中，因为它似乎对活性位点的电子环境的完整描述至关重要。

6. 如果用户的硬件不支持电荷移位分析所需的更大的QM区域计算，那么用户可以缓慢地增加选择的残基的半径（例如，以核心活性位点为中心以1 Å递增），以包含在QM区域中（见注释29）。在活性位点周围径向增加的QM区域中，即使残基的几个原子落在径向截止范围内，也应包括整个残基以避免不必要地切断共价键，从而导致处理QM/MM边界的复杂性（见注释30）。在QM区域保持净电荷中性是一个好方法，因为DFT等一些方法可能不适用于高电荷阴离子体系[14]。净电荷中性还可以确保QM区域之间的净电荷一致性，特别是在更大的QM

区域，在那里有更大的灵活性来包括/排除落在截止半径内的残留物。例如，如果对于9ÅQM区域，净电荷为0，那么对于10ÅQM区域，应该排除额外的带电残基，以确保总电荷保持0。添加到径向增加的QM区域的残基的类型和电荷取决于活性位点周围的蛋白质环境。然而，根据先前的研究[32]，向QM区域平衡添加带正电荷和负电荷的残基可确保跨QM区域的性质平稳收敛。根据先前的工作[32]，8ÅQM区域（约300个原子）可能足以通过QM/MM模拟准确描述酶的电子和能量特性。

7. 通常，对于所有QM区域构建步骤，如果某蛋白质残基的两个序列相邻残基都采用QM处理，则需在QM区域中添加该蛋白质残基，以尽量减少共价键的断裂[31]，除非它的加入导致QM区域不连续（见注释31）。

六、 QM方法选择

1. QM/MM计算中QM部分选择合适的电子结构方法和基组是很重要的。这种选择需要在成本和准确性之间取得平衡，这可能取决于所研究的系统（例如，金属酶与自由基酶）、必须用QM处理的系统的大小、所需采样的程度[32]以及可用的计算资源等因素。

2. 对于酶，先前的研究[33]表明，远程校正的、范围分离的杂化密度泛函理论（DFT），例如，ωPBEh（ω=0.2 bohr^{-1}）[34]泛函，结合适度的6-31G基集，足以合理地描述蛋白质活性位点的电子结构。该组合也适用于动力学和采样[15,32]（见注释32）。

3. 如果计算具有未配对的自旋（即开壳层体系），则应使用非限制性密度泛函理论（UDFT）。

4. 如果QM区域包含Fe等过渡金属，则可以在其上使用LANL2DZ有效核心电势[35]，剩余原子使用6-31G/6-31G*基组[36]，以节省计算成本。

5. 在QM计算中，使用半经验（即D3）色散[37,38]修正来处理色散相互作用，以准确地描述非共价相互作用。TeraChem中相关泛函的关键字将在下一节中给出。

6. 一般来说，对所研究的特定系统进行方法和基集灵敏度测试是一个好主意。在测试中，重复QM/MM单点能量，使用不同的DFT泛函，如混合广义梯度近似泛函（GGAs，即B3LYP[39-41]）、纯GGAs（即PBE[42]）、范围分离的杂化泛函（即ωPBEh[34]或ωB97x）[43]以及6-31G、6-31G*、6-31G**、6-31+G**和aug-cc-pVDZ等基集（见注释33）。

7. 在用不同的DFT泛函和基集进行了QM/MM计算后，计算目标属性，如结合能、反应能或部分电荷（见注释34）。

8. 与实验数据或更高层次理论计算结果的比较有助于进一步完善功能和基集的选择。

七、 QM/MM输入文件生成

1. 准备QM/质量管理计算的输入文件（见注释35）。

2. 在AMBER[18]输入文件中创建&cntrl名称列表，以初始化QM/MM计算，并指定MM最小化的细节（参见注释36）。设置关键字imin = 1来执行能量最小化。设置关键字ncyc=500，根据maxcyc关键字设置的总周期，对前500个最小化周期使用最陡下降算法，对其余周期使用共轭梯度算法。建议设置maxcyc=2000，这样在最小化收敛之前计算不会终止。对于单点能量计算，保持imin=1，但设置maxcyc=1，以确保只进行一次能量计算。设置关键字ntf=2和ntc=2，在最小化过程中使用SHAKE算法[30]约束MM分区中的氢原子。设置关键字ivcap=0，这将指示AMBER从.prmtop文件中提取有关溶剂"cap"的信息，该"cap"是在前一步中围绕蛋白质切割的溶剂球体。同时，设置关键字fcap=1.5，在溶剂球体上强制执行球形帽边界条件，约束势为1.5 kcal/(mol·Å^2)。设置关键字ntb = 0关闭周期性和PME的远程静电，关键字cut=999.0计算所有溶质-溶质相互作用（见注释37）。设置关键字ntpr=1、ntwr=1、ntwx=1，为最小化的每一步写入输出文件。设置关键字ifqnt = 1以打开AMBER中的QM/MM功能。QM/MM动力学模拟可以选择性地初始化（例如，文献[15]），使用类似于第三节二中描述的程序的关键字，需要设置300 K的温度和时间步长（例如，dt = 0.0005或更小）。

3. 在输入文件中创建&qmmm名称列表，以指定QM/MM与QM软件接口的详细信息（见注释36）。设置关键字qm_theory = EXTERN来初始化使用外部QM程序进行QM计算。设置关键字qmshake = 0，关闭QM区域H原子的SHAKE。将关键字verbosity = 1设置为输出自洽场（SCF）能量的更有效的数字以及最小化每个步骤所需的SCF循环数。使用qmmask关键字，使用一般AMBER掩码选择指定QM区域中的残基。例如，如果要在QM区域中包含残基50、51、52、75、80，则设置qmmask =:50，51，52，75，80。使用关键词qmcharge和spin来设置

QM区域的净电荷和自旋。

4. 创建&tc名称列表，以指定外部QM软件的进一步细节，在本例中是TeraChem[19,20]（见注释38）。根据上述步骤给出的建议，使用关键字basis和method指定为QM计算选择的基集和DFT函数。设置关键字maxit = 1000来设置允许的最大SCF迭代次数。数字1000是相当高的，如果在一个最小化周期的200 SCF迭代后能量没有收敛，请检查计算以确保它按预期进行。设置关键字dftd = yes，将色散校正应用于QM计算。特定程序的名称列表，如&tc，可能只支持有限的输入关键字。因此，为了为QM软件指定其他关键字，可以在&tc名称列表中设置关键字use_template = 1，以指示程序读取模板文件进而获取更多详细信息。

5. 创建模板文件，并将其命名为tc_job.tpl，用于在AMBER/TeraChem界面中进行TeraChem计算。该输入文件可用于指定TeraChem的所有关键词参数，例如用于调整能量收敛阈值标准、设置使用geome TRIC优化器替代DL-FIND等参数。关于使用这些关键字的更多细节，特别是在调试QM/MM计算时的细节，将在接下来的步骤中给出（见注释39）。

6. 创建一个作业脚本，提交用于QM/MM计算的输入文件。计算可以和标准命令一起提交：sander -O -i inputfile.in -o output.dat -p input.prmtop -c input.inpcrd -x output.mdcrd -r output.rst.。

八、 常见错误排除

1. 如果报告QM/MM几何优化结果的AMBER（sander）输出 文件表明没有发生收敛，则QM设置中的几个关键字通常有助于用户根据故障模式进行调整以帮助收敛。用户可以通过检查AMBER（sander）输出文件和Terachem输出文件（例如，MPI接口的mpijob2.dat或基于文件的接口的tc_job.dat）来判断故障模式并进行相应的调整。几何优化失败可以从AMBER输出文件中的错误推断出来，但不能从TeraChem文件中推断出来，而自洽场（SCF）收敛错误将从TeraChem文件中得到明显体现。如果问题是由几何优化引起的，请尝试使用不同的几何优化器或坐标系。例如，TeraChem中的默认优化程序[19,20]是DL-FIND[44]。如果计算结果与它不收敛，那就试试最新的minimizer TeraChem中的几何图形[45]，在模板文件tc_job.tpl中设置关键字new_minimizer = yes。几何优化器使用最近开发的平移-旋转-内部坐标系统进行几何优化，与其他坐标系统和优化器相比[45]显示出卓越的性能（见注释40）。如果几何优化的问题仍然存在，请尝试使用不同的优化算法。例如，TeraChem默认的优化算法是L-BFGS。如果计算结果与默认算法不收敛，则通过设置相应的min_method关键字，尝试另一种优化算法。如果问题明显是SCF收敛，尝试改变用于在每个最小化步骤获取系统总能量的默认SCF方案。在TeraChem中，默认设置为DIIS[46]，但可以尝试将关键字scf设置为diis+a，这将初始化混合DIIS/A-DIIS[47]方案以进行能量收敛。A-DIIS算法使用不同的目标函数SCF循环，当与DIIS结合使用时，增加了SCF能量收敛的可能性，尽管收敛可能需要更多的时间[47]。如果SCF收敛似乎接近完成，但没有在最大循环数内完成，则尝试放宽能量收敛的标准。在TeraChem中，能量汇聚的阈值可以通过DL-FIND优化器的threall关键字来设置。对于TeraChem中的几何优化器，可以调整多个关键字以设定优化收敛标准，例如基于最大能量梯度分量值调整min_converge_gmax，或基于原子位移矢量最大分量调整min_converge_dmax，这种调整应该非常小心（即只有在绝对需要的情况下才能进行），因为SCF终止标准的变化可能导致梯度计算的非物理结果。计算双电子积分的精确方法也可以改变，以帮助SCF收敛。默认情况下，TeraChem使用动态精度方案，有时通过将precision关键字设置为double来切换到双精度方案可以帮助收敛。同样，DFT网格中的点数也可以通过适当设置变量dftgrid和dynamicgrid来调整，以帮助收敛，其中点越多意味着计算精度越高。

2. 有时，MM最小化可能会以错误消息LINMIN失败而终止。在大多数情况下，这是由溶剂分子之间的空间冲突引起的，特别是在MM区域的氢原子使用SHAKE的情况下。用户可以关闭SHAKE来避免这种情况，但是关闭SHAKE需要更小的步长，大约1秒或更少，并且可能增加所需的平衡和最小化步骤的数量。尝试对MM分区使用纯最陡下降方法来帮助最小化。然而，就像QM优化算法一样，要注意选择一种有助于收敛但也能产生足够准确结果的方法。最常见的情况是，当最小化被困在LINMIN失效时，QM区域中的原子不再移动，它们的位置已经收敛。为了评估MM原子是否确实是最小化问题的原因，用户可以可视化优化最后几个步骤中的框架，并评估QM区域中几何或力的变化。

3. 在进行计算时，定期监视输出文件，以确保计算顺利进行。例如，对于不受限制的开壳层计算，要时刻关注每个优化步骤SCF收敛后输出的总自旋的期望值$<S^2>$。$<S^2>$值应该接近$S(S+1)$给出的期望精确值，其中S是未配对的电子数除以2。若两个量之间存在显著差异，表明开壳层计算中存在某种形式的自旋混杂，必须终止计算以调查导致问题的原因。

4. 一旦QM/MM计算完成，需检查计算输出的最终几何形状、原子分电荷或Mulliken种群等物理量，以确保一切按预期运行。包括QM和MM部分的总能量可以在AMBER输出文件中找到。可以在与计算相关联的scr目录中找到波函数和最终快照的Mulliken电荷等属性。波函数（即.molden文件）可以用一系列包括Multiwfn[48]在内的代码进行后处理，以提取一些可观察对象。

第四节　注释

1. PDB网站上给出了求解结构的方法以及用于评估结构正常状况的指标的详细信息[49]。

2. 对于许多蛋白质晶体结构.pdb文件包含蛋白质的多个链和单元。例如，一个蛋白质结构可能被解析为二聚体（例如，具有同一链的多个副本），您可能只需要模拟一个单元。注意将重复链中的任何差异可视化，并进行相应的选择。通常，第一条链已被确定为最佳解，但对于含金属的蛋白质，只有一条链可能具有所有必要的辅因子和配体。

3. 溶剂通常是水，并且可以在PyMOL中通过命令sele solvent进行选择，然后通过删除用于选择的原子来去除。然而，在某些情况下，可能需要保留一些晶体结构水，这些水可以在蛋白质内部形成重要的氢键相互作用，或者协调一个金属辅因子。如果需要的话，应该注意保存这些水。

4. 有时，在远离活性位点或底物的蛋白质的C端或N端可能只有少数残基缺失。在这种情况下，如果预计这些残基不会影响动力学和QM/MM计算结果，则通常不会将它们加回去。

5. 可以在网页上找到使用modeler添加缺失残基的教程[50]。

6. 确保.pdb文件位于同一目录中，并注意，在本例中，mod9.19指的是撰写本文时最新的Modeller版本。您的可执行文件的实际名称可能会有所不同。

7. 要填写缺失的残基，请参考.pdb文件中"REMARK 465"对应的行，或使用蛋白质数据库网页使此过程更容易。进入下载蛋白质结构的蛋白质数据库页面。接下来，转到序列选项卡。在该页上显示的序列中，除了缺失的序列外，所有的残基都将用黑色下划线标注。一般来说，使用该页作为准备比对文件的指南更容易。

8. 这些指标是诸如DOPE、SOAP或GA341分数之类的评估分数，可以在Modeller网页上找到有关这些分数的更多信息。

9. 在建模器网页上给出有关自动模型的信息。一般来说，在添加缺失残基后，只对特定区域进行细化是一个好选择，以避免扰乱整个蛋白质结构。为了获得更合理的结构，还应该对缺失残基区域两侧的两个或三个残基进行细化，以消除立体冲突等。

10. 分配质子化状态还有其他选择，如PROPKA[51,52]，如果过程需要自动化，它是有用的。

11. 如果已知，H++将默认将pH值设置为蛋白质结构结晶的pH值，但可能需要改变pH值以模拟生理条件或对应特定的质子化状态。

12. 例如，金属结合的半胱氨酸可能需要在硫原子处去质子化，但H++可能会给它分配一个规则的质子化状态。用户只需在后续步骤中使用的最终.pdb文件中修改残基名称，即可手动调整此类残基的质子化状态。

13. 可以在其网页上找到运行tleap和其他AMBER实用程序的分步指南[53]。

14. 通常，模拟的蛋白质在TIP3P水中溶剂化[54]，这是一种广泛使用的计算水模型。对于所使用的任何水模型，请确保通过使用诸如source leaprc.water.tip3p命令进行计算。

15. 使用tleap中的check命令要在所有其他命令之后，但在保存输出文件之前，以确保结构是正确的。

16. 检查tleap生成的日志文件，确保没有出错。如果出现问题，tleap将输出"FATAL ERRORS"。通常在这种情况下，它不会生成.inpcrd文件，但仍可能生成prmtop文件。

17. 如果蛋白质残基缺失，需要手动或在建模器的帮助添加回来，这一步是尤其重要的。

18. 在初始化QM/MM优化之前，也应该平衡添加到蛋白质中的溶剂，以确保优化不会不必要地优化水空间冲突，这一步也很重要。

19. 本节只提供基本的建议。所有的步骤，输入和工作提交文件所需的MM等效振动与AMBER的细节都被详细地记录在AMBER，并在AMBER教程网页上的分步指南中详细介绍[53]。

20. 当使用cpptraj实用程序从AMBER轨迹中提取带有水盒的.pdb文件时，应该小心。如果.pdb文件中的残基总数超过9999，那么AMBER将重新编号第10000个残基，作为每10000个残基的第一个残基。在这种情况下，PyMOL很难选择蛋白质周围的溶剂球。为了避免这个问题，要么（1）使用python或BASH脚本正确地对残基重新编号，（2）如果蛋白质的残基少于1000个，则使用cpptraj中的closestwater命令获得具有9000个最接近的残基的.pdb文件，从而确保获得的.pdb文件中的残基总数等于或小于9999。如果执行选项（2），请确保9000个最近的水足以在蛋白质周围切割一个足够大小的水球，以进行QM/MM计算。

21. 名为center-of-mass.py的脚本可以从PyMOL Wiki网页[55]下载。

22. com命令会在PyMOL中创建一个名为prot_COM的新对象，它是一个伪原子，将选择的质心表示为球体。

23. 仔细选择半径，以确保蛋白质被完全封装在水球中，并且蛋白质的任何部分都不在水球之外。例如，对于一个相对球形的蛋白质，大约有350个残基，那么距离蛋白质质心35 Å的半径可能对水球来说就足够了。

24. 为了确保原子/残基编号的一致性，在将对象保存为.pdb文件时，请转到通用选项并勾选原始原子顺序和保留原子编号的框。

25. 例如，对于酶中的金属活性位点，最小QM区域包括底物、金属辅因子和与金属配位的配体。

26. 确保给apo结构分配正确的电荷，特别是当带电荷的残基被刚性移除时。

27. 本文提供了在QM/MM计算中使用AMBER和TeraChem的指南，但通常选择的任何MM和QM软件都可以用于电荷移位分析。

28. 可以从CSA的教程网页[56]中获得一个根据QM/MM计算输出计算残基电荷总和的示例脚本。

29. 例如，对于具有金属中心活性位点的酶，最小的QM区域可以定义为距金属中心3 Å的半径范围，很可能只包括与金属配位的配体。下一个QM区域为距金属中心的范围，4 Å然后将更多的第二壳层蛋白残基纳入QM区域，以此类推。

30. 这一标准背后的原理和实验结果在参考文献[14]和[30]中有详细介绍。

31. 一旦确定了最终的QM区域，使用PyMOL等软件可视化该区域，以确保一切看起来都如预期的那样。

32. 先前的研究[14,31,57,58]表明，与其他类型的泛函（如半局部DFT方法）相比，远距离定向、范围分离的杂化密度泛函理论更适用于大型生物分子系统。半局部DFT方法由于HOMO-LUMO缺口的关闭，导致大型生物分子系统或QM区域（200~300个原子）的离域误差更大。

33. 为了简化过程，该方法和基集灵敏度测试也可用于大型QM簇（300~500个原子）计算，并将结论应用于QM/MM计算。

34. 在比较结果时要小心，因为一些属性可能具有显著的基集依赖性，而另一些属性（即典型的相对属性或能量）可能由于用于计算这些属性的方法而与基集无关。

35. 这里提供了使用AMBER/TeraChem接口的指南，这些指南可以针对选择的其他软件进行定制，例如MM部分的OpenMM。

36. AMBER输入文件的所有关键字和列表的详细信息可在AMBER手册[18]中获得。

37. 在使用PME的早期步骤中，关键字cut被设置为一个低得多的值，但这里它被设置为999.0 Å。这确保了所有溶质-溶剂相互作用都是在真实空间中计算的，没有有效的截止。

38. 此列表的名称与其他软件不同，例如，&gau表示高斯。

39. 所有关键词的详细信息可在TeraChem手册的网页上找到[59]。

40. $constraint_freeze或$constraints关键字可以分别在TeraChem中与geomeTRIC或DL-FIND优化器中一起使用，以约束原子的位置或键、角度和二面体的值。大多数优化器也可以用于执行约束优化，其中一些原子坐标/键/角度/二面体在优化过程中受到约束。

致谢

作者感谢美国国家科学基金会的大力支持（项目资助编号：CBET-1704266）。本研究也得到美国国立卫生研究院国家环境健康科学研究所的核心中心资助 P30-ES002109 的支持。H.J.K. 获得了 Burroughs Wellcome 基金的科学界面职业奖和美国科学促进会（AAAS）Marion Milligan Mason 奖，该奖项支持了这项工作。作者感谢 Adam H. Steeves 对本章进行了评阅。

参考文献

[1] Warshel A, Levitt M (1976) Theoretical studies of enzymic reactions: dielectric, electrostatic and steric stabilization of the carbonium ion in the reaction of lysozyme. J Mol Biol 103 (2): 227-249.

[2] Field MJ, Bash PA, Karplus M (1990) A combined quantum-mechanical and molecular mechanical potential for molecular-dynamics simulations. J Comput Chem 11(6): 700-733. https://doi.org/10.1002/jcc.540110605

[3] Bakowies D, Thiel W (1996) Hybrid models for combined quantum mechanical and molec- ular mechanical approaches. J Phys Chem 100 (25): 10580-10594. https://doi.org/10.1021/jp9536514

[4] Mordasini TZ, Thiel W (1998) Combined quantum mechanical and molecular mechanical approaches. Chimia 52(6): 288-291.

[5] Monard G, Merz KM (1999) Combined quantum mechanical/molecular mechanical methodologies applied to biomolecular systems. Acc Chem Res 32(10): 904-911. https://doi.org/10.1021/ar970218z

[6] Gao J, Truhlar DG (2002) Quantum mechanical methods for enzyme kinetics. Annu Rev Phys Chem 53: 467-505. https://doi.org/10.1146/annurev.physchem.53.091301.150114

[7] Rosta E, Klahn M, Warshel A (2006) Towards accurate ab initio QM/MM calculations of free-energy profiles of enzymatic reactions. J Phys Chem B 110(6): 2934-2941. https://doi.org/10.1021/jp057109j

[8] Lin H, Truhlar D (2007) QM/MM: what have we learned, where are we, and where do we go from here? Theor Chem Accounts 117 (2): 185-199.https://doi.org/10.1007/s00214-006-0143-z

[9] Senn HM, Thiel W (2009) QM/MM methods for biomolecular systems. Angew Chem Int Ed 48(7): 1198-1229. https://doi.org/10.1002/anie.200802019

[10] Acevedo O, Jorgensen WL (2009) Advances in quantum and molecular mechanical (QM/MM) simulations for organic and enzymatic reactions. Acc Chem Res 43(1): 142-151.

[11] Gao J, Ma S, Major DT, Nam K, Pu J, Truhlar DG (2006) Mechanisms and free energies of enzymatic reactions. Chem Rev 106 (8): 3188-3209. https://doi.org/10.1021/cr050293k

[12] Vidossich P, Fiorin G, Alfonso-Prieto M, Derat E, Shaik S, Rovira C (2010) On the role of water in peroxidase catalysis: a theoretical investigation of HRP compound I formation. J Phys Chem B 114(15): 5161-5169.

[13] Carloni P, Rothlisberger U, Parrinello M (2002) The role and perspective of ab initio molecular dynamics in the study of biological systems. Acc Chem Res 35(6): 455-464.

[14] Kulik HJ, Zhang J, Klinman JP, Martinez TJ (2016) How large should the QM region be in QM/MM calculations? The case of catechol O-methyltransferase. J Phys Chem B 120 (44): 11381-11394.

[15] Kulik HJ (2018) Large-scale QM/MM free energy simulations of enzyme catalysis reveal the influence of charge transfer. Phys Chem Chem Phys 20(31): 20650-20660.

[16] Ufimtsev IS, Luehr N, Martinez TJ (2011) Charge transfer and polarization in solvated proteins from ab initio molecular dynamics. J Phys Chem Lett 2(14): 1789-1793.

[17] Nadig G, Van Zant LC, Dixon SL, Merz KM (1998) Charge-transfer interactions in macromolecular systems: a new view of the protein/ water interface. J Am Chem Soc 120 (22): 5593-5594.

[18] Case JTB DA, Betz RM, Cerutti DS, Chea- tham TE III, Darden TA, Duke RE, Giese TJ, Gohlke H, Goetz AW, Homeyer N, Izadi S, Janowski P, Kaus J, Kovalenko A, Lee TS, LeGrand S, Li P, Luchko T, Luo R, Madej B, Merz KM, Monard G, Needham P, Nguyen H, Nguyen HT, Omelyan I, Onufriev A, Roe DR, Roitberg A, Salomon-Ferrer R, Simmerling CL, Smith W, Swails J, Walker RC, Wang J, Wolf RM, Wu X, York DM, Kollman PA (2018) AMBER 2018. University of California, San Francisco

[19] Ufimtsev IS, Martínez TJ (2009) Quantum chemistry on graphical processing units. 3. Analytical energy gradients, geometry optimization, and first principles molecular dynamics. J Chem Theory Comput 5: 2619-2628.

[20] Titov AV, Ufimtsev IS, Luehr N, Martinez TJ (2013) Generating efficient quantum chemistry codes for novel architectures. J Chem Theory Comput 9(1): 213-221.

[21] Towns J, Cockerill T, Dahan M, Foster I, Gaither K, Grimshaw A, Hazlewood V, Lathrop S, Lifka D, Peterson GD (2014) XSEDE: accelerating scientific discovery. Comput Sci Eng 16(5): 62-74.

[22] Frisch MJ, Trucks GW, Schlegel HB, Scuseria GE, Robb MA, Cheeseman JR, Scalmani G, Barone V, Petersson GA, Nakatsuji H, Li X, Caricato M, Marenich AV, Bloino J, Janesko BG, Gomperts R, Mennucci B, Hratchian HP, Ortiz JV, Izmaylov AF, Sonnenberg JL, Wil- liams, Ding F, Lipparini F, Egidi F, Goings J, Peng B, Petrone A, Henderson T, Ranasinghe D, Zakrzewski VG, Gao J, Rega N, Zheng G, Liang W, Hada M, Ehara M, Toyota K, Fukuda R, Hasegawa J, Ishida M, Nakajima T, Honda Y, Kitao O, Nakai H, Vreven T, Throssell K, Montgomery Jr. JA, Peralta JE, Ogliaro F, Bearpark MJ, Heyd JJ, Brothers EN, Kudin KN, Staroverov VN, Keith TA, Kobayashi R, Normand J,

Raghavachari K, Rendell AP, Burant JC, Iyengar SS, Tomasi J, Cossi M, Millam JM, Klene M, Adamo C, Cammi R, Ochterski JW, Martin RL, Morokuma K, Farkas O, Foresman JB, Fox DJ (2016) Gaussian 16 Rev. C.01. Wallingford, CT.

[23] Isborn CM, Gotz AW, Clark MA, Walker RC, Martínez TJ (2012) Electronic absorption spectra from MM and ab initio QM/MM molecular dynamics: environmental effects on the absorption spectrum of photoactive yellow protein. J Chem Theory Comput 8 (12): 5092-5106.

[24] Schrodinger LLC (2010) The PyMOL molecular graphics system, Version 1.7.4.3.

[25] Šali A, Blundell TL (1993) Comparative protein modelling by satisfaction of spatial restraints. J Mol Biol 234(3): 779-815.

[26] Gordon JC, Myers JB, Folta T, Shoja V, Heath LS, Onufriev A (2005) H++: a server for estimating pKas and adding missing hydrogens to macromolecules. Nucleic Acids Res 33(suppl 2): W368-W371. https://doi.org/10.1093/nar/gki464

[27] Myers J, Grothaus G, Narayanan S, Onufriev A (2006) A simple clustering algorithm can be accurate enough for use in calculations of pKs in macromolecules. Proteins 63(4): 928-938. https://doi.org/10.1002/prot.20922

[28] Anandakrishnan R, Aguilar B, Onufriev AV (2012) H++ 3.0: automating pK prediction and the preparation of biomolecular structures for atomistic molecular modeling and simula- tions. Nucleic Acids Res 40(W1): W537-W541. https://doi.org/10.1093/nar/gks375

[29] Neugebauer ME, Sumida KH, Pelton JG, McMurry JL, Marchand JA, Chang MC (2019) A family of radical halogenases for the engineering of amino-acid-based products. Nat Chem Biol 15(10): 1009-1016.

[30] Ryckaert J-P, Ciccotti G, Berendsen HJC (1977) Numerical integration of the cartesian equations of motion of a system with constraints: molecular dynamics of n-alkanes. J Comput Phys 23(3): 327-341.

[31] Karelina M, Kulik HJ (2017) Systematic quantum mechanical region determination in QM/MM simulation. J Chem Theory Comput 13(2): 563-576.

[32] Mehmood R, Kulik HJ (2020) Both configuration and QM region size matter: zinc stability in QM/MM models of DNA methyltransferase. J Chem Theory Comput 16 (5): 3121-3134.

[33] Kulik HJ, Luehr N, Ufimtsev IS, Martinez TJ (2012) Ab initio quantum chemistry for protein structures. J Phys Chem B 116 (41): 12501-12509.

[34] Rohrdanz MA, Martins KM, Herbert JM (2009) A long-range-corrected density functional that performs well for both ground-state properties and time-dependent density functional theory excitation energies, including charge-transfer excited states. J Chem Phys 130(5): 054112.

[35] Hay PJ, Wadt WR (1985) Ab initio effective core potentials for molecular calculations. potentials for the transition metal atoms Sc to Hg. J Chem Phys 82(1): 270-283.

[36] Hariharan PC, Pople JA (1973) The influence of polarization functions on molecular orbital hydrogenation energies. Theor Chim Acta 28 (3): 213-222.

[37] Grimme S, Antony J, Ehrlich S, Krieg H (2010) A consistent and accurate ab initio parametrization of density functional dispersion correction (DFT-D) for the 94 elements H-Pu. J Chem Phys 132(15): 154104.

[38] Grimme S, Ehrlich S, Goerigk L (2011) Effect of the damping function in dispersion corrected density functional theory. J Comput Chem 32(7): 1456-1465

[39] Lee C, Yang W, Parr RG (1988) Development of the Colle-Salvetti correlation-energy formula into a functional of the electron density. Phys Rev B 37: 785-789.

[40] Becke AD (1993) Density-functional thermochemistry. III. The role of exact exchange. J Chem Phys 98(7): 5648-5652.

[41] Stephens PJ, Devlin FJ, Chabalowski CF, Frisch MJ (1994) Ab initio calculation of vibrational absorption and circular dichroism spectra using density functional force fields. J Phys Chem 98(45): 11623-11627.

[42] Perdew JP, Burke K, Ernzerhof M (1996) Generalized gradient approximation made simple. Phys Rev Lett 77(18): 3865.

[43] Chai J-D, Head-Gordon M (2008) Systematic optimization of long-range corrected hybrid density functionals. J Chem Phys 128 (8): 084106.

[44] K€astner J, Carr JM, Keal TW, Thiel W, Wander A, Sherwood P (2009) DL-FIND: an open-source geometry optimizer for atomistic simulations. Chem A Eur J 113 (43): 11856-11865.

[45] Wang L-P, Song C (2016) Geometry optimization made simple with translation and rotation coordinates. J Chem Phys 144 (21): 214108.

[46] Császár P, Pulay P (1984) Geometry optimization by direct inversion in the iterative sub space. J Mol Struct 114: 31-34.

[47] Hu X, Yang W (2010) Accelerating self-consistent field convergence with the augmented Roothaan-Hall energy function. J Chem Phys 132(5): 054109.

[48] Lu T, Chen FW (2012) Multiwfn: a multifunctional wavefunction analyzer. J Comput Chem 33(5): 580-592. https://doi.org/10.1002/jcc.22885

[49] PDB. R guide to understanding PDB data. http://www.rcsb.org. Accessed 17 Sept 2020

[50] Modeller. Missing residues https://salilab.org/modeller/wiki/Missing residues

[51] Søndergaard CR, Olsson MH, Rostkowski M, Jensen JH (2011) Improved treatment of ligands

and coupling effects in empirical calculation and rationalization of pK_a values. J Chem Theory Comput 7(7): 2284-2295.

[52] Olsson MH, Søndergaard CR, Rostkowski M, Jensen JH (2011) PROPKA3: consistent treatment of internal and surface residues in empiri- cal pKa predictions. J Chem Theory Comput 7 (2): 525-537

[53] AMBER. Introductory tutorials. https://ambermd. org/tutorials/Introductory.php

[54] Jorgensen WL, Chandrasekhar J, Madura JD, Impey RW, Klein ML (1983) Comparison of simple potential functions for simulating liquid water. J Chem Phys 79(2): 926-935.

[55] PyMOLWiki. https://pymolwiki.org/index.php/ Center_of_mass

[56] HJKgrp. Guide to charge shift analysis and Fukui shift analysis. http://hjkgrp.mit.edu/csafsa

[57] Rudberg E (2012) Difficulties in applying pure Kohn-Sham density functional theory electronic structure methods to protein molecules. J Phys Condens Matter 24(7): 072202.

[58] Isborn CM, Mar BD, Curchod BF, Tavernelli I, Martinez TJ (2013) The charge transfer problem in density functional theory calculations of aqueously solvated molecules. J Phys Chem B 117(40): 12189-12201.

[59] Petachem. http://www.petachem.com. Accessed 15 Oct 2018.

第十三章

Zymvol 公司的计算酶设计

Emanuele Monza, Victor Gil, Maria Fatima Lucas

摘要

定向进化是酶工程中最被认可的方法，其主要缺点在于其随机性和有限的序列探索，两者都需要筛选数千个（甚至是数百万个）变体才能实现目标功能。计算机驱动的方法可以将实验室筛选限制在几百个候选者，从而推动并加速工业酶的发展。发展本章阐述了 Zymvol 公司所采用的技术，还介绍了公司目前的发展状况和未来的发展方向。

关键词： 酶工程，生物催化，生物信息学，计算酶设计，机器学习

第一节 引言

天然酶是可持续化学领域内有吸引力的模板 [1,2]，需要通过重新设计以满足工业要求。最流行的方法是定向进化，即在亲本酶中随机引入突变，模仿自然进化 [3]。虽然定向进化是一项革命性的技术（2018 年获得诺贝尔化学奖），但随机性和有限的序列采样限制了潜在有益突变的数量。计算技术可以驱动定向进化，通过机器学习 [4] 和 / 或选择具有高改进潜力的残基（热点）来达到效果 [5]。更彻底的是，计算设计也可以在所谓的理性设计中完全取代定向进化：在这种情况下，序列空间筛选是在计算机中完成的，只留下少数候选者进行实验验证 [6]。本章旨在说明在 Zymvol 公司采用的计算酶工程的原理，包括辅助（热点预测）或取代（理性设计）定向进化，文中将描述主要的概念步骤，并结合现有的文献展开讨论。

我们的酶搜索（ES）和计算机设计（ISD）流程结合了生物信息学、蛋白质设计算法和分子建模的多种解决方案。ES 的目标是为目标底物的输入反应找到合适的生物催化剂，要么是原始形式，要么是作为 ISD 的有利模板。

ISD 的目标是重新设计（模拟突变的效果）输入酶，以有效地在目标底物上实现目标反应，即实现／改善目标化学转化。活性／特异性／选择性以外的性质可以得到改善，如酶的稳定性（对温度、pH、溶剂等）和溶解度。

我们技术的基础是生物信息学与蛋白质设计算法和基于经验／物理的模拟的结合，该模型模拟了底物与酶之间的相互作用。这样的模拟遵循一个复杂度逐步增加的漏斗状方案，逐步过滤候选酶（图 13-1）。在隐式溶剂分子建模中，酶和配体都是完全灵活的，即蛋白质侧链和主链都可以移动。另一方面，溶剂（水）被建模为连续的静电场，忽略了其作为分子集合的详细作用[7]。这种近似在显式溶剂分子模型中得到纠正，其中水被视为可以扰乱系统动力学或参与目标反应的分子集合[7]。量子化学算法可以模拟沿目标反应发生的任何电子重排，从而提高准确性[8]。在整个流程中，模拟不仅考虑了活性位点的突变，还考虑了远离活性位点的突变的潜在影响。远距离突变可以影响底物与活性位点催化残基之间的接触或底物／产物向活性位点的迁移[9]（图 13-2）。

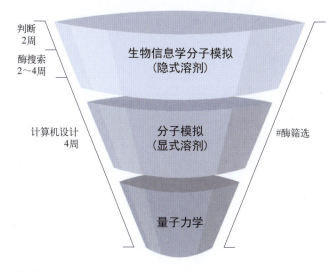

图 13-1

酶工程计算工作流程

在 ES 中，只采用生物信息学和隐式溶剂分子建模。在 ISD 中，所有的步骤都包括在内。但是，根据当前任务的性质和复杂程度，可能会排除其中的一些步骤。例如，当需要首先优化其他参数时，例如将底物结合成正确的构象以传递期望的反应，则不包括量子力学。

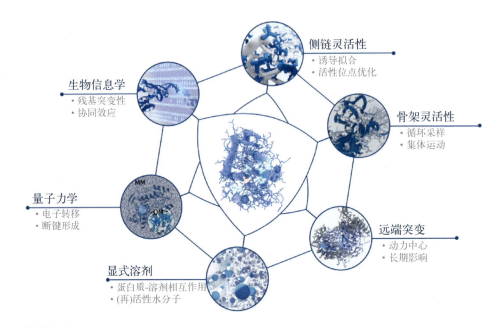

图13-2

Zymvol 公司采用的理论水平

  程序输入通常包括：所需底物的目标转化和要优化的初始酶序列（在 ES 的情况下，不需要后者）。ES 输出由 8 ～ 16 个酶组成。通常情况下，一轮 ISD 会提供按优先级排列的 90 种酶变体，但也有定制的解决方案（如饱和诱变的残基位置）。ES 和 ISD（一轮）通常需要长达 4 周的时间才能产生结果。

  在 ISD 中，可以进行更多的预测轮次（随后是实验验证）。每次迭代都使我们将实验数据纳入我们的平台中，旨在提高我们对手头任务的预测准确性。通常建议使用三轮 ISD 迭代。

  本章中涉及的概念定义列表，请参见表 13-1。

表13-1　本章所涉术语

	术语	定义
酶工程相关概念	突变	在特定蛋白质中引入氨基酸性质改变的突变
	酶（重新）设计	修改酶序列以达到用户定义的目标（设计目标）
	热点	一种残基，其对任何氨基酸的突变都会对设计目标进行改进
	定向进化（设计）	在蛋白质中引入数千 / 百万个突变，并通过快速检测技术（如比色法）评估其效应
	理性设计	基于结构、序列和作用机制分析，定量引入少量突变，并采用定量检测方法评估其效应

续表

术语		定义
酶工程相关概念	计算机辅助设计（ISD）	通过生物信息学和分子建模技术，在蛋白质中虚拟地引入并筛选数百万种突变，最终优选最具潜力的候选突变进行实验验证
	实验验证	ISD 推荐突变的实验实施及目标性能效应评估
蛋白质结构相关概念	蛋白质动力学	蛋白质在其溶剂中可以采用的三维形状（构象）的集合
	活性部位	酶发生催化作用的结构部位
	远距离突变	远离活性位点的突变
	蛋白质主链和侧链	包括肽键和相邻的 Cα 原子在内的蛋白质的所有原子都是主链部分，其余的原子是侧链部分
	近攻击构象（NAC）	酶 - 底物复合物中类似于催化反应过渡态的构象
与计算相关的概念	蛋白质设计算法	用于预测突变对蛋白质结构稳定性影响的算法
	生物信息学	分析大型序列数据库（序列分析），发现进化和功能模式
	分子建模	将蛋白质描述为沉浸在电子能量势场中的原子核集合
	基于物理理论的模拟	基于分子动力学、Monte Carlo 模拟和量子化学方法预测蛋白质行为的计算技术
	分子动力学	通过求解牛顿第二定律，模拟蛋白质随时间演化的计算方法
	Monte Carlo 模拟	基于蛋白质原子的随机位移来模拟蛋白质的动力学行为
	量子化学	通过量子力学方程的解析模拟蛋白质
	隐式溶剂模型	将溶剂表示为均匀静电场的简化处理方式
	显式溶剂模型	以三维分子形式精确表征溶剂分子的模拟方法
	底物对接	模拟底物与酶活性位点相互作用的过程
	底物 / 产物迁移	底物 / 产物进入 / 离开酶活性位点

第二节　生物信息学和分子建模

这个方法学框架包括两个核心步骤：诊断分析和突变设计。

在诊断分析阶段，设计原理和突变体文库是主要的输出。具体流程如下：

1. 序列分析。将亲本酶的氨基酸序列与UniRef90进行比对，对得到的序列进行比对[10]和优化[10,11]。后者还提供了残基熵的估计、占位率和互信息（MI）分析。这样，只有具有足够熵的残基才会被保留到最终的文库中，并建议一致性突变来稳定蛋白质[12]。此外，MI还捕获了潜在的协同效应[13]。

2. 蛋白质动力学。制备亲本酶的结构，并使用内部程序估计其动力学行为，该程序融合了来自正常模式[14]、一致分析[15]和循环采样算法的信息。对所得到的结构系综进行彻底的分析可以确定远离活性位点的潜在热点。这种分析包括但不限于动力学互相关矩阵[16]和网络技术[17]。

3. 底物对接。下一步是验证底物是否能够有效地与活性位点结合，即考虑所有必要的催化接触。如果无法有效结合，第一步是将相关残基单点突变为丙氨酸（Ala）以促进结合形成。所有在底物一定阈值范围内的非催化残基都被包含在计算突变体文库中，前提是它们不是高度保守的。

4. 底物/产物迁移。底物和结合在活性位点的产物（在单独的模型中）都用内部Monte Carlo算法（在罗塞塔[18]中构建）进行扰动。其中也允许周围残基的侧链和主链移动。模拟这些分子的出口可以精确定位作为动力学瓶颈的残基，这些残基通常与底物有许多接触。如果它们是可变的（即它们的熵足够大），则将它们引入计算突变体文库。

文库中包含的所有选定残基都允许突变为常见氨基酸，即那些出现在多序列比对（MSA）位置上以足够频率（由用户决定的阈值）出现的氨基酸，以保持蛋白质表达和稳定性。其原理与PROSS[19]和FuncLib[20]背后的原理有些相似。

在第二步突变设计阶段，通过内部流程［分为罗塞塔（Rosetta）[21]和FoldX[22]等专有及第三方软件］对数百万种酶变体进行建模和筛选。随后对系统进行优化，并提取相关的结构和能量参数以评估各变体性能，底物结合能与催化距离的简单关系图可作为初步筛选依据。

最后将筛选出数万种到数十万种变体进入下一环节。需要注意的是，此流程仅适用于具备母酶晶体结构或高质量模型的情况。事实上，低/中质量同源模型在分子动力学模拟中易发生解折叠[23]，且采样构象不可靠。若使用低质量同源模型，则需直接基于此阶段结果确定最终送往实验室验证的突变体名单。

第三节　分子动力学（显式溶剂）

所选的变体是基于MD模拟进行筛选的。可以检查设计酶的许多特征，包括氢键强度、结构完整性和预组织化程度、溶剂暴露情况等。用于筛选变体的主要特征是近攻击构象（NAC）的种群，即类似于过渡状态（TS）的结构。该技术在高通量分子动力学（HTMD）调控选择性方面是成功的[24]。在HTMD中运行了许多短时间的模拟，结果表明该方法比传统的 MD 在 NAC 采样方面更高效 [25]。

正如预期的那样，由于缺乏合适的晶体结构，MD 在工业应用中通常不是可行的解决方案。目前，基于 Monte Carlo 模拟的 NACs 的替代方法处于评估阶段。

第四节　量子力学

最后，化学反应是由导致键形成 / 断裂的电子重排决定的。这些事件不能用生物信息学、分子模型和动力学来解释。相反，量子化学计算是必要的。然而，传统化学技术虽然信息丰富，但计算速度慢，因此它们不适合筛选数百种变体 [8]。因此，需要智能的解决方案来减少资源和时间成本。一种方法是计算与活性相关且在几何优化过程中比过渡态（TS）能量收敛更快的性质（而非直接计算过渡态能量）：①与催化活性相关；②在几何优化中比能量收敛速度更快。文献中的一个例子是我们对漆酶的研究 [26,27]。我们开发了一种评分方法，该方法基于经过五个几何优化步骤后定位在底物上的总自旋密度（电子密度在该时间内大致收敛）和距离相关的介电势。事实证明，这样的效果很好，如图 13-3 所示。对两种漆酶对四种底物针

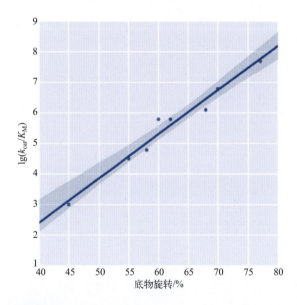

图 13-3

基于电子密度的活性量子化学评分

的催化活性进行测试，发现活性和自旋密度之间存在线性相关性。2015年，6 个线程的每次计算耗时约 4 h。如今，借助云计算设施和更好的硬件，可以在 1 天内测试约 500 个变体，花费不到 500 欧元。在过去的几年里，这种解决方案成功用于一些氧化还原酶的设计中 [28-31]。

第五节　发展领域

Zymvol 公司目前正在试验 / 评估以下开发领域以改进技术。

1. 机器学习。正如 Siegel 及其同事在最近的一项机器学习（ML）研究中对糖基水解酶的研究很好地表明，没有任何特征与实验数据有很强的相关性[32]。这表明，酶的功能是由许多不同的分子性质决定的，其中结合能甚至不包括在内。这就对酶的实际作用机制以及标记酶活性的关键参数是否实际上依赖于酶家族和反应类型提出了一个严肃的问题。我们对两个数据集进行了 ML 分析，证实了这些疑问：一个是针对小蛋白质（约 60 个残基）的完全突变研究[33]，另一个是 96 种配体针对 16 种酯酶的活性数据[34]。虽然这两个系统都可以用各自的 ML 模型进行预测，准确度很高，但所选择的特征是不同的。因此，我们的目标是收集关键酶家族的数千个数据点，以进行进一步的研究和开发依赖酶家族的模型。最后需要说明的是，机器学习技术也有助于将量子化学估算加速到前所未有的水平[35]。

2. 远距离突变。事实上，远离活性位点的突变可以导致酶活性显著增加，从而改善进化酶的催化预组织能力[36]。尽管分子动力学在表征远距离突变效应方面取得了成功[37-41]，但似乎没有可靠的工具可用于快速检测它们。在我们公司，我们正在开发不涉及长时间和资源密集型的分子动力学模拟工具，将热点的预测时间从几周缩短到几分钟。此外，我们的目标不仅要挑出热点，而且要实际预测正确的氨基酸取代。该技术还有望预测不同固定技术对酶活性的影响，这在工业上具有重要意义。

3. 母蛋白质重建。母蛋白质经常表现出特殊的特性（包括混杂性和热稳定性），这是由于多样的环境条件将我们的星球塑造成今天的样子。统计模型可用于重建给定酶的系统发育并将其追溯到其母蛋白质[42]。

4. 量子计算。量子计算最有前途的建议应用之一是解决经典棘手的生物化学问题[43]。这包括量子力学计算，也包括采样问题。然而，构建一个足够大的量子计算机仍然是一个令人望而却步的挑战[43]。

致谢

本项目获得欧盟"地平线2020"研究与创新计划的资助（资助协议编号：873593）。作者感谢Zymvol公司研发团队成员的技术贡献，包括：Jesus Seco, Ferran Sancho, Laura Masgrau, Ryoji Takahashi, Lur Alonso 和 Marina Canellas。

利益冲突声明：作者隶属于Zymvol biommodeling SL公司，相关技术已作为商业秘密获得保护。

参考文献

[1] Itoh T, Hanefeld U (2017) Enzyme catalysis in organic synthesis. Green Chem 19: 331-332.

[2] Sheldon RA, Woodley JM (2018) Role of biocatalysis in sustainable chemistry. Chem Rev 118: 801-838.

[3] Romero PA, Arnold FH (2009) Exploring protein fitness landscapes by directed evolution. Nat Rev Mol Cell Biol 10: 866-876.

[4] Yang KK, Wu Z, Arnold FH (2019) Machine-learning-guided directed evolution for protein engineering. Nat Methods 16: 687-694.

[5] Chica RA, Doucet N, Pelletier JN (2005) Semi-rational approaches to engineering enzyme activity: combining the benefits of directed evolution and rational design. Curr Opin Biotechnol 16: 378-384.

[6] Monza E, Acebes S, Fa′tima Lucas M, Guallar V (2017) Molecular modeling in enzyme design, toward in silico guided directed evolution. In: Directed enzyme evolution: advances and applications. Springer, pp 257-284.

[7] Skyner RE, McDonagh JL, Groom CR et al (2015) A review of methods for the calculation of solution free energies and the modelling of systems in solution. Phys Chem Chem Phys 17: 6174-6191.

[8] Gao J, Truhlar DG (2002) Quantum mechanical methods for enzyme kinetics. Annu Rev Phys Chem 53: 467-505.

[9] Agarwal PK (2019) A biophysical perspective on enzyme catalysis. Biochemistry 58: 438-449.

[10] Larkin MA, Blackshields G, Brown NP et al (2007) Clustal W and Clustal X version 2.0. Bioinformatics 23: 2947-2948.

[11] Bakan A, Meireles LM, Bahar I (2011) ProDy: protein dynamics inferred from theory and experiments. Bioinformatics 27: 1575-1577.

[12] Sternke M, Tripp KW, Barrick D (2019) Consensus sequence design as a general strategy to create hyperstable, biologically active proteins. Proc Natl Acad Sci USA 116: 11275-11284.

[13] Penner O, Grassberger P, Paczuski M (2011) Sequence alignment, mutual information, and dissimilarity measures for constructing phylogenies. PLoS One 6: e14373.

[14] Demerdash O, Cui Q, Van Wynsberghe A, Li G (2005) Normal mode analysis of macromolecules: from enzyme activity site to molecular machines. In: Normal mode analysis, Chapman & Hall/CRC, pp 65-89.

[15] Seeliger D, Haas J, de Groot BL (2007) Geometry-based sampling of conformational transitions in proteins. Structure 15: 1482-1492.

[16] Hünenberger PH, Mark AE, van Gunsteren WF (1995) Fluctuation and cross-correlation analysis of protein motions observed in nanosecond molecular dynamics simulations. J Mol Biol 252: 492-503.

[17] Sladek V, Tokiwa H, Shimano H, Shigeta Y (2018) Protein residue networks from energetic and geometric data: are they identical? J Chem Theory Comput 14: 6623-6631.

[18] Alford RF, Leaver-Fay A, Jeliazkov JR et al (2017) The Rosetta all-atom energy function for macromolecular modeling and design. J Chem Theory Comput 13: 3031-3048.

[19] Goldenzweig A, Goldsmith M, Hill SE et al (2018) Automated structure- and sequence-based design of proteins for high bacterial expression and stability. Mol Cell 70: 380.

[20] Khersonsky O, Lipsh R, Avizemer Z et al (2018) Automated design of efficient and functionally diverse enzyme repertoires. Mol Cell 72: 178-186.e5

[21] Kellogg EH, Leaver-Fay A, Baker D (2011) Role of

conformational sampling in computing mutation-induced changes in protein structure and stability. Proteins 79: 830-838.

[22] Buß O, Rudat J, Ochsenreither K (2018) FoldX as protein engineering tool: better than random based approaches? Comput Struct Biotechnol J 16: 25-33

[23] Raval A, Piana S, Eastwood MP et al (2012) Refinement of protein structure homology models via long, all-atom molecular dynamics simulations. Proteins 80: 2071-2079.

[24] Wijma HJ, Floor RJ, Bjelic S et al (2015) Enantioselective enzymes by computational design and in silico screening. Angew Chem Int Ed Engl 54: 3726-3730.

[25] Wijma H (2016) In silico screening of enzyme variants by molecular dynamics simulation. In: Svendsen A (ed) Understanding enzymes. Pan Stanford Publishing, pp 805-833.

[26] Monza E, Lucas MF, Camarero S et al (2015) Insights into laccase engineering from molecular simulations: toward a binding-focused strategy. J Phys Chem Lett 6: 1447-1453.

[27] Lucas MF, Monza E, Jørgensen LJ et al (2017) Simulating substrate recognition and oxidation in laccases: from description to design. J Chem Theory Comput 13: 1462-1467.

[28] Santiago G, de Salas F, Fátima Lucas M et al (2016) Computer-aided laccase engineering: toward biological oxidation of arylamines. ACS Catal 6: 5415-5423.

[29] Giacobelli VG, Monza E, Fatima Lucas M et al (2017) Repurposing designed mutants: a valuable strategy for computer-aided laccase engineering—the case of POXA1b. Cat Sci Technol 7: 515-523.

[30] Mateljak I, Monza E, Lucas MF et al (2019) Increasing redox potential, redox mediator activity, and stability in a fungal laccase by computer-guided mutagenesis and directed evolution. ACS Catal 9: 4561-4572.

[31] Pardo I, Santiago G, Gentili P et al (2016) Re-designing the substrate binding pocket of laccase for enhanced oxidation of sinapic acid. Cat Sci Technol 6: 3900-3910.

[32] Carlin DA, Caster RW, Wang X et al (2016) Kinetic characterization of 100 glycoside hydrolase mutants enables the discovery of structural features correlated with kinetic constants. PLoS One 11: e0147596.

[33] van der Meer J-Y, Poddar H, Baas B-J et al (2016) Using mutability landscapes of a promiscuous tautomerase to guide the engineering of enantioselective michaelases. Nat Commun 7: 10911.

[34] Martínez-Martínez M, Coscolín C, Santiago G et al (2018) Determinants and prediction of esterase substrate promiscuity patterns. ACS Chem Biol 13: 225-234.

[35] Qiao Z, Welborn M, Anandkumar A et al (2020) OrbNet: deep learning for quantum chemistry using symmetry-adapted atomicorbital features. J Chem Phys 153: 124111

[36] Osuna S, Jiménez-Osés G, Noey EL, Houk KN (2015) Molecular dynamics explorations of active site structure in designed and evolved enzymes. Acc Chem Res 48: 1080-1089.

[37] Romero-Rivera A, Iglesias-Fernández J, Osuna S (2018) Exploring the conversion of a d-sialic acid aldolase into a l-KDO aldolase. Eur J Org Chem 2018: 2603-2608.

[38] Maria-Solano MA, Serrano-Hervás E, Romero-Rivera A et al (2018) Role of conformational dynamics in the evolution of novel enzyme function. Chem Commun 54: 6622-6634.

[39] Romero-Rivera A, Garcia-Borràs M, Osuna S (2017) Role of conformational dynamics in the evolution of retro-aldolase activity. ACS Catal 7: 8524-8532.

[40] Hong N-S, Petrovic´D, Lee R et al (2018) The evolution of multiple active site configurations in a designed enzyme. Nat Commun 9(1): 390. https://doi.org/10.1038/s41467-018-06305-y

[41] Petrovic´D, Risso VA, Kamerlin SCL, Sanchez-Ruiz JM (2018) Conformational dynamics and enzyme evolution. J R Soc Interface 15: 20180330. https://doi.org/10.1098/rsif. 2018.0330

[42] Joy JB, Liang RH, McCloskey RM et al (2016) Ancestral reconstruction. PLoS Comput Biol 12: e1004763.

[43] McArdle S, Endo S, Aspuru-Guzik A et al (2020) Quantum computational chemistry. Rev Mod Phys 92: 015003.

第五部分

生物催化
过程开发

第十四章

先进酶固定化技术：环保型载体、聚合物稳定化策略与改进型辅因子共固定化技术

Ana I. Benítez-Mateos, Francesca Paradisi

摘要

目前存在各种各样的酶固定化方案，使得酶可以被重复利用，集成到流动生物反应器中，并且可以轻松地与最终产品分离。然而，目前尚未有一种方案被广泛实施，新的固定化技术不断被开发出来，以改善固定化生物催化剂的性能。本章阐述了三种先进的策略，重点关注酶固定化的关键点：载体的可持续性，固定化酶的活性恢复以及辅助因子的重复利用。木质素被提出作为酶固定化的一种适合而多功能的载体，提供了一种更具成本效益和可生物降解的策略。在酶固定化过程中，采用阳离子聚合物可防止多聚酶的亚单位解离，并避免共价固定化酶过度硬化。最后，通过增加载体的反应性基团，改善了辅助因子的可逆共固定化。

关键词： 酶固定化，酶稳定性，木质素，聚乙烯亚胺，辅助因子共固定化

第一节 引言

一、 酶固定

在工业中实施酶催化过程需要生物催化剂的长期稳定性、对工业条件的高抵抗力（即高底物产物浓度、强搅拌、极端温度和 pH）及酶的回收和再利用。然而，从细胞中分离出来的酶（无细胞的生物催化剂）通常具有较低的操作和存储稳定性，这限制了它们的商业可行性。为了克服这些限制，将酶固定在固体载体上在一个世纪前成为酶工程的一项基本技术。

固定化酶除了稳定性增强外，还具有在下游过程中容易与反应物分离，

在几个操作循环中重复使用，以及在流反应器中集成工艺强化的优点[1]。然而，目前还没有一种通用的固定化方案来改善所有酶的性质。在过去的几十年里，在多酶系统的结合化学、支持材料和共定位方面已经成功地得出了不同的方法[2]。现代社会需要更加经济高效和环保的策略，以推动生物催化在化工制造过程中的应用[3]。

二、　木质素作为酶固定化的载体

酶固定化载体的选择是一个重要的参数，必须考虑到载体对整个生物催化体系性能的影响。不同来源（如有机和无机来源）的多种材料（如琼脂糖、二氧化硅、聚合物）可以用作支架[4]。通常，市面上的合成聚合物是最常用的载体。然而，合成聚合物存在一些缺点，这些缺点限制了大规模使用固定化酶，比如它们的昂贵生产成本以及由于可能存在化学泄漏而使其不适用于食品或制药行业[4]。另外，木质素是一种芳香族天然聚合物，可以从可再生能源中获得，它也是造纸工业的副产品，具有抗菌性能。迄今为止，只有少数使用木质素制备混合载体的例子被报道[5-7]，这可能是由于提取木质素需要传统的苛刻条件。最近，一种新的方案被描述为在温和的条件下获得醛活化的木质素，并以一种非常可控和可重复的方式获得[8]。

三、　酶的PEI交联

关于酶与载体之间的结合，主要的固定化方法可分为可逆的（如离子交换、金属配位结合、疏水相互作用、亚胺键）和不可逆的（即共价键）结合化学方法。一方面，酶的共价附着更有利于延长固定化酶的稳定性，从而延长其操作寿命。尽管不可逆的附着阻止了载体的循环，但它避免了在流动条件下不必要的蛋白质氧化。另一方面，由于可逆固定化对生物催化剂的三维结构的硬化性不强，因此可逆固定化酶往往能具有较高的固定化酶活性。此外，可逆化学反应使酶支持键断裂后昂贵的载体能够再生和再利用。由于这些原因，设计一种"金发姑娘策略（恰到好处策略）"可能会解决与固定化相关的问题。

为此，离子交换聚合物被用于预固定化或后固定化步骤。聚乙烯亚胺（PEI）是一种具有高阳离子电荷密度的聚合物，是一种极具成本效益的材料。PEI已被用于多种应用中，包括作为一种方法来激活载体，多层酶固定化以及稳定多聚酶等[9]。此外，PEI已被用于交联游离酶，以进一步固定在阴离子交换器上（预固定化），并通过固定化酶的 PEI 涂层（后固定化）来提高生物催化剂的稳定性。

四、 辅助因子在PEI涂层支架上的共固定

同样重要的是要考虑到，许多在工业上具有重要意义的酶需要持续添加（昂贵的）辅助因子，这会大大降低系统的成本效益。因此，辅助因子的循环利用和可重用性是大规模应用生物催化系统的另一个关键点。为了解决这一挑战，考虑（共同）固定第二个酶来循环利用辅助因子可能是最有效的策略之一，但仍然必须添加辅助因子，尽管添加量不是化学计量的[10,11]。据报道，生物启发的方法已经用于在支撑酶的同一固相载体上共同固定辅助因子的研究，旨在使其在原位重复使用多个操作循环。然而，大多数这些策略对固定化辅助因子表现出非常低的酶活性，有限的可重复使用性和有限的可伸缩性[12-14]。根据类似的自然启发的先驱工作，一种创新的方法被开发出来，通过涂层阳离子聚合物 PEI，使磷酸化的辅助因子在微环境中可逆地共固定在固定化酶上[15]。辅助因子在聚合物的带正电荷的表面和酶的催化位点之间建立了一个结合 - 解离平衡，避免了其对反应体的液化。

五、 案例研究

在这一章节中，介绍了我们最近在酶固定化方面取得的三项最新进展，重点强调了可持续性和效率的关键点：

1. 酶在木质素上的固定化。我们提出了三种方案来获得具有不同功能基团的木质素衍生物，以用于各种固定化化学反应。高的酶和辅助因子的固定化产率，再加上可重复使用固定化生物催化剂的能力，使得改性木质素极其适合作为固定化载体。

2. 利用PEI实现酶的一锅交联和载体的激活。在不同载体上加入PEI时，成功地提高了吡咯林-5-羧酸还原酶的活性。PEI是两者之间的黏合剂作用于酶的单体，阻碍导致酶失活的亚基解离[9]。同时，PEI也与酶竞争，与载体表面的环氧基团发生反应，避免酶与载体形成过多的连接，从而通过降低其灵活性来影响其活性[16]。

3. 改进辅助因子在PEI涂层载体上的共固定。基于之前使用PEI共固定辅助因子的工作[15]，在这里，我们展示了三种PEI的分子量对氧化还原辅助因子共固定化能力的影响。

第二节　材料

1. 需要紫外光比色皿和96孔微孔板来测量吸光度。
2. 一种含有10 mg/mL的60000 Da的分支聚乙烯亚胺（PEI60）的溶液（50 mL）。
3. 10 mg的$NaBH_4$放入试管中并保存直到使用。
4. 100 mL pH为8的50 mmol/L磷酸钾缓冲液，100 mL pH为10的100 mmol/L碳酸氢钠缓冲液，以及100 mL pH为8的10 mmol/L磷酸钾缓冲液。此外，准备一瓶0.2 L去离子水。

对于每个特定部分，需要以下材料：

一、 木质素衍生物上酶的固定化

1. 2 g的醛-木质素（由瑞士洛桑EPFL的Luterbacher教授提供）[8]。
2. 10 mL从嗜热脂肪地芽孢杆菌[17]中纯化的赖氨酸-6-脱氢酶（Gs-Lys6DH），以及10 mL从嗜盐单胞菌[18]中纯化的ω-转氨酶（HEWT）。其体积将取决于蛋白质的浓度。
3. 以下原液应在50 mmol/L磷酸盐缓冲液中制备，pH为8：10 mL的100 mmol/L的L-赖氨酸，0.5 mL的100 mmol/L的NAD^+，10 mL 25 mmol/L的S-甲基苄胺（S-MBA），含2.5% DMSO，10 mL的25 mmol/L的丙酮酸，10 mL 1 mmol/L的磷酸吡哆醛（PLP）。
4. 5 mL的0.3 mol/L乙二胺（EDA）在100 mmol/L碳酸氢钠缓冲液中，pH为10，5 mL为0.5 mol/L的1,4-丁二醇缩水甘油醚（BDE）在100 mmol/L碳酸氢钠缓冲液中，pH为10。
5. HPLC分析：乙腈，0.2%盐酸，流动相（水溶液中含0.1%三氟乙酸）。

二、 酶的一锅交联和利用PEI激活载体

1. 1 g经环氧基团和钴螯合基团激活的琼脂糖微珠（Ep/Co^{2+}-AG）[19]。
2. 10 mL来自嗜盐单胞菌纯化的吡咯啉-5-羧酸还原酶（He-P5C）[16]。其体积取决于蛋白质的浓度。
3. 以下原液应在50 mmol/L磷酸盐缓冲液中制备，pH为8：10 mL，100 mmol/L的L-噻唑烷-4-羧酸（L-TCA）和0.5 mL 100 mmol/L的NAD^+。

三、 不同琼脂糖PEI涂层增加辅助因子的固定化产率

1. 1 g经环氧基团活化的琼脂糖微珠（Ep-AG）[19]。
2. 50 mL的10 mg/mL支链聚乙烯亚胺270000 Da（PEI270）和50 mL的10 mg/mL支链聚乙烯亚胺750000 Da（PEI750）。
3. 5 mL的100 mmol/L NADH溶液，置于10 mmol/L磷酸钠缓冲液中，pH值为8。这个溶液现用现配。

第三节　方法

除非另有规定，所有孵育步骤必须在室温下和温和振荡条件下进行。

一、 木质素衍生物上酶的固定化

（一）Gs-Lys6DH在醛-木质素上的固定化

1. 称重0.5 g干燥的醛-木质素，放入注射器中（见注释1）。
2. 用10倍体积的pH 10的100 mmol/L碳酸氢钠缓冲液对木质素进行3次洗涤，以使树脂达到平衡。
3. 将5 mL 0.5 mg/mL酶溶液（溶于pH为10的100 mmol/L碳酸氢钠缓冲液中）加入醛-木质素中。将悬浮液孵育3 h［图14-1(a)］。
4. 为了监控酶的固定化产率，通过离心（2 min，相对离心力8000 g）从木质素中去除酶溶液。测试从上清液中提取的样品的活性（见注释2）。
5. 用10倍体积的蒸馏水清洗树脂2。
6. 在相同的缓冲液中添加5 mL 1 mg/mL的NaBH$_4$，孵育悬浮液30 min（见注释3）。
7. 然后，用10倍体积的50 mmol/L磷酸盐缓冲液在pH为8的条件下洗涤固定化生物催化剂3次。使用之前保存在4 ℃。
8. Gs-Lys6DH的活性测定：
    （1）游离酶：准备反应混合溶液，其中包含 50 mmol/L pH 8 的磷酸盐缓冲液，10 mmol/L L-赖氨酸和 1 mmol/L NAD$^+$。在一个比色皿中加入 200 μL 的反应混合物，在 96 孔板中加入 10 μL 的可溶性酶触发反应。每 10 s 监测 340 nm 处 NADH 吸光度的增加，持续 2 min。

（2）固定化酶：将 50 mg 固定化酶混合在醛-木质素上，并在 50 mmol/L 磷酸盐缓冲液中加入 5 mL 含有 10 mmol/L L-赖氨酸和 1 mmol/L NAD⁺ 的溶液，pH 为 8。以 250 r/min 转速振荡 20 min。定期从上清液中提取 100 μL 的样品，用 96 孔板酶标仪在 340 nm 处监测 NADH 的吸光度［图 14-1（b）］（见注释 4）。

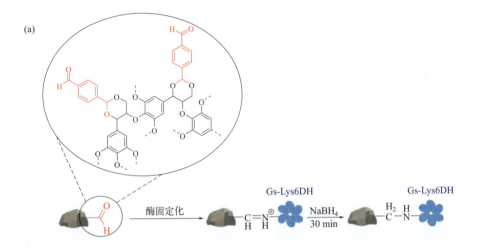

图 14-1

Gs-Lys6DH 在醛 - 木质素上的固定化图

（a）醛 - 木质素和酶（蓝色）固定化的方案；（b）固定化生物催化剂的固定化参数。游离酶的比活性为 0.5 U/mg

供酶/(mg/g)	固定化率/%	比活性/(U/g)
5	100±1	0.1

（二）HEWT在环氧木质素上的固定化

1. 将0.5 g醛-木质素与5 mL的0.3 mol/L的乙二胺（EDA）在pH 10的100 mmol/L碳酸氢钠缓冲液中孵育2 h［图14-2（a）］（见注释5）。
2. 用10倍体积的蒸馏水过滤和清洗树脂。
3. 在相同的缓冲液中添加5 mL的1 mg/mL NaBH₄，孵育悬浮液30 min（见注释3）。
4. 用10倍体积的蒸馏水过滤清洗树脂3次。
5. 将5 mL的0.5 mol/L BDE加入100 mmol/L碳酸氢钠缓冲液中，pH为10，孵育2 h（见注释5）。

6. 用10倍体积的蒸馏水对得到的环氧木质素进行5次过滤和洗涤，并在pH 8下用50 mmol/L磷酸盐缓冲液平衡。

7. 在环氧木质素中加入5 mL 0.5 mg/mL酶溶液（50 mmol/L磷酸盐缓冲液）。将悬浮液孵育至少4 h。

8. 离心机离心（2 min，相对离心力8000 g）取悬浮液，从上清液中提取样品，通过活性测定监测酶的固定化程度（见注释2）。

9. 然后，用50 mmol/L磷酸盐缓冲液洗涤固定化生物催化剂3次。使用之前应在4 ℃保存。

10. 测定HEWT的活性[18]

   （1）游离酶。在一个紫外光比色皿中混合 690 μL pH 为 8 的 50 mmol/L 磷酸盐缓冲液，100 μL 含有 2.5% DMSO 的 25 mmol/L S-MBA，100 μL 的 25 mmol/L 丙酮酸酯和 100 μL 的 0.1 mmol/L PLP。加入 10 μL 的可溶性酶触发反应。通过在 245 nm 处记录 2 min 的吸光度来监测苯乙酮的产生。

   （b）固定化酶。将 50 mg 的固定化酶与环氧木质素混合，加入 5 mL 含有 2.5 mmol/L S-MBA、0.25% DMSO、2.5 mmol/L 丙酮酸酯和 0.1 mmol/L PLP 的溶液，溶液中加入 50 mmol/L pH 为 8 的磷酸盐缓冲液。将悬浮液在 250 r/min 下摇动 20 min。定期取 100 μL 样品，在 96 孔板酶标仪或迷你比色皿中监测 245 nm 处的吸光度 [见图 14-2（b）]（见注释 4）。

11. 测试固定化生物催化剂的操作稳定性。为此，在2 mL微量离心管中称取50 mg的固定化生物催化剂。加入500 μL反应液（2.5 mmol/L丙酮酸酯，0.1 mmol/L PLP和10 mmol/L S-MBA溶于pH 8.0的10 mmol/L磷酸盐缓冲液中），并在37 ℃孵育。2 h后，将固定化的生物催化剂进行离心，并取上清液分析产物。取100 μL样品与200 μL 0.2%的HCl和200 μL乙腈混合，通过HPLC进行产物分析（色谱柱：LC-18；流动相：5%乙腈/95% H_2O，体积分数为0.1%的TFA；温度：45 ℃；流速：0.8 mL/min）。产物（苯乙酮）在6 min的保留时间下通过紫外检测器（210 nm）检测。最后，在进行新的反应循环之前用10倍体积的缓冲液清洗生物催化剂。

（三）HEWT和PLP共固定化在PEI-木质素

1. 将0.5 g醛-木质素与5 mL 10 mg/mL PEI60溶液加入100 mmol/L碳酸氢钠缓冲液中，pH为10，孵育16 h（过夜）。

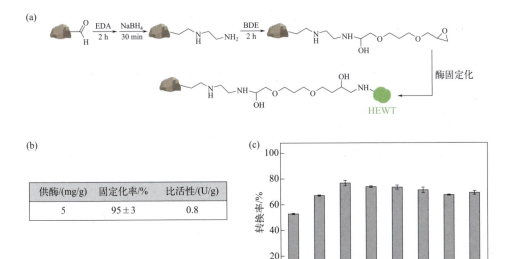

供酶/(mg/g)	固定化率/%	比活性/(U/g)
5	95±3	0.8

图14-2

基于环氧木质素的 HEWT 固定化

（a）通过环氧基团活化木质素后进行酶固定化的示意图；（b）固定化生物催化剂的固定化参数，游离酶的比活性为 1.9 U/mg；（c）对于 S-MBA 去氨化反应，固定化 HEWT 的操作稳定性。每个循环为 2 h

2. 用10倍体积的蒸馏水洗涤树脂。

3. 在相同的缓冲液中添加5 mL的1 mg/mL NaBH$_4$，孵育悬浮液30 min（见注释3）。

4. 用10倍体积的蒸馏水将得到的PEI-木质素洗涤5次，用pH为8的10 mmol/L磷酸盐缓冲液平衡（见注释7）。

5. 加入5 mL 0.5 mg/mL酶溶液（在pH为8的10 mmol/L磷酸缓冲液中）。将悬浮液孵育2 h（见注释6）。

6. 离心悬浮液，从上清液中提取样品，通过活性测定法监测酶的固定化程度（见注释2和4）。

7. 然后，用10 mmol/L磷酸盐缓冲液洗涤固定化生物催化剂3次。使用前在4 ℃保存。

8. 测定HEWT的活性如第三节标题一（二）中步骤10所述，但使用10 mmol/L磷酸盐缓冲液［图14-3（b）］。

9. 为了共固定辅因子，在pH为8的10 mmol/L磷酸盐缓冲液中加入5 mL的1 mmol/L PLP。悬浮液孵育1 h[15,20]。

10. 用10倍体积pH为8的10 mmol/L磷酸盐缓冲液洗涤3次。

11. 用酶标仪测定100 μL溶液在390 nm处的吸光度，确定辅因子的固定化率［图14-3(b)］（见注释8和9）。

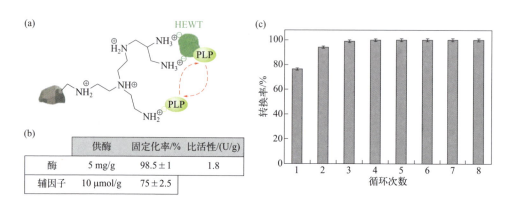

图14-3

HEWT 和 PLP 在 PEI- 木质素上的共固定化

(a) 可逆共固定化酶（绿色）和辅因子（黄色）的示意图；(b) 共固定化体系的固定化参数。游离酶的比活性为1.5 U/mg。(c)S-MBA 脱氨基共固定化系统的运行稳定性。对于分批生物转化，500 μL 反应溶液（2.5 mmol/L 丙酮酸和 10 mmol/L S-MBA 溶于 pH 8.0 的磷酸盐缓冲液中）与 50 mg 固定化生物催化剂在 37 ℃ 孵育，每个循环 2 h。该产品（苯乙酮）通过 HPLC 进行分析，同文献 [16] 所述

二、 酶的一锅交联和利用PEI激活载体

1. 将0.5 g的环氧/Co^{2+}-螯合琼脂糖（Ep/Co^{2+}-AG）与1 mL浓度为1 mg/mL 的He-He-P5C和1 mL浓度为1 mg/mL的PEI60在pH为8的50 mmol/L磷酸盐缓冲液中孵育4 h（见注释10和11）。

   首先，酶固定化是由蛋白质的(6×) His-tag朝向Co^{2+}-螯合物驱动的[21]。此外，酶表面的负电荷残基与PEI发生反应，稳定二聚体结构。其次，当酶的氨基团与Ep/Co^{2+}-AG的环氧基团发生反应时，形成不可逆的共价结合［图14-4（a）］[16]。

2. 用1.5 mL解吸缓冲液（50 mmol/L EDTA和0.5 mol/L氯化钠溶于50 mmol/L磷酸盐缓冲液中）彻底清洗树脂，以去除用来驱动酶的Co^{2+}-螯合物。在pH为8时，用50 mmol/L磷酸盐缓冲液进行另外三个洗涤步骤。

3. 使用真空泵过滤悬浮液，并从流动通道中提取样品，通过活性测定法监测酶的固定化程度（见注释2）。

4. 在5 mL 10 mg/mL PEI中加入50 mmol/L磷酸盐缓冲液，pH为8。将悬浮

液孵育16 h，以阻断所有剩余的环氧基团（反应过夜）。

5. 然后，用50 mmol/L磷酸盐缓冲液洗涤固定化生物催化剂3次。保持4 ℃储存直到使用它。

6. He-He-P5C活性测定。

　　（1）游离酶：在试管中混合 880 μL pH 为 8 的 50 mmol/L 磷酸盐缓冲液，100 μL 的 100 mmol/L L-噻唑烷-4-羧酸和 10 μL 的 100 mmol/L NAD$^+$。加入 10 μL 可溶性酶以触发反应。监测在 340 nm 处 NADH 吸光度的增加情况，持续 2 min。

　　（2）固定化酶：混合 20 mg 的固定化酶和 5 mL 的含有 10 mmol/L L-噻唑烷-4-羧酸和 1 mmol/L NAD$^+$ 的溶液，溶液混合于 pH 为 8 的 50 mmol/L 磷酸盐缓冲液中。将悬浮液在 250 r/min 下振荡，并在 340 nm 处记录 NADH 的吸光度，持续 10 min，每次读取 1 mL，使用 1.5 mL 的比色皿 [图 14-4（b）]。

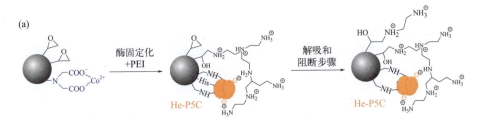

(b)

载体	回收活性/%	
	−PEI	+PEI
EP403/S	2±0.5	8.4±1
EP113	1.7±0.5	8.6±1
Ep-AG	10±1.5	21±2

图 14-4

在 PEI 存在下，He-P5C 的固定

（a）固定化程序示意图。当不添加 PEI 时，如前所述 [21]，用 3 mol/L 的甘氨酸进行封闭步骤。（b）将酶固定在甲基丙烯酸酯载体（EP403/S 和 EP113）和被环氧化物和钴螯合物激活的琼脂糖载体 (Ep/Co^{2+}-AG) 上后的回收活性 [16]。游离酶的比活性为 7 ～ 8 U/mg

三、 不同的琼脂糖的PEI涂层会增加辅因子固定化产率：NADH在PEI涂层琼脂糖载体上的固定化

1. 将0.5 g的Ep-AG与5 mL的10 mg/mL PEI60/ PEI270/PEI750在100 mmol/L

碳酸氢钠缓冲液中孵育，pH为10。将悬浮液孵育16 h（反应过夜）。

2. 过滤悬浮液，并用10倍体积的蒸馏水冲洗聚乙烯亚胺琼脂（PEI-AG），然后在pH为8的10 mmol/L磷酸盐缓冲液中平衡。

3. 将5 mL 100 mmol/L NADH溶液溶于10 mmol/L磷酸钠缓冲液中加入Ep-AG中。培养悬浮液1 h（见注释7和11）。

4. 通过使用酶标仪测量100 μL流出液的340 nm处的吸光度来确定辅因子的固定化率（表14-1）（见注释7）。

表14-1　NADH在不同PEI涂层载体上的固定化率

PEI/kDa	固定化率 /%
25	20.2±2.5
60	19.3±1.2
270	28.9±4.1

最后，用10倍体积的pH为8的10 mmol/L钠磷酸盐缓冲液冲洗琼脂糖微珠5次。

第四节　注释

1. 根据悬浮液体积的不同，空的PD10柱（5～10 mL）和微型离心柱（0.1～1 mL）都可以分别用于扩大或降低固定化程度。

2. 酶固定化率（%）$= \dfrac{溶液中活性 - 上清液中活性}{溶液中活性} \times 100$

　　表达的活性（U/g）$= \dfrac{固定化生物催化剂的活性（U）}{用于活性测量的树脂量（g）}$

3. 准备好的NaBH$_4$是非常重要的溶液，在使用前应避免其氧化，否则会失去还原能力。

4. 样品在测量吸光度前必须离心（2 min，相对离心力8000 g），否则木质素在340 nm处的高吸光度可能会干扰活性测试。

5. EDA溶液必须在冰浴制备，用盐酸调整pH。

6. 为了检查含环氧基团的木质素的活化情况，可以执行如前所述的定量方案[22]。简单地说，将50 mg的树脂与0.5 mL的0.5 mol/L H$_2$SO$_4$共同孵育1 h。过滤并洗涤木质素后，加入0.5 mL的20 mmol/L NaIO$_4$并孵育

1 h。过滤木质素并收集50 mL的流出液，然后与0.5 mL pH为8.5的饱和碳酸氢盐和0.5 mL 10%的KI混合。将前述混合物中的100 μL溶液放入微孔板中，并在405 nm处测量吸光度。树脂上的环氧基团的计算方法如下：

7. 由于酶的固定化是基于离子交换作用的，因此固定化缓冲液的低离子强度（10 mmol/L）是实现有效固定化的关键。

8. 辅因子固定化率（%）$= \dfrac{溶液的吸光度 - 上清液的吸光度}{溶液的吸光度} \times 100$

9. 必须严格遵守每毫克酶、每毫升溶液和每克树脂的PEI添加量。在固定化过程中，高浓度和低浓度的PEI都会降低固定化酶[16]的回收活性。

10. PEI的分子量会影响固定化生物催化剂的操作稳定性。用PEI 270 kDa固定化He-P5C，获得了相似的固定化率，但在进行流动反应时稳定性较差。PEI 270 kDa氨基含量较高，可以阻止与载体的环氧基的相互作用，从而干扰酶的共价固定化。

11. 磷酸盐缓冲液的离子可以阻止辅因子和载体带正电荷表面之间的相互作用。作为替代，低浓度的Tris-HCl缓冲液可以实现更高的辅因子固定化效率[15]。

致谢

作者感谢伯尔尼大学颁发的"卓越印章基金"（SELF）博士后资助，来支持 A.I.B.M. 的研究工作。

参考文献

[1] Sheldon RA, van Pelt S (2013) Enzyme immobilisation in biocatalysis: why, what and how. Chem Soc Rev 42: 6223-6235. https://doi. org/10.1039/C3CS60075K

[2] Guisan JM, López-Gallego F, Bolivar JM et al (2020) The science of enzyme immobilization. In: Methods in molecular biology. Humana Press, pp 1-26.

[3] Sheldon RA, Woodley JM (2018) Role of biocatalysis in sustainable chemistry. Chem Rev 118: 801-838. https://doi.org/10.1021/acs. chemrev.7b00203

[4] Zdarta J, Meyer A, Jesionowski T, Pinelo M (2018) A general overview of support materials for enzyme immobilization: characteristics, properties, practical utility. Catalysts 8: 92. https://doi.org/10.3390/catal8020092

[5] Zdarta J, Klapiszewski Ł, Wysokowski M et al (2015) Chitin-lignin material as a novel matrix for enzyme immobilization. Mar Drugs 13: 2424-2446. https://doi.org/10.3390/md13042424

[6] Zdarta J, Klapiszewski L, Jedrzak A et al (2017) Lipase B from candida Antarctica immobilized on a silica-lignin matrix as a stable and reusable biocatalytic system. Catalysts 7:14. https://doi.org/10.3390/catal7010014

[7] Jędrzak A, RębiśT, Klapiszewski Łet al (2018) Carbon paste electrode based on functional GOx/silica-lignin system to prepare an amperometric glucose biosensor. Sensors Actuators B Chem 256: 176-185. https://doi.org/10. 1016/j.snb.2017.10.079

[8] Talebi Amiri M, Dick GR, Questell-Santiago YM,

Luterbacher JS (2019) Fractionation of lignocellulosic biomass to produce uncondensed aldehyde-stabilized lignin. Nat Protoc 14: 921-954. https://doi.org/10.1038/s41596-018-0121-7

[9] Virgen-Ortíz JJ, Dos Santos JCSS, Berenguer-Murcia Á et al (2017) Polyethylenimine: a very useful ionic polymer in the design of immobilized enzyme biocatalysts. J Mater Chem B 5: 7461-7490. https://doi.org/10.1039/ C7TB01639E

[10] Devine PN, Howard RM, Kumar R et al (2018) Extending the application of biocatalysis to meet the challenges of drug development. Nat Rev Chem 2: 409-421. https://doi.org/10.1038/s41570-018-0055-1

[11] Fessner W-D (2015) Systems biocatalysis: development and engineering of cell-free"artificial metabolisms"for preparative multi-enzymatic synthesis. New Biotechnol 32: 658-664. https://doi.org/10.1016/j.nbt.2014.11.007

[12] Beauchamp J, Vieille C (2015) Activity of select dehydrogenases with sepharose-immobilized N6-carboxymethyl-NAD. Bioengineered 6: 106-110. https://doi.org/10. 1080/21655979.2014.1004020

[13] Ji X, Wang P, Su Z et al (2014) Enabling multi enzyme biocatalysis using coaxial-electrospun hollow nanofibers: redesign of artificial cells. J Mater Chem B 2: 181-190. https://doi.org/ 10.1039/ C3TB21232G

[14] Fu J, Yang YR, Johnson-Buck A et al (2014) Multi-enzyme complexes on DNA scaffolds capable of substrate channelling with an artificial swinging arm. Nat Nanotechnol 9: 531.

[15] Velasco-Lozano S, Benítez-Mateos AI, López-Gallego F (2017) Co-immobilized phosphory lated cofactors and enzymes as self-sufficient heterogeneous biocatalysts for chemical processes. Angew Chem Int Ed 56: 771-775. https://doi.org/10.1002/anie.201609758

[16] Roura Padrosa D, Benítez-Mateos AI, Calvey L, Paradisi F (2020) Cell-free biocatalytic syntheses of l-pipecolic acid: a dual strategy approach and process intensification in flow. Green Chem 22: 5310-5316. https:// doi.org/10.1039/d0gc01817a

[17] Heydari M, Ohshima T, Nunoura-Kominato-N, Sakuraba H (2004) Highly stable L-lysine 6-Dehydrogenase from the Thermophile Geo-bacillus stearothermophilus isolated from a japanese hot spring: characterization, gene cloning and sequencing, and expression. Appl Environ Microbiol 70: 937-942. https://doi. org/10.1128/AEM.70.2.937-942.2004

[18] Cerioli L, Planchestainer M, Cassidy J et al (2015) Characterization of a novel amine transaminase from Halomonas elongata.JMol Catal B Enzym 120: 141-150. https:// doi.org/10.1016/j.molcatb.2015.07.009

[19] Mateo C, Fernández-Lorente G, CortésE et al (2001) One-step purification, covalent immobilization, and additional stabilization of poly-His-tagged proteins using novel heterofunctional chelate-epoxy supports. Biotechnol Bioeng 76: 269-276. https://doi.org/10. 1002/bit.10019

[20] Benítez-Mateos AI, Contente ML, Velasco- Lozano S et al (2018) Self-sufficient flow-bio catalysis by coimmobilization of pyridoxal 50-phosphate andω-transaminases onto porous carriers. ACS Sustain Chem Eng 6: 13151-13159. https://doi.org/10.1021/ acssuschemeng.8b02672

[21] Mateo C, Grazu V, Palomo JM et al (2007) Immobilization of enzymes on heterofunctional epoxy supports. Nat Protoc 2:1022.

[22] McCluer RH (1963) Methods in carbohydrate chemistry. Volume 1, analysis and preparation of sugars. J Chem Educ 40: A394. https://doi.org/10.1021/ed040pa394

第十五章

化学反应工程解析自由酶均相反应器应用动力学

Alvaro Lorente-Arevalo, Alberto Garcia-Martin, Miguel Ladero,
Juan M. Bolivar

摘要

化学反应工程致力于通过确定基本影响变量来阐明反应动力学。了解酶动力学对于发挥酶的潜力以满足确定的生产目标并设计反应器至关重要。酶动力学的量化通过阐明和建立动力学模型（其中包括一个或多个动力学方程）来实现。在过程开发的背景下，动力学模型不仅有助于确定可行性和优化反应条件，而且在开发的早期阶段非常有用，可以预测实施的瓶颈，从而指导反应器设置。本章描述了理论和实践考虑因素，以说明动力学分析的方法论框架；以 β-葡萄糖苷酶催化纤维二糖水解为例，选择了四种典型的动力学案例作为研究对象；展示了在不同配置的自由酶均相理想反应器中通过监测酶促反应而获得的不同实验数据；逐步展示了数据的可视化、处理和分析过程，以阐明动力学模型和动力学常数的量化过程；最后，比较了不同反应器在与酶动力学的相互作用中的性能。本章旨在为广泛的跨学科受众和不同学术发展水平的读者提供帮助。

关键词：酶动力学，反应强化，间歇式反应器，连续流反应器，动力学模型开发，动力学数据分析，生物催化剂，米氏方程，酶抑制，β-葡萄糖苷酶

第一节 引言

酶催化在现代工业化学中是一种至关重要的工具，特别是在可持续化学和生物经济的背景下[1-3]。酶在化学应用中的机遇源于它们的结构功能关系，这是由它们的生物起源和功能所决定的。在工艺实施中的主要挑战是建立稳健的酶催化剂，能够在技术条件下发挥作用，即便远离

最佳的生理条件。因此，它们的优点和缺点都是由于它们复杂的分子结构而产生的，这种结构是为了在生理条件下发挥作用而演化的[4,5]。精湛的选择性、特异性、广泛的底物范围和反应特性以及高催化周转率是普通的优点。不稳定性、技术实施困难和高成本是常见的缺点。酶催化与微生物学[6-10]、蛋白质工程学、分子生物学、酶固定化、材料科学、化学工程等互补学科的接口已经使酶催化技术在许多应用中成为无法匹敌的技术，如分析、治疗、环境工程、生物技术工具和化学生产[7,8,11]。

这一章节关注酶催化与化学工程的交叉领域，特别是称为化学反应工程的专业领域。我们阐述了如何在酶动力学和反应器设置以及操作之间相互作用的情况下理解反应速率、催化剂生产率和反应器生产率，这些酶在均相液相中工作。化学反应工程致力于通过确定基本影响变量及其对反应系统时间演变的影响来阐明反应动力学[12-15]。了解酶动力学是为了揭示酶满足确定的生产目标的潜力，也是进行反应器设计的必要前提。近年来，出现了催化与化学技术中的一种新范式：过程强化密切相关。在这方面，将化学反应工程工具应用于确定酶动力学对于通过优化生物催化剂和这些催化剂的操作条件来增强工艺生产率至关重要[16]。

酶活性的概念是指酶以一定速度催化反应的最大潜力由。在应用的酶动力学中，酶的活性只是一个比反应速率，其中参考单位是一定数量的酶[4,15]。将其表示为最大潜力时，反应速率是指酶在一定条件下提供的在计算速率的伪稳态下保持不变的初始反应速率。当条件发生变化时，反应速率也会发生变化。酶动力学的目标是量化变量和条件对反应速率的影响。对于在均相液相中运行的酶，最重要的变量是酶的浓度、pH值、温度、底物和产物的浓度，以及抑制剂的浓度[4,13,17]。

量化酶动力学是通过阐明和建立动力学模型（它包括一个或多个动力学方程）来实现的。在过程开发的背景下，动力学模型不仅有助于信息的可行性评估和优化反应条件，而且在开发的早期阶段，它对于预测实施的瓶颈，并因此指导进一步的催化剂或过程开发也非常有用。不幸的是，尽管量化动力学的实验方法已经十分成熟，但对于如何应对瓶颈分析却没有达成一致意见[18,19]。在下文中，我们将通过理论和实践层面的考量，以阐明动力学分析的方法论框架。

第二节　酶动力学的测定

一、　动力学模型的建立方法

　　通过建立一个动力学模型来进行酶动力学的定量。动力学模型是包含反应方案、影响变量和反应速率[20-22]的数学表达式的框架。动力学模型的构建可以根据模型的信息来源、所得到的数学表达式的形式和所使用的实验数据的类型进行分类（图 15-1）。

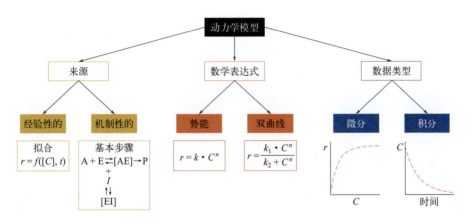

图 15-1

化学反应动力学模型的基本框架示意图

　　根据信息的来源，一个模型可以是经验性的，也可以是机械性的。经验模型依赖于拟合实验数据并计算常数，而机械性模型深入反应的基本步骤，并基于反应的化学计量学和质量作用定律构建方程式。在酶动力学中，模型通常是半经验性的；对于基本步骤的细节有一定的了解，并假设了反应行为，进而提出了动力学方程[12]。

　　根据动力学方程的形式，模型分为势能型和双曲型（图 15-1），势能型模型也被称为分离变量模型，因为表达式中部分依赖于温度，而另一部分只依赖于浓度（或压力）。在双曲型模型中，无法将温度相关项乘以浓度相关项。大多数酶动力学依赖于双曲型表达式，其中只有在特定的情况下，方程才可以简化为势能型模型（零阶或一阶）。一旦动力学方程被提出，应用动力学的目标便是量化所涉及的常数的值，并确定动力学模型的拟合优度。这就需要在模型中所涉及的方程式中管理实验数据。在酶动力学中，基于实验数据的类型有两个基本的程序：微分数据和积分数据。

在微分数据中，可用的数据是比反应速率随底物浓度(S)变化的函数，见图 15-2（a），这些实验数据可通过测量初始反应速率来获得；初始反应速率的确定需要一套特定的条件和反应器操作模式，这将在下文进行讨论。需要拟合 r-S 数据的方程。在零阶或一阶潜在动力学的极端情况下的简化很容易进行可视化，如图 15-2（a）所示。对于双曲型动力学，需要一种数学拟合方法。一个常见的简化工具是由 Lineweaver 和 Burk 开发的双重倒数图。其他线性化方法也是可行的。方法的选择、实验设计和实验误差的传递是至关重要的。实验研究和数学分析的进展已经使得基于直接非线性回归的新分析系统成为可能 [17,19,23]。

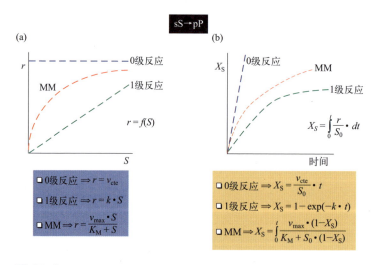

图 15-2

从两种动力学实验数据中获得的反应阶数信息
（a）微分数据；（b）积分数据

积分数据包括至少一个完整的反应过程的图，它描述了物种（底物和产物）如何随着时间的推移而进化。图 15-2（b）显示了转化时间与反应过程的变化关系。反应图可以用来说明性能如何在反应过程中发生变化，并通过将它们绘制在一起来显示不同情况下的相对性能。这个反应图是动力学的综合形式，并显示了这些反应如何随时间和反应过程（底物转化）变化[18]。

积分数据可以用两种不同的方式进行分析。首先，这些数据可以通过分析反应速率随物质浓度变化的规律来解释。在这种情况下，反应进度分析是一种利用从对整个反应过程的持续监测中获得大量数据集的方法。这种分析方法促进图形微分工具的开发，以获得与瞬时浓度相关的瞬时反应速率。反应进程动力学分析仅需少量独立实验，即可提供与经典动力学方法相同的信息。此外，监测反应的时间演化可以产生重要线索，以了解在经典实验方法中可能存在的问题，如催化剂活化和失活，以及底物和产物抑制或加速[18,19,24]。通过对积分数据进行目视检查，以转化率（X）和图形微分来提供有关动力学阶数的即时信息。对于零阶反应，随着时间的推移，X作为时间的函数与初始底物浓度（S_0）成反比，而x与反应时间成正比。对于一阶反应，X作为时间的函数不依赖于S_0，并且随着时间的推移而增加。对于中间情况，预计是混合阶反应，并且可以推断出更复杂的动力学方程。

其次，积分数据以其最全面的形式有助于通过反应进程动力学分析定量评估提出的不同反应机制的相对可能性。分析完整的时间过程可能是有利的，因为它包含有关酶的属性的额外信息，特别是在高底物转化率和长反应时间时更明显的那些信息：与产物相关的效应，接近平衡组成位置的过程和酶失活。此外，对于非稳态系统，分析时间过程是首选的方法。时间过程广泛应用的一个主要障碍是从这些实验中提取信息可能在计算上更加困难[18,19,24]。

二、　动力学模型的区分和验证

有效地估算动力学模型中所涉及的常数和鉴别合适的模型并不是一项简单的任务。动力学模型通常包括几个参数，这些参数密切相关，当两个或两个以上的参数相乘或相除时，相关性尤为显著。较为先进的方法，如非线性回归（使用进程曲线）或图形分析（使用初始速率数据进行Lineweaver-Burk作图）经常在估算中引入误差，很少得出全局优化的参数值。这一问题在酶应用动力学的文献中受到了相当大的关注[16,25-30]。

因此，需要采用系统化的方法：微分动力学方法利用速率（r）与组分（例如浓度）之间的关系来选择动力学模型，首先尽可能使用图形方法，其次是对动力学参数（及其标准误差）和拟合优度统计参数进行数值计算。

积分动力学方法也是以同样的方式处理积分数据，即组分与时间数据（进程曲线）。也可以反过来使用：通常获得的是积分数据，但是对于复杂的动力学模型，微分方法可以帮助减少可能的模型数量。为此，积分数据要么通过将反应速率视为浓度增量和时间增量的比率，要么通过将组分与时间数据拟合到易于区分的插值函数（例如多项式函数）来进行微分，从而得到将速率与反应时间相关联的数学方程。如果不谨慎应用适当的平滑和微分方法，以确保插值数据严格遵循实验数据的时间变化趋势，则由此估算得到的微分数据可能会存在偏差，但是这种方法避免了将反应速率与组分相关联的微分动力学方程进行积分的需要。因此，微分形式的动力学模型更为简洁，通过非线性或线性回归算法选择最佳模型变得更加容易。

然而，一旦选择了最佳的动力学模型，就应该应用积分方法，通过将模型与原始实验数据进行拟合，以获得动力学参数的最佳值，这通常反映在拟合优度参数的最佳值上，从而使所选模型与原始实验数据的拟合达到最佳状态。这些方法总结在图 15-3 中 [23,31,32]。

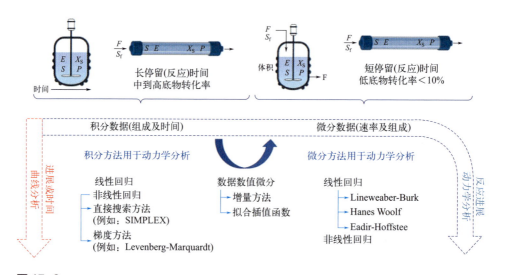

图 15-3

获得动力学数据的方案、分析程序以及用于连接微分和积分数据的技术

分析拟合优度的计算应采用两种方法进行：应用物理化学限制条件和分析每个动力学模型的统计数据。关于第一种限制条件，动力学常数值必须为正值（以确保反应从底物向产物进行，或者不存在酶 - 底物亲和力为

零或负值的情况），它们应是温度的指数函数，并且它们的活化能应该是合理的（在酶动力学中，通常为 2 ～ 200 kJ/mol）。

　　同样，统计分析包括两个方面。首先，所有动力学参数都有一个值和一个标准误差，该标准误差取决于数据与动力学参数的比率（比率越高越好），以及数据中包含的实验误差（误差越低越好；理想情况下，如果采用线性回归方法，误差则应低于 5%）。在任何情况下，标准误差都应低于参数值，以避免参数值为零的情况。其次，拟合优度参数反映了模型与现实（实验数据）的拟合程度。最常见的回归方法，无论是线性还是非线性，都旨在最小化给定数据集的估计平方误差，因此方差和或二次偏差应尽可能低（见图 15-4）。在这种情况下，偏差被定义为每个实验值与动力学模型或方程估计值之间的差异。

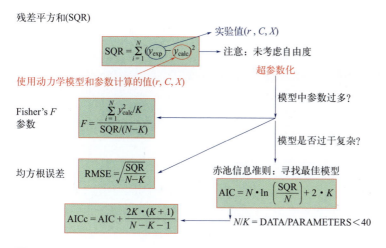

图 15-4

建立动力学模型使用的主要拟合优度统计参数

　　为了避免正负偏差之间的相互抵消，从而产生良好拟合的假象，使用了平方偏差或方差。平方残差的总和（SQR）是整个数据集的方差总和。最后，选择一个动力学模型始终要在复杂性（参数数量越多，模型越复杂）和拟合优度之间权衡。因此，最佳模型是那个能够准确拟合现实而又不过于复杂的模型（包括参数过多，即所谓的过度参数化）。因此，可以从 SQR 导出几个拟合优度参数，包括自由度，即数据数量与动力学参数数量之间的差异：Fisher 的 F 参数（其值越高越好，∞为最佳值），均方根误差（RMSE）（值越低越好，零为理想值），以及专门为数学模型选择创建的信息准则，其中最早提出的是 Akaike 准则（AIC）（其值越低，拟合越好，－∞为最佳值）。它们都由图 15-4 中的方程式适当定义。

从实用的角度来看，对于酶动力学的分析，存在着各种各样的程序。这些程序应用代数或动态参数估计方法，需要不同的数据拟合方法。一些研究实际上集中在准确性比较以及获得准确参数估计所需的最小数据量上[25,33]。最近，新的基于计算机的方法已经被开发出来。例如，interferENZY 网络服务器允许对在不同底物浓度和固定酶浓度下获得的典型动力学数据集进行分析和验证。通过为实验人员提供一种公正的结果分析的方法，interferENZY 有助于解决当前动力学数据报告中的"重现性危机"[34]。在另一个例子中，为了提高连续酶动力学的数据分析阶段的速度，开发了一个公开的、基于网络的程序（ICEKAT），用于半自动和交互式的连续酶动力学痕迹分析。ICEKAT 比其他用于分析连续酶动力学实验有多个优势[35]。在本章中，我们的目的是为广大读者提供处理、可视化和分析实验数据的分析框架，以阐明和鉴别动力学模型。动力学数据的分析是与反应器形式和性能相互作用下进行的。

第三节　酶反应器与酶动力学的相互作用

以时间为单位的一定量的酶催化剂所生成的产物的量取决于酶使用的反应器的具体形式、系统物料的质量和反应器的流体动力学特性。这也意味着催化剂的生产率取决于在与酶动力学的相互作用中使用的反应器形式。此外，每个反应器配置提供的实验数据，都应该以一种特定的方式来解释，以理解酶的内在动力学[10,15,36,37]。该模型涉及酶动力学和反应器的物料质量平衡，讨论如下。我们只考虑理想的反应器[12]。图 15-5 显示了三种基本酶反应器在均相液相条件下运行的方案。

在间歇式搅拌釜反应器（批次操作）中，底物和产物浓度随时间而变化。大多数动力学分析都在这种形式的反应器（例如，任何实验室中的经典圆底烧瓶或锥形烧瓶）中进行。可实现的转化率取决于反应时间、初始底物浓度和酶的动力学方程（涉及酶的浓度）。因此，如果只考虑物料质量（等温反应器），则反应器的设计方程为微分方程。间歇式反应器提供的实验数据是在给定的初始条件下的成分（底物转化率或浓度、产品产率或浓度）随时间变化的数据。因此，对数据的解读和动力学模型的解释需要应用微分方法来获得作为底物浓度（S）函数的反应速率（r）的数据。如上所述，微分数据可以来自不同的初始底物浓度（S_0）下的初始反应速率或者通过时间相关数据的推导，因此有必要设计一个可以捕获初始反应速率（最大线性初始斜率）的实验。另一种可能性是通过整合包括物料质量平衡和速率方程在内的设计方程来直接管理浓度 - 时间数据。

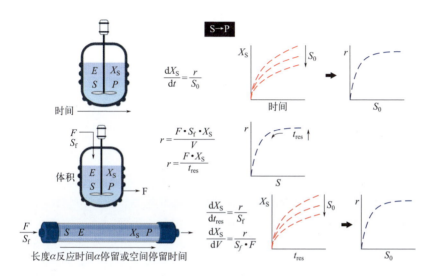

图 15-5

从三种基本酶反应器中得到的数学方程和数据类型

S—底物浓度；P—产物浓度；S_0—初始底物浓度；S_f—连续反应器进料时的底物浓度；E—酶浓度；F—体积流量；V—反应器体积；X_S—以限制性底物计的转化率

连续搅拌釜式反应器（CSTR）在稳定状态下运行，这意味着在恒定的输入值和稳定的运行条件下，底物和产物的浓度保持不变。输入流（进料）富含底物（S），这些底物在反应器内被转化；输入流与内部液体彻底而迅速地混合，从而实现完全混合。反应器的输出流具有与内部混合物相同的成分，因此反应速率对应于输出成分条件下的速率。可实现的转化率取决于进料中底物的浓度、停留时间（这里对应的平均反应时间由反应器体积和体积流量的比值确定）和酶的动力学方程（涉及酶的浓度）。CSTR提供的实验数据是在不同进料底物浓度和停留时间下的底物和产物浓度值。反应器设计方程是一个代数方程，一旦反应器的稳态条件被测量并量化，就会提供反应速率（r）。因此，反应器直接为对 r 和 S 之间关系的研究提供了微分数据。

连续流管式反应器（FT）也可在稳态条件下运行。这意味着，在恒定和稳定的进料条件和操作条件下，底物和产物的浓度在输出时保持不变。然而，考虑到在理想的连续流条件下通过反应器的物料质量，反应过程会沿着反应器的长度方向进行。描述这种关系的基本变量是空间时间，即进入液体的停留时间和任何进入分子可用于反应的最长时间。该空间时间（单位：h）是由反应器体积（单位：m^3）和体积流量（单位：m^3/h）之间的比率确定的。由此得到的设计方程形式上与间歇式反应器相同，其中空间时间相当于反应时间在间歇式反应器中的作用。管式反应器提供的实验数据是在给定初始条件下不同停留时间的出口转化率（底物和产物浓度）；通过改变体积流量值可得到不同的反应时间或停留时间。相当于沿着反应器长度方向提取样品，从而固定体积流量值并改变反应器体积（每个长度值对应不同的体积值）。因此，对数据的解释和动力学模型的阐明需要初步应用微分方法，通过对原始积分数据的求导，得到反应速率（r）随底物浓度（S）变化的数据。如前所述，微分数据可以来自不同 S_0 处的初始反应速率数据（在这种情况下，需要在低转化率条件下获得数据：短空间时间），或通过对时间相关数据的求导（在多个停留时间值上进行实验）。第二种方法是通过对设计方程进行积分来直接管理浓度 - 时间数据，这种方法可以单独执行，也可与通过微分方法进行的初步数据数学分析相结合。

第四节   数据分析方法

一、   背景

本研究案例选择 β- 葡萄糖苷酶对纤维二糖的水解反应。选择这种酶的主要原因是其在生物技术过程中的重要性以及所涉及反应动力学特征的复杂性和多样性。关于其技术价值，β- 葡萄糖苷酶在生物炼制操作中是一个关键部分。近几十年来，对燃料替代品的不断探索推动了生物燃料工业的发展。其中一个例子是生物乙醇，它的生产涉及从各种可再生原料中获得糖的微生物发酵。木质纤维素生物质是生物乙醇生产中单糖的重要来源，由于其纤维素含量高，对在微生物发酵[38,39]领域具有良好的应用前景。

　　纤维素是自然界中含量最丰富的聚合物，也是木材的主要成分；它由 β-D- 葡萄糖单位组成，是一种合适的微生物碳源，使其成为通过酶解获得单糖的良好候选物。然而，木质纤维素生物质中并非只有纤维素，还有其他阻碍水解酶作用的聚合物。三种不同的酶参与纤维素的酶促分解和解聚：内切葡聚糖酶、外切葡聚糖酶和 β- 葡萄糖苷酶 [40-43]。β- 葡萄糖苷酶（β-D- 葡萄糖苷酶，EC 3.2.1.21）属于糖苷水解酶家族，它们能够水解多糖、寡糖和葡萄糖苷的非还原端的 O- 或 S- 糖苷键，从而释放 β-D- 吡喃葡萄糖。它在生物质糖化中的主要作用是水解纤维素解聚过程中产生的纤维二糖和其他纤维寡糖（COS），这些物质是葡聚糖酶的抑制剂（图 15-6）。对这些酶的研究始于在甜杏仁提取物中检测到 β- 葡萄糖苷酶（BG）活性，它负责氰化糖苷的水解，并对其进行了第一次动力学分析 [44,45]。

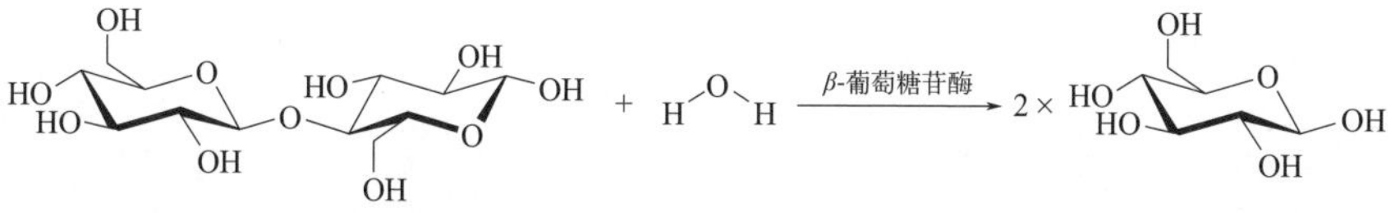

图 15-6

BG 催化的纤维二糖水解反应

　　确定 BG 的反应动力学并不是一件容易的事。由于其通常发生在酶催化的反应中，因此很难确定化学计量方程中所涉及的一系列基本反应动力学步骤。这就无法从纯粹的机械来源构造动力学方程。因此，该框架意味着提出半经验方程，并对隐含的变量及其对反应速率的影响提出假设。第一个模型是理想情况；可以使用一个非线性方程，如米氏稳态近似。然而，酶不仅受到外来抑制剂的抑制作用，而且受到其自身的底物和产物的抑制。这些抑制作用改变了酶的理想行为，并影响了适当的动力学模型的建立。这种最优动力学模型的缺乏是由于数学工具和模型鉴别方法（例如，非线性模型的线性化或仅基于反应速率的模型筛选）的局限性 [10,15,27,46]。

　　此外，关于 BG 作用的动力学信息仍然缺乏精确性，正在寻找不太容易被底物和产物抑制的新型 BG。正确的动力学建模，寻找最优的动力学模型，并不总是能实现，即使对于最常见的 BG（如那些由木霉属、曲霉属和青霉属霉菌产生的 BG）。因此，建议针对酶驱动过程采用一种稳健

的动力学建模方法 [16]。

　　然而，一些作者提出了不同的方法来获得具有代表性的和准确的动力学模型。在 20 世纪 80 年代，通过简单的经典酶动力学方法，如米氏方程的线性化，研究了对 BG 的抑制作用。这个简单的米氏模型不能解释复杂的动力学，其中抑制因素在整个模型中具有重要作用 [47]。其他作者使用上述模型来描述 BG 动力学，尝试各种反应 pH。然而，该模型并不能证明不同 pH 值条件下的抑制作用和参数的变化 [48]。Coraza 和合作者使用了之前研究者使用的酶。他们通过混合中性模型，一方面区分了基于非竞争性和反竞争性底物抑制的六种可能的模型组合，另一方面区分了竞争性、非竞争性和反竞争性产物抑制的模型组合。他们使用了初始速率方法，得出结论——最佳拟合模型包括葡萄糖的竞争性抑制和底物的非竞争性抑制或反竞争性抑制 [49]。这些酶的底物竞争性抑制已在其他研究中得到证实 [50]。此外，使用直接监测反应实验可以以更具体的方式分析反应。在这个意义上说，当考虑葡萄糖活性中心上的两个结合位点时，同时考虑底物反竞争性抑制和产物竞争性抑制，并获得了可接受的拟合参数 [51]。

　　最近，人们已经建立了涉及底物抑制和产物抑制的混合抑制模型。Mateusz 和同事分析了一种商品 BG 制剂的动力学行为，并测试了反应介质中不同的生物催化剂浓度、不同的初始底物和反产物浓度。他们提出的动力学模型通过混合抑制模型解释了相关动力学现象，该模型意味着底物的反竞争性抑制和产物的双重竞争性抑制 [43]。模型的鲁棒性已经通过酶热失活的实验得到验证，结果令人满意 [52]。

　　总之，任何合适的和具有代表性的动力学模型的建立都涉及对其机制、速率调节因子和物理条件的深入分析。在本研究案例，选择 BG 水解纤维二糖作为典型的例子。为了建立一个具有说明性的分析框架，我们将举例说明四种简单的动力学模型，作为动力学案例模型的备选方案。

　　一阶动力学

$$r = k_1 \cdot E_0 \cdot c \tag{15-1}$$

　　其中，k_1 是一阶动力学常数，E_0 是酶的浓度（原则上与酶的活性成正比），c 是底物的浓度。

　　米氏动力学

$$r = \frac{k \cdot E_0 \cdot c}{K_M + c} \tag{15-2}$$

其中，k 为动力学常数（与最大比活性或催化周转率有关），E_0 是酶的浓度（原则上与酶的活性成正比），c 是底物的浓度，而 K_M 是米氏常数。

具有可逆竞争性总产物抑制作用的米氏方程模型

$$r = \frac{k \cdot E_0 \cdot c}{c + K_M \cdot \left(1 + \dfrac{G}{K_G}\right)} \tag{15-3}$$

其中所有的变量和参数定义同公式（15-2），K_G 是产物的竞争性抑制常数（在本例中为葡萄糖 -G）。

具有可逆的反竞争性底物抑制的米氏方程模型

$$r = \frac{k \cdot E_0 \cdot c}{K_M + c \cdot \left(1 + \dfrac{c}{K_i}\right)} \tag{15-4}$$

其中所有的变量和参数定义同公式（15-2），K_i 是底物（在本例中为纤维二糖）的反竞争抑制常数。

我们展示了代表这些动力学特征的四组盲样的示例数据，并展示了用于阐明动力学模型（每个案例对应一个简单动力学模型）和计算动力学常数的分析框架。我们只关注反应速率对底物和抑制剂浓度的依赖性。

二、　间歇式反应器中的动力学数据

（一）不同纤维二糖浓度下初始反应速率的测量

文中给出了初始反应速率测量的代表性例子。作为动力学数据，实验应满足一系列条件：①应使用不同初始浓度下的纤维二糖作为底物；②除非另有说明，所有实验所用的酶剂量（E）均较低 [$E = 0.03$ mg/mL（见注释 1）]；③应保持温度恒定，例如，使用水浴；④采用温和搅拌来保持反应液体混合物的温度均匀。初始反应速率应通过水解实验计算，其中转化率低于 5%～10%，底物浓度显著高于酶的浓度，且条件保持恒定 [4,26,27,43]。

案例 1～4 代表了四种具有不同动力学的 β- 葡萄糖苷酶。每个案例获得的数据都以比反应速率表示，以归一化酶的用量（表 15-1 和表 15-2）。

表15-1　所研究的四个案例的微分数据集

［间歇式反应器的初始纤维二糖浓度（C）与反应速率（r）的关系：案例 1 和 2。］

案例 1		案例 2	
C/(mmol/L)	r/[μmol/(min·mg)]	c/(mmol/L)	r/[μmol/(min·mg)]
0.10	0.10	0.10	0.20
22.31	22.56	0.23	0.45
44.52	42.92	0.54	1.04
66.73	66.28	1.26	2.27
88.94	92.86	2.93	4.50
111.16	113.09	6.82	7.83
133.37	132.68	15.87	12.11
155.58	153.00	36.94	15.03
177.79	178.35	85.95	18.03
200.00	190.82	200.00	18.45

表15-2　所研究的四个案例的微分数据集

［间歇式反应器的纤维二糖浓度（C）与反应速率（r）的关系：案例 3 和 4。］

案例 3		案例 4	
C/(mmol/L)	r/[μmol/(min·mg)]	c/(mmol/L)	r/[μmol/(min·mg)]
0.10	0.20	0.10	0.19
0.23	0.45	0.23	0.45
0.54	1.04	0.54	1.06
1.26	2.27	1.26	2.29
2.93	4.50	2.93	4.48
6.82	7.83	6.82	7.53
15.87	12.11	15.87	10.46
36.94	15.03	36.94	12.03
85.95	18.03	85.95	9.26
200.00	18.45	200.00	5.42

（二）反应进程曲线的测量方法

进行针对特定酶反应的动力学研究时，明确不存在酶失活的实验范围至关重要，因此应事先了解最佳温度、pH 和离子强度的范围。在均相体系中，通常会提供适当的搅拌（如果酶被固定化，这个变量就会变得至关重要），因此只有在最佳条件下的酶活性才控制整体或表观反应速率。数据详见表 15-3 至表 15-6。

第五节　数据处理方法

一、　间歇式反应器中微分数据的解析

1. 绘制特定初始反应速率（r）与纤维二糖浓度的关系数据图。案例 1～4 的结果分别如图15-7（a）和（b）所示。案例1～4 的积分数据见表15-3～表15-6。数据以特定反应速率（按酶的量归一化）表示。

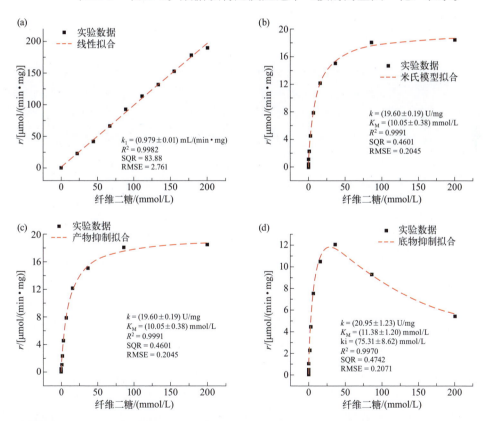

图 15-7

间歇式反应器的特定初始反应速率 (r) 与底物浓度之间的关系

图（a）～（d）分别代表案例 1～4

表15-3　案例1间歇式反应器中不同初始纤维二糖浓度（c_0）的积分数据（$E_0 = 0.03$ mg/mL）

$c_0 = 2$ mmol/L		$c_0 = 10$ mmol/L		$c_0 = 20$ mmol/L		$c_0 = 30$ mmol/L	
时间 /min	c/(mmol/L)	时间 /min	c/(mmol/L)	时间 /min	c/(mmol/L)	时间 /min	c/(mmol/L)
0	2.00	0	9.66	0	20.97	0	29.81
8	1.55	8	8.11	8	15.19	8	24.29
16	1.29	16	6.05	16	12.27	16	18.80
24	0.95	24	4.69	24	9.72	24	15.20
32	0.77	32	3.71	32	7.72	32	11.17
40	0.63	40	3.03	40	5.99	40	8.62
48	0.46	48	2.39	48	4.89	48	7.04
56	0.39	56	1.85	56	3.83	56	5.34
64	0.29	64	1.47	64	3.02	64	4.47
72	0.24	72	1.19	72	2.39	72	3.57
80	0.17	80	0.95	80	1.73	80	2.61
88	0.15	88	0.72	88	1.45	88	2.18
96	0.12	96	0.55	96	1.14	96	1.63
104	0.09	104	0.45	104	0.92	104	1.29
112	0.07	112	0.35	112	0.71	112	1.05
120	0.05	120	0.27	120	0.57	120	0.83

表15-4　案例2间歇式反应器中不同初始纤维二糖浓度（c_0）的积分数据（$E_0 = 0.03$ mg/mL）

$c_0 = 2$ mmol/L		$c_0 = 20$ mmol/L		$c_0 = 30$ mmol/L		$c_0 = 100$ mmol/L	
时间 /min	c/(mmol/L)	时间 /min	c/(mmol/L)	时间 /min	c/(mmol/L)	时间 /min	c/(mmol/L)
0	2.04	0	20.51	0	31.13	0	97.92
4	1.68	5	17.26	7	27.09	15	91.75
8	1.31	10	16.31	14	23.13	30	80.57
12	1.09	15	14.20	21	20.08	45	76.90
16	0.88	20	12.37	28	18.23	60	68.58
20	0.70	25	10.77	35	15.84	75	59.40
24	0.54	30	9.19	42	12.67	90	54.41
28	0.42	35	7.82	49	11.19	105	45.46
32	0.35	40	6.84	56	9.07	120	39.01
36	0.26	45	5.41	63	6.99	135	32.12
40	0.22	50	4.47	70	5.24	150	24.31
44	0.17	55	3.68	77	3.95	165	18.46
48	0.13	60	2.93	84	2.84	180	12.76
52	0.11	65	2.32	91	2.10	195	7.94
56	0.09	70	1.83	98	1.50	210	4.55
60	0.06	75	1.36	105	0.95	225	2.34
		80	1.10	112	0.66	240	1.05
		85	0.84	119	0.44		
		90	0.66				

表15-5　案例3间歇式反应器中不同初始纤维二糖浓度（c_0）的积分数据（E_0= 0.1 mg/mL）

c_0= 2 mmol/L		c_0= 20 mmol/L		c_0= 30 mmol/L		c_0= 100 mmol/L	
时间 /min	c/(mmol/L)	时间 /min	c/(mmol/L)	时间 /min	c/(mmol/L)	时间 /min	c/(mmol/L)
0	2.10	0	19.70	0	28.68	0	96.35
1	1.75	5	15.90	7	21.85	16	80.13
2	1.44	10	11.86	14	17.98	32	67.15
3	1.32	15	9.91	21	15.96	48	58.21
4	1.06	20	8.45	28	13.14	64	53.75
5	0.97	25	7.31	35	10.95	80	45.22
6	0.85	30	6.56	42	9.69	96	42.03
7	0.77	35	5.91	49	8.94	112	37.91
8	0.63	40	4.92	56	7.53	128	31.41
9	0.57	45	4.52	63	6.59	144	28.51
10	0.54	50	3.80	70	5.68	160	26.45
11	0.45	55	3.26	77	5.26	176	25.49
12	0.41	60	3.00	84	4.80	192	22.98
13	0.34	65	2.61	91	3.95	208	20.71
14	0.31	70	2.29	98	3.62	224	18.85
15	0.30	75	2.00	105	3.12	240	16.40
16	0.26	80	1.78	112	2.83	256	15.71
17	0.23	85	1.64	119	2.67	272	14.66
18	0.19	90	1.52	126	2.19	288	12.85
19	0.18	95	1.26	133	2.11	304	12.27
20	0.17	100	1.13	140	1.76		

表15-6　案例4间歇式反应器中不同初始纤维二糖浓度（c_0）的积分数据（E_0= 0.3 mg/mL）

c_0= 10 mmol/L		c_0= 200 mmol/L		c_0= 300 mmol/L		c_0= 400 mmol/L	
时间 /min	c/(mmol/L)	时间 /min	c/(mmol/L)	时间 /min	c/(mmol/L)	时间 /min	c/(mmol/L)
0.0	10.45	0.0	208.17	0.0	312.50	0.0	392.03
0.5	8.90	5.0	195.06	10.0	295.41	13.0	402.14
1.0	7.68	10.0	186.65	20.0	264.74	26.0	380.11
1.5	6.27	15.0	180.27	30.0	261.56	39.0	364.66
2.0	5.35	20.0	169.99	40.0	250.46	52.0	352.04
2.5	4.03	25.0	156.24	50.0	240.93	65.0	336.57
3.0	3.24	30.0	141.22	60.0	209.39	78.0	328.70
3.5	2.80	35.0	131.00	70.0	192.90	91.0	308.48
4.0	2.20	40.0	127.70	80.0	183.10	104.0	282.90
4.5	1.65	45.0	112.51	90.0	160.05	117.0	276.44
5.0	1.23	50.0	97.97	100.0	138.96	130.0	246.09
5.5	0.97	55.0	83.87	110.0	117.03	143.0	232.90

$c_0 = 10$ mmol/L		$c_0 = 200$ mmol/L		$c_0 = 300$ mmol/L		$c_0 = 400$ mmol/L	
时间 /min	c/(mmol/L)	时间 /min	c/(mmol/L)	时间 /min	c/(mmol/L)	时间 /min	c/(mmol/L)
6.0	0.70	60.0	70.53	120.0	95.64	156.0	197.30
6.5	0.57	65.0	56.84	130.0	66.78	169.0	185.36
7.0	0.42	70.0	38.79	140.0	35.68	182.0	159.94
7.5	0.33	75.0	19.68	150.0	4.25	195.0	136.09
8.0	0.24	80.0	5.63	160.0	0.02	208.0	105.46
8.5	0.18	85.0	0.46	170.0	0.00	221.0	65.77
9.0	0.12	90.0	0.02	180.0	0.00	234.0	22.01
9.5	0.09					247.0	0.10
10.0	0.07					260.0	0.00

　　当在不同的初始酶浓度（E_0）下进行不同实验时，反应速率的绝对值会发生变化，因此捕捉初始反应速率的范围也会变化，但特定速率应保持恒定[18,26]（见注释 1）。

2. 观察数据给出的曲线趋势和形状。案例1显示了反应速率与底物浓度之间的线性比例关系。这表明动力学符合由公式（15-1）描述的一阶动力学。案例2和案例3呈现典型的双曲线形状，在低底物浓度范围内，反应速率与底物浓度之间几乎是成比例的，而在高底物浓度下，反应速率几乎是恒定的。仅基于微分数据，案例2和案例3作为典型例子是无法区分的，它们都符合公式（15-2）描述的动力学。案例4显示了反应速率与底物浓度在一定范围内呈正相关性，但活性并没有达到平稳区，相反，在高底物浓度下反应速率会减小。这是底物抑制的明确迹象，所以这些数据适用于由式（15-4）来解释。

3. 将数据导出到统计软件，并使用选定的方程进行非线性回归。拟合线在图15-7中用红虚线表示。表15-7总结了计算得到的动力学常数。

表15-7　在数据拟合中获得的动力学参数的总结

动力学参数	案例 1	案例 2	案例 3	案例 4
k_1/[mL/(min·mg)]	0.979±0.01	—	—	—
k/(U/mg)	—	19.60±0.19	20.95±1.23	19.60±0.19
K_M/ (mmol/L)	—	10.05±0.38	11.38±1.20	10.05±0.38
k_i/ (mmol/L)	—	—	75.31±8.62	—

4. 计算数据（r_{calc}）与实测数据（r_{obs}）对比。r_{calc}是应用相应方程进行计

算的结果。评估拟合优度的一种方法是计算给定条件下速度的值，并使用一组动力学常数[32]。结果显示在图15-8中。

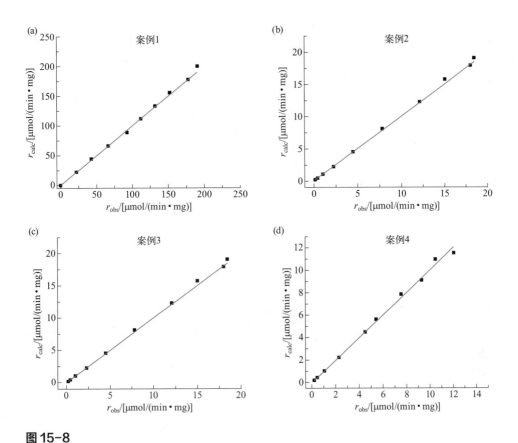

图 15-8

批反应器的计算数据（r_{calc}）与测量数据（r_{obs}）

（a）案例 1；（b）案例 2；（c）案例 3；（d）案例 4

5. 计算拟合优度参数（表15-8）。计算数据与实测数据之间的偏差对于评估拟合的优度非常有价值。作为拟合的定量评估，根据图15-4总结的方程，计算SQR和RMSE。

　　在线性回归的情况下，R^2 的值为 1 意味着模型与数据的完美拟合。对于线性和非线性回归，SQR 和 RMSE 的值等于零表示完美拟合：实验值与模型估算值之间没有差异。在比较不同的动力学模型时，拟合优度参数接近其理想值的模型是最佳动力学模型。如果比较几个不同的动力学模型，它们具有不同数量的动力学参数（或常数），则 RMSE 值最低的模型是最优的，因为它反映了实际情况而且没有过于复杂。

表15-8　间歇式反应器的拟合优度参数

参数	案例 1	案例 2	案例 3	案例 4
R^2	0.9982	0.9991	0.997	0.9991
SQR	83.88	0.4601	0.4742	0.4601
RMSE	2.761	0.2045	0.2071	0.2045

二、　间歇式反应器中积分数据的解析

（一）一般的观察结果和数据处理方法

1. 绘制纤维二糖浓度随时间的变化曲线（图15-9）。

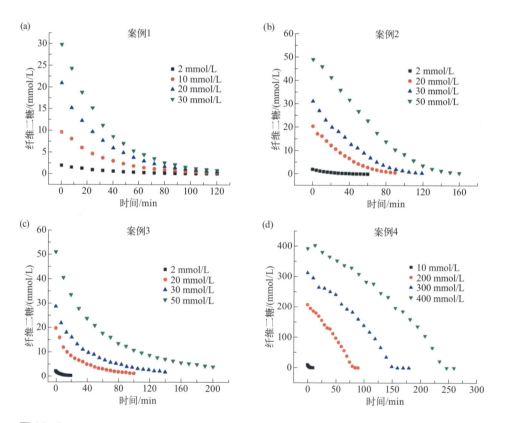

图 15-9

间歇式反应器中的测试积分数据

（a）案例1；（b）案例2；（c）案例3；（d）案例4。E_0的单位是 mg/mL，案例1～4的使用量数值分别为0.03、0.03、0.1 和 0.3

2. 观察生成图形的形状和趋势。案例1～3表现为凸曲线，其中任何与曲线相切的直线的斜率（在文中简称为斜率）随时间减小。也就是说，反应器中反应速率随着时间减小。案例4中，在高底物浓度下，曲线呈现出不同的凹形，在反应开始时，曲线倾向于凹陷，即斜率随时间增加（见注释2）。而在案例1～3中，反应速率与底物消耗之间存在负相关，在案例4中，至少在一定程度上，反应速率与底物消耗之间存在正相关性。通过微分分析的结果支持，我们已经知道案例4是底物抑制的强候选案例。如果没有来自第五节标题一的数据，该假设可以基于通过底物消耗观察到的反应速率增加而建立。

　　对于反应速率随时间因底物浓度变化而降低的程度，案例 1 ～ 3 之间是不同的。更深层次的差异在初看时更难以识别。从小标题 1，我们知道案例 1 是一级反应的典型案例，其中底物的衰减对应于指数衰减，这意味着曲线关于时间的一阶导数遵循与底物浓度减少相同的减少模式。案例 2 和 3 则不同，案例 2 在反应开始的几分钟内显示出更为恒定的一阶导数，但之后反应速率显著下降。案例 3 对于相同的初始底物浓度值显示出更明显的曲线形状。为了更深入地了解底物浓度的影响，绘制转化率随时间变化的图表非常有用。

3. 计算所有案例的转化率并绘制相应曲线（图15-10）。转化率（X）根据公式（15-5）计算，其中，$N_{纤维二糖0}$和$N_{纤维二糖}$分别为最初的纤维二糖的物质的量和未反应的纤维二糖的物质的量。

$$X_{纤维二糖} = \frac{N_{纤维二糖0} - N_{纤维二糖}}{N_{纤维二糖0}} \qquad (15\text{-}5)$$

4. 观察由数据给出的曲线的形状和趋势。关键的观察点是转化率-时间曲线是否依赖于所使用的底物初始浓度，因为这能够区分一级反应与其他任何级的反应。在案例1中，转化进程曲线重叠，表明反应速率与底物浓度之间的比例关系。在案例2和3中，转化过程在初始时刻相似，随着转化的进行，它们开始发散，这表明反应速率减缓。案例2和3之间的差异虽细微但明确，案例2的转化过程更直，只有在高底物转化率时，线条变得越来越平坦。在案例3中，在相同的转化率水平和底物初始浓度数据下，曲率更加明显。案例4在转化率图中重现了在浓度图中观察到的相同模式。基于这些观察结果，案例1属于一级反应。案例4是底物抑制的候选案例。案例2很好地响应了米氏动力学假设，而案例3偏离了米氏动力学，需要进一步深入观察。

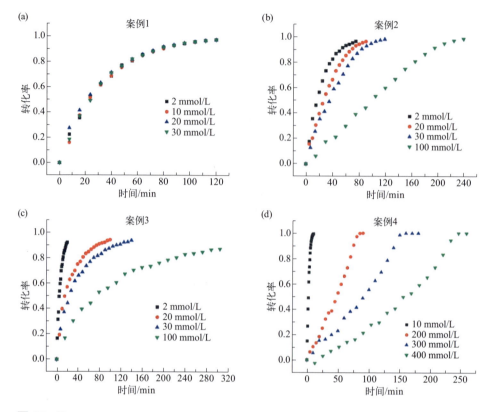

图 15-10

间歇式反应器中实验积分数据的转化率随时间的变化图

（a）案例 1；（b）案例 2；（c）案例 3；（d）案例 4。E_0（单位：mg/mL）在案例 1～4 的数值分别为 0.03、0.03、0.1 和 0.3

（二）微分分析

对随时间变化的数据的微分分析旨在分析反应速率在整个反应过程的变化规律，并最终分析其与底物和产物浓度的关系。

1. 通过计算短时间范围内底物浓度（c）的递减量和时间的增量，进行图形微分处理（见注释3）。首先，需要考虑反应时间的有限增量，并获得每个增量的平均值。其次，需要在选定的相同时间增量中，对底物浓度的减少应用相同的程序（见注释3）。

2. 绘制结果，见图15-11。

3. 观察曲线的变化趋势和形状。在案例1中，反应速率的下降类似于底物浓度的下降，所有得到的曲线都与底物浓度成正比。在案例2中，在最低纤维二糖浓度下进行的实验显示反应速率逐渐下降。

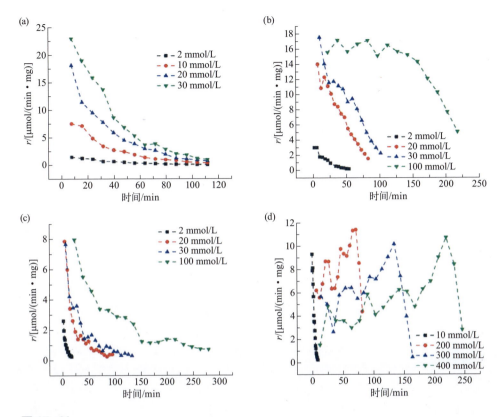

图 15-11

间歇式反应器中的反应速率与时间的关系

（a）案例 1；（b）案例 2；（c）案例 3；（d）案例 4。E_0（单位：mg/mL）在案例中对应的数值分别为 0.03、0.03、0.1 和 0.3。与其他图形相比，添加了虚线以便于视觉显示

　　然而，在最高底物浓度下，反应速率保持稳定的时间要长得多。然后，反应速率稳步下降，形成一个最终略呈凸形的曲线，在较长时间内更加明显。在米氏模型［公式（15-2）］中，高底物浓度下反应速率达到其最大值并保持恒定。在案例 3 中，反应速率下降并在较长时间内趋于平稳。当观察到最低底物浓度时，反应速率的下降趋势与案例 2 类似。然而，葡萄糖的积累导致下降趋势平缓，这是产物抑制的迹象［公式（15-3）］。在最后一个案例 4 中，观察到反应速率的增加。这个参数逐渐增加，经过特定的反应时间后急剧下降。当反应时间增加时观察到反应速率的正向变化表明底物对速率产生了抑制作用［公式（15-4）］。同时，抑制剂被移除，反应速率增大，直到反应体系中剩余的底物不足以抑制酶。然后，β-葡萄糖苷酶（BG）开始更快地水解底物，反应速率显著下降。

4．根据反应速率与底物浓度绘制结果，见图15-12。

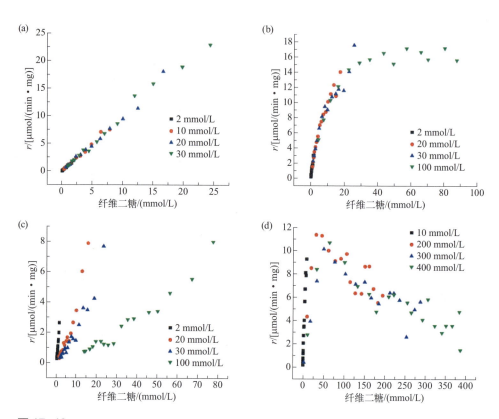

图 15-12

反应速率与间歇式反应器中纤维二糖浓度

（a）案例1；（b）案例2；（c）案例3；（d）案例4。E_0（单位：mg/mL）在案例中对应的数值分别为 0.03、0.03、0.1 和 0.3

5．观察由数据给出的曲线的趋势和形状。案例1显示反应速率与底物浓度之间呈线性常数关系，因此斜率值不发生变化。这一行为表明，其动力学符合公式（15-1）给出的一级电势模型。在图15-12（b）中，可以观察到低底物浓度时反应速率的急剧增加。然而，当纤维二糖的浓度提高时，反应速率保持稳定，表现出渐近行为，这可以通过使用经典的米氏模型［MM，Michaelis-Menten model，公式（15-2）］来解释。案例3的图表表现为一个带有轻微S形依赖性的线性函数。当底物浓度增加时，函数形状和斜率的变化，表明可能发生了一些抑制过程，如上所述。一个带有产物竞争性抑制的MM模型解释了这种行为。如果对第一个和第三个案例进行比较，在第一个案例中，当初始底物浓度改变时，斜率不变。因此，如同一个典型的一级方程，其动力学常数与初始底物浓度无关。然而，在第二个案例中，随着初始底物浓度的变化，曲线的斜率也发生了改变。在反应过程中，产物浓度随时都在变化，它直接影响了在带有产物抑制的MM方程［公式（15-3）］的分母中的抑制因子。在低底物浓度下，抑制剂（葡萄糖）的量高，导致与米氏常数相乘的抑制因子比底物浓度更高。因此，米氏常数的表观值会随产物浓度变化而变化，当纤维二糖浓度低（相应地产物浓度高）时，表观常数值远大于底物浓度。如果根据前面提到的假设简化公式（15-3），这种抑制现象的曲线在高产物浓度下会呈现伪一阶动力学常数特征。在案例4中，观察到低纤维二糖浓度时反应速率的激增。但是，当达到特定的底物浓度值时，反应速率逐渐下降。这种行为与纤维二糖的底物抑制效应相符［公式（15-4）］。如同案例2，在低底物浓度下，反应速率上升，但案例4由于底物是反应过程的抑制剂，导致这种特殊趋势，故在不能达到渐近行为。

6. 将数据导出到统计软件中，并使用相应的方程进行非线性回归。对于案例1，使用公式（15-1）进行拟合的结果是一阶动力学常数的值，这也在第五节一中计算。对于案例2，拟合2给出了k和k_C的值。对于案例3，拟合将给出一个伪一阶动力学常数的值，正如我们从图表中知道的，这个值依赖于底物（拟合未显示）（见注释4）。对于案例4，建议使用式（15-4）进行拟合。结果显示在图15-13～图15-15中。

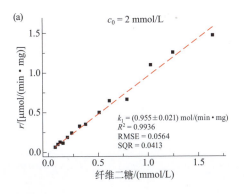
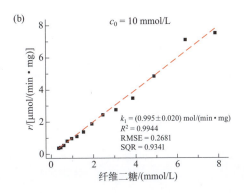

图 15-13

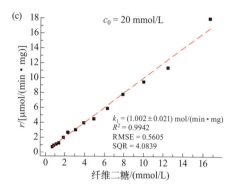
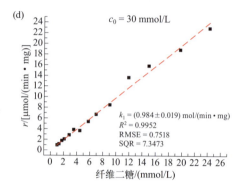

图 15-13

案例 1 的实验微分数据的拟合（一阶动力学）

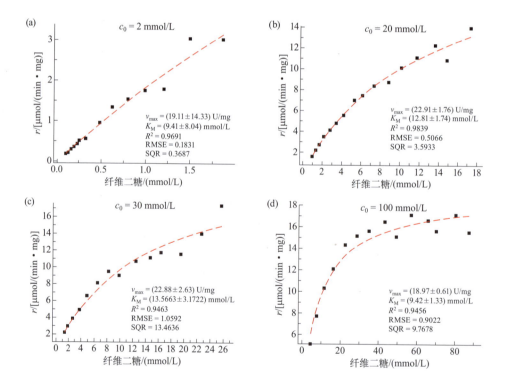

图 15-14

案例 2 的实验微分数据（米氏动力学）的拟合

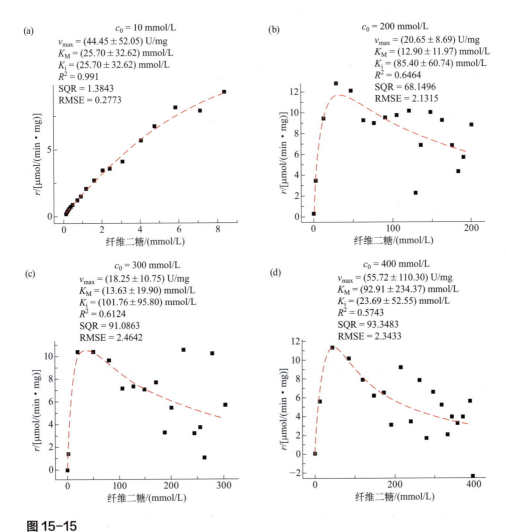

图 15-15

案例 4（底物抑制米氏动力学）的实验微分数据拟合

（三）积分数据的直接分析

　　直接定量分析需要使用能够求解微分方程的软件来使用反应器质量平衡模型（图 15-2）。有许多软件可供选择，下面以 Berkeley Madonna 为例。Berkeley Madonna 是一个快速的、通用的微分方程求解软件。它的图形界面为构建复杂数学模型提供了一个直观的平台。该软件提供了一套图形工具，用于绘制结果图表[21,53,54]。

　　1. 建立模型来模拟反应过程。图 15-16 显示了在 Berkeley Madonna 软件中用于积分计算间歇式质量平衡反应器的代码。

```
METHOD RK4; Integration method          Init (G)=0 ; Initial condition         ;r=k*E*C/(Kc+C*(1+C/Ki))

STARTTIME = 0                           limit C >=0 mM                         {Parameters}

STOPTIME=60; min                                                               k1=1; mL/(min*mg)

DT = 0.02; Integration every 0.02 time  {Kinetic models}                       k=20 ; (micromol/(min·mg))
units
                                        {irreversible monosubstrate first order}  T=30; ℃
Dtout=5; Displays data every 5 min      r=k1*E*C                               kc=10; mM

                                        {MM}                                   kG=5;mM

{Balances to substrates and products}   ;r=k*E*C/(KC+C)                        ki=80 ;mM

{Reaction: celobiose-----> 2 glucose}   {MM with reversible competitive total
                                        product inhibition}                    {Conditions of each experiment}
d/dt(C)=-r ; mM/min
                                        ;r=k*E*C/(C+Kc*(1+G/KG))               E= 0.1 ;mg/mL
d/dt(G)=r*2; mM/min
                                        {MM with reversible acompetitive partial
Init (C)=Czero ; Initial condition      substrate inhibition}

Czero=100 ; mM
```

图 15-16

间歇式反应器中用于 Berkeley Madonna 积分计算的代码

2. 利用实验数据和一组初始常数，运行模型并模拟数据反应过程。

3. 使用曲线拟合工具，计算动力学常数（k）的值，以用公式（15-1）将模拟数据与案例1的实验数据进行拟合。结果如图15-17所示。这些数据很好地拟合了与一阶动力学对应的单指数产物生成曲线（见注释5）。

4. 使用曲线拟合工具，计算动力学常数（k和K_M），使用公式（15-2）将模拟数据与案例2的实验数据进行拟合。结果如图15-18所示。该数据很好地拟合米氏动力学对应的产物生成曲线。无论拟合所使用的数据如何，动力学常数的值都是相同的（见注释6）。

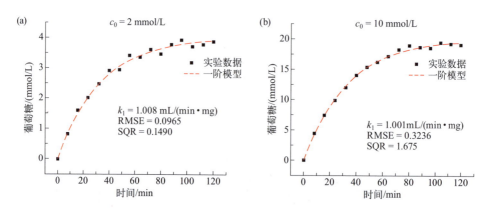

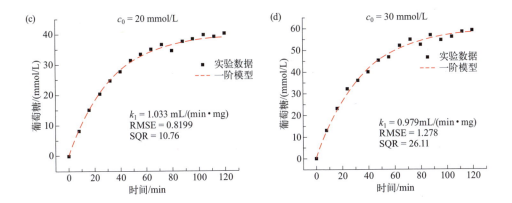

图 15-17

案例 1 间歇式反应器的实验积分数据与一阶模型的拟合

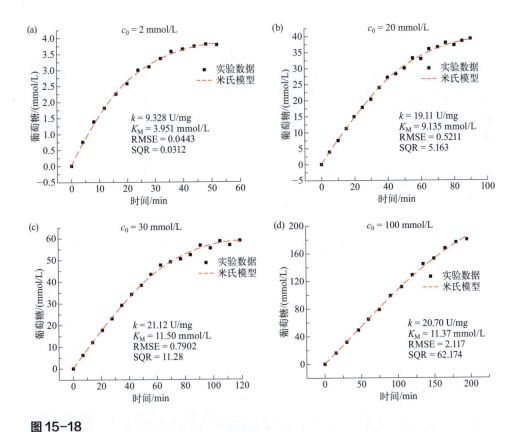

图 15-18

案例 2 间歇式反应器的实验积分数据与米氏模型的拟合

5. 使用曲线拟合工具，计算动力学常数（k和K_M），使用公式（15-2）将模拟数据与案例3的实验数据进行拟合。结果如图15-19所示。数据显然很好地拟合了米氏动力学对应的产物生成曲线（蓝线），但动力学常数的值与实验有关，这表明了所选模型的缺陷（见注释7）。

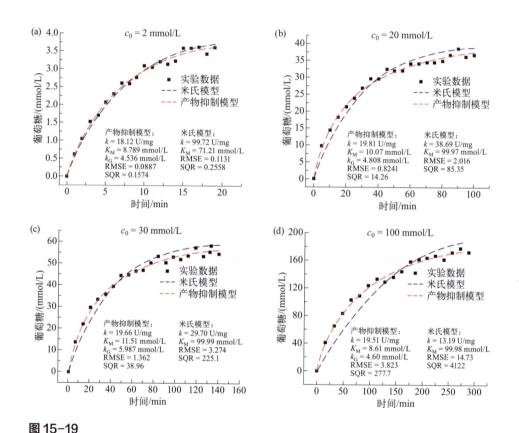

图 15-19

案例 3 间歇式反应器的实验积分数据与米氏方程及产物抑制模型的拟合

6. 使用曲线拟合工具，计算动力学常数（k、K_M和k_G），使用公式（15-3）将模拟数据与案例3的实验数据进行拟合。结果如图15-19所示。这些数据不仅很好地拟合了产物抑制动力学对应的产物生成曲线，而且所有实验的动力学常数值都是相同的（见注释6）。此外，SQR和RMSE的值明显低于前一例。这一信息表明，案例3中的数据可以很好地用可逆产物抑制的动力学机制来描述。

7. 使用曲线拟合工具，计算动力学常数（k和K_M），使用公式（15-2）将模拟数据与案例4的实验数据进行拟合。结果如图15-20所示。该数据不符合米氏动力学对应的产物生成曲线。此外，动力学常数的值依赖于实验条件，并且存在较大差异（见注释8）。

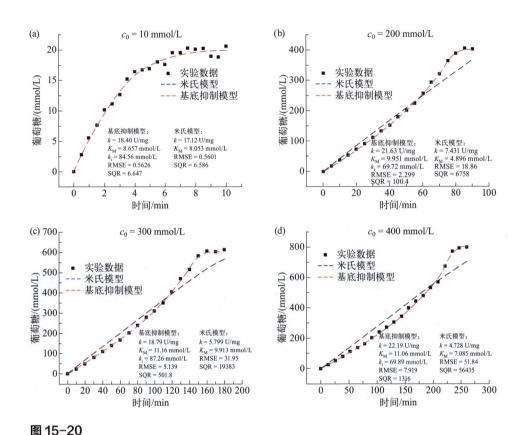

图 15-20

将案例4间歇式反应器中的实验积分数据与米氏方程和底物抑制模型的拟合

8. 使用曲线拟合工具，计算动力学常数（k、K_M和k_i），使用公式（15-4）将模拟数据与案例4的实验数据进行拟合。结果显示在图15-20中。数据很好地拟合了基于底物抑制动力学的产物生成曲线。此外，SQR和RMSE的值明显低于前一案列。这一信息表明，案例4中的数据可以很好地用一种可逆的反竞争性底物抑制动力学机制来描述。

三、连续搅拌釜式反应器的动力学数据

在将案例1～4分配给具体的动力学模型并计算出常数之后，继续使

用该模型来模拟在连续搅拌釜式反应器（CSTR）中的操作可以给出哪些实验数据，以及这些数据将如何被解释和分析。

1. 建立模型来模拟反应过程。图15-21显示了用于Berkeley Madonna积分计算的代码。

  将模型简化为稳态形式，简化为式（15-6）：

$$\frac{V}{Q} = t_r = \frac{c_{SF} \cdot X_S}{R_S} \tag{15-6}$$

  式中，V为进行酶促反应的液相体积，Q为体积流量，t_r是输入流液体的停留时间（反映该液体在体积V内的平均停留时间），c_{sf}是进料中底物的浓度，X_S是底物转化率，R_S是相对于底物S的反应速率。

{Balances to substrates and products}	d/dt(G)=2*r-G/tr	Init (G)=0 ; Initial condition
	Init (C)=Czero ; Initial condition	limit C >=0
{Reaction: celobiose-----> 2 glucose}	Czero=100 ; mmol/L	tr=100; {residence time, min}
d/dt(C)=(C0/tr)-(C/tr)-r ; mmol/(L·min)	C0=Czero;	

图 15-21

连续搅拌釜式反应器中用于 Berkeley Madonna 积分计算的代码

2. 模拟底物浓度（S）随停留时间（t_r）的变化关系。为了在不同的案例下模拟连续搅拌釜式反应器（CSTR）在稳态下的底物浓度（S）与停留时间（t_r）的关系，我们需要使用之前在第四节标题二（二）中使用的相同的酶（E）和底物浓度作为起始点。模拟这些关系涉及对每个动力学案例应用特定的动力学方程，并通过改变停留时间来观察稳态底物浓度的变化。

3. 观察并评论这些结果。停留时间的增加提供了更高的转化率（反应器出口处的底物浓度的降低等于反应器内底物浓度降低）如图15-22所示，是在与间歇式反应器相同的动力学案例和运行条件下产生的，结果具有可比性。可以观察到在所有条件下，CSTR比间歇式反应器需要更长的停留时间。不同的动力学对CSTR性能的影响也不同。我们的讨论主要集中在增加转化率（底物浓度的降低）所需的停留时间（t_r）增加的情况，这是由曲线的切线的斜率所体现的。在案例1（一阶动力学）中，斜率持续减小；在案例2（米氏动力学）中，斜率的变化强烈依赖于底物浓度的值，只有当纤维二糖的浓度远小于k_C值时，斜率才会显著减小，否则两者关系更为线性化。对于案例3（产物抑制），当产物累积，且其值超过k_G时，斜率减小更为显著。在案例4中，斜率的趋势不同，斜率增加，特别是随着底物浓度的降低（转化率的增加），斜率增加的速度更快，尤其与间歇式反应器积分数据对比时更明显。这是由于反应器内底物浓度较低，具有抑制作用。

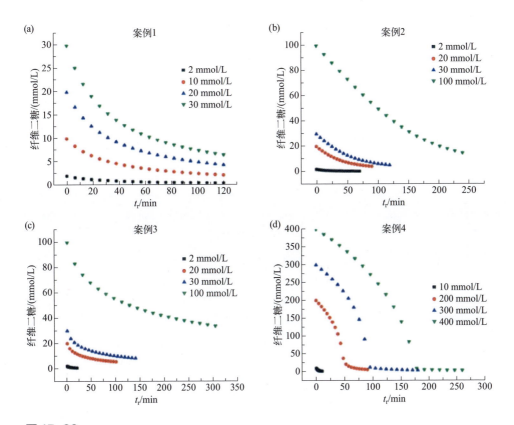

图 15-22

在 CSTR 中的实验积分数据

E_0（单位：mg/mL）分别为 0.03、0.03、0.1 和 0.3。模拟了不同的进料底物浓度

4. 根据反应器平衡方程（公式15-6）绘制反应器内的反应速率与反应器内的底物浓度（S）的关系图。

5. 观察并评论这些结果。图15-23显示了根据公式（15-6）计算的反应器内的反应速率。由于反应器在稳态下运行，一旦在给定操作条件（t_r）下测量了底物浓度，反应器即可直接给出微分动力学数据r-S。对于案

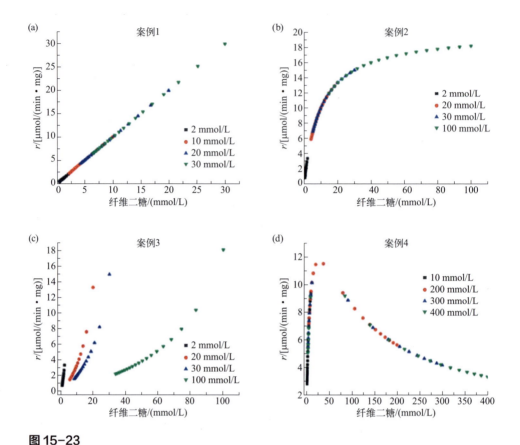

图 15-23

CSTR 中的实验微数据

每个案例中使用的 E_0（单位：mg/mL）分别为 0.03、0.03、0.1 和 0.3

例1、2和4，所有操作情况（不同的进料底物浓度和t_r）都在同一曲线 $r[f(S)]$ 上提供数据。在案例3（产物抑制）中，每个进料底物浓度条件都对应不同的反应速率r，因为产品浓度不同。进料底物浓度越高，r 值越低。

四、 管式流动反应器（FT）的动力学数据

案例 1～4 分别对应到具体的动力学模型并计算出相关常数后，我们将继续使用该模型来模拟管式流动反应器的操作下可能给出的实验数据，以及如何对这些数据进行解释和分析。

1. 建立模型来模拟反应过程。图15-24显示了用于BM积分计算的代码。

反应器的设计方程式见公式（15-7）。

$$\frac{v}{Q} = t_r = \int_0^{X_s} \frac{C_{sf} \cdot dX_s}{R_s} \qquad （15-7）$$

{Balances to substrates and products}	d/dt(C[2..array])=(C[i-1]/deltatr)-(C[i]/deltatr)-r[i]	C0=Czero;
{Reaction: cellobiose---> 2 glucose} d/dt(C[1])=(C0/deltatr)-(C[1]/deltatr)-r[1] ; mM/min d/dt(G[1])=2*r[1]-G[1]/deltatr	d/dt(G[2..array])=2*r[i]+(G[i-1]/deltatr)-(G[i]/deltatr) Init C[1..array]=Czero ; initial condition Czero=100 ; mM	Init G[1..array]=0 ; initial condition Limit C >=0 deltatr=tr/array; Array=50 tr=100; {tiempo de residencia, min}

图 15-24

管式流动反应器中用于 Berkeley Madonna 积分计算的代码

2. 使用与第四节标题二（二）中相同的酶量（E）和底物量（S）。模拟 S 随停留时间的变化关系。写出底物的稳态表达式，并绘制出它与停留时间（t_r）的关系。

3. 观察并评论根据反应器平衡方程［公式（15-7）］绘制的反应速率（r）与底物浓度（S）的关系图。结果与图15-9相同，因为两个反应器具有相同的质量平衡，并且在相同条件下需要相同的反应时间。从图 15-25可以得到微分数据（r与S的关系），方法与第五节标题二（二）中的图形微分相同。另一种方法是在微分模式下操作反应器，即以足够短的停留时间运行，以便捕获初始反应速率，并获得与第五节一中相同的数据。

五、　均相反应器之间的比较

在本节中，我们针对四种不同的酶动力学，比较三种不同反应器形式的性能。我们应用相同的条件集（酶浓度 E，初始底物浓度，见注释9），并计算达到相同的转化率所需的时间和相应的催化剂生产效率。

1. 计算在所有情况下酶浓度 E_0 为 0.03 mg/mL、不同初始底物浓度（对于连续反应器为进料底物浓度）时，达到不同转化率所需的停留时间（反应时间）。典型结果如图15-26所示。

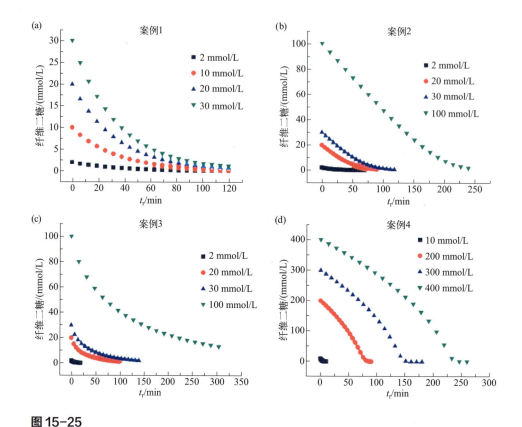

图 15-25

管式流动反应器的实验积分数据

每个案例中的 E_0（单位：mg/mL）分别为 0.03、0.03、0.1 和 0.3

2. 观察结果。所有动力学案例中，间歇式和管式流动反应器是相同的，而CSTR需要更长的时间才能在相同条件下达到相同的转化率，这意味着反应器的生产率（空间-时间产量）会更低，或者反应器需要更大的体积才能实现相同的总生产率（时间产量）。在产物抑制的情况下，差异更大，因为产物浓度在反应釜内保持得非常高。只有在高转化率和高初始/进料底物浓度的底物抑制案例中，CSTR才更为优越。如果提高E_0，则图15-26的结果可能具有更短的t_r。如果在不同的E_0下进行实验，时间需要按照使用的酶量进行归一化，以进行有意义的比较。催化剂的生产率可以通过将消耗的底物或生成的产物除以时间和E_0来计算。

3. 计算催化剂生产率。表15-9中显示了一些案例的结果。

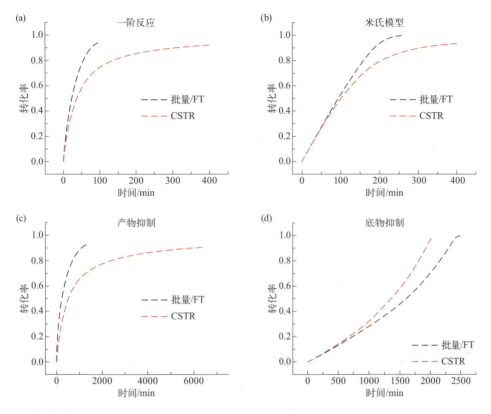

图 15-26

间歇式反应器、CSTR 和 FT 反应器的时间与转化率关系

在所有情况下，E_0 均为 0.03 mg/mL。（a）～（c）中 c_0 为 100 mmol/L；（d）中 c_0 为 400 mmol/L

表15-9　间歇式反应器、CSTR和FT反应器之间的比较（E_0在所有案例中均为0.03 mg/mL）

模型	c/(mmol/L)	间歇式反应器 /FT t/min		CSTR t_r/min		间歇式反应器 /FT 产能 /[μmol/ (mg·min)]		CSTR 产能 /[μmol/ (mg·min)]	
		$X = 10\%$	$X = 90\%$	$X = 10\%$	$X = 90\%$	$X = 10\%$	$X = 90\%$	$X = 10\%$	$X = 90\%$
一级	10	3.50	77.00	3.70	300.00	9.52	3.90	9.01	1.00
	100	3.50	77.00	3.70	300.00	95.24	38.96	90.09	10.00
MM	10	3.40	53.40	3.50	165.00	9.80	5.62	9.52	1.82
	100	18.50	188.40	18.50	303.00	18.02	15.92	18.02	9.90
产物抑制	10	3.80	147.00	4.26	710.00	8.77	2.04	7.82	0.42
	100	22.00	1124.00	26.00	5700.00	15.15	2.67	12.82	0.53
底物抑制	10	3.60	54.50	3.70	166.00	9.26	5.50	9.01	1.81
	400*	390.00	2295.00	370.00	2150.00	3.42	5.23	3.60	5.58

4. 观察结果。符合预期的是，CSTR显示出最低的催化剂生产率，而间歇式和管式流动反应器显示出相同的结果。只有在底物抑制的情况下，转化率高且初始/进料底物浓度高时，CSTR才更为优越。反应器的空间-时间产量可以通过酶浓度和催化剂生产率相乘来计算。在间歇式反应器中，催化剂的生产率随时间变化（因此表达的值是时间平均值），而在CSTR中，催化剂的生产率在操作时间内保持恒定。在管式流动反应器中，催化剂的生产率等同于间歇式反应器，但是通过使用空间时间（停留时间）进行平均。

第六节　注释

1. 阐明动力学数据适用性的一个对照实验是测量不同酶浓度（E）下的酶活性（初始反应速率），如果初始反应速率与E不成正比（比反应速率不恒定，即高酶浓度时出现的情况），则数据不适用。

2. 在案例4中，我们使用了高初始底物浓度的代表性实验来分析所观察到的活性随底物浓度（S_0）降低的效应。

3. 在进行计算时要小心，因为用于计算平均浓度的浓度值与之前选择的反应时间增量相对应。选择正确的时间间隔的方法不唯一，但应该记住的是，较小的时间增量会在图上显示出更多的离散点和更高的误差。

4. 用于绘图的图形表示所选择的增量不应具有相同的大小。在使用统计程序时，结合同一反应的不同增量计算可以获得更好的拟合参数。

5. 出于教学的目的，我们在每个面板中显示对个体数据集的拟合结果。当同时使用多个重复实验来拟合各实验条件时，拟合的鲁棒性将会提高。同样，在不同的S_0下同时重复实验，进行多重拟合将增加拟合的鲁棒性。

6. 当用一组实验数据计算出的常数集能够描述在另一组初始条件下的实验数据时，这表明所提出的模型很好地解释了动力学行为，并且也是模型验证的一个实例。

7. 这是一个很好的反例。米氏（MM）模型确实可以以逐案方式描述实验数据，但得到的动力学常数在不同实验之间存在差异，这表明方程形式是正确的，但细节不准确。

8．这是一个不正确的模型不能反映曲线的形状和趋势的例子。

9．间歇式反应器中的初始底物浓度相当于连续反应器中的进料底物浓度。

致谢

Alvaro Lorente-Arevalo 和 Alberto Garcia-Martin 对这项工作的贡献相同。

参考文献

[1] Sheldon RA, Woodley JM (2018) Role of biocatalysis in sustainable chemistry. Chem Rev 118: 801-838.

[2] Sheldon RA, Brady D (2019) Broadening the scope of biocatalysis in sustainable organic synthesis. ChemSusChem 12: 2859-2881.

[3] Woodley JM (2020) New frontiers in biocatal- ysis for sustainable synthesis. Curr Opin Green Sustain Chem 21: 22-26.

[4] Illanes A (2008) Enzyme biocatalysis. Principles and applications. Springer, Dordrecht.

[5] Illanes A, Wilson L, Vera C (2013) Problem solving in enzyme biocatalysis. Wiley.

[6] Guisan JM, Lopez-Gallego F, Bolivar JM, Rocha-Martin J, Fernandez-Lorente G (2020) The science of enzyme immobilization. Methods Mol Biol 2100: 1-26.

[7] Sheldon RAA, Brady D, Bode MLL (2020) The Hitchhiker's guide to biocatalysis: recent advances in the use of enzymes in organic synthesis. Chem Sci 11: 2587-2605.

[8] Bornscheuer UT (2018) The fourth wave of biocatalysis is approaching. Philos Trans R Soc A Math Phys Eng Sci 376: 7.

[9] Illanes A, Wilson L, Vera C (2018) Technical biocatalysis. In: Williams G, Hall M (eds) Modern biocatalysis: advances towards synthetic biological systems, vol 32. RSC Catalysis Series, pp 475-515.

[10] Buchholz K, Kasche V, Bornscheuer UT (2012) Biocatalysts and enzyme technology. Wiley.

[11] Basso A, Serban S (2020) Overview of immobilized enzymes'applications in pharmaceutical, chemical, and food industry. Methods Mol Biol 2100: 27-63.

[12] Levenspiel O (1999) Chemical reaction engineering. Ind Eng Chem Res 38 (11): 4140-4143.

[13] Woodley JM (2019) Reaction engineering for the industrial implementation of biocatalysis. Top Catal 62 (17-20): 1202-1207. https:// doi.org/10.1007/s11244-019-01154-5

[14] Illanes A, Cauerhff A, Wilson L, Castro GR (2012) Recent trends in biocatalysis engineering. Bioresour Technol 115: 48-57. https://doi.org/10.1016/j.biortech.2011.12.050

[15] Doran PM (2013) Chapter 12—homogeneous reactions. In: Bioprocess engineering principles, 2nd edn. Academic, pp 599-703.

[16] Al-Haque N, Santacoloma PA, Neto W, Tufvesson P, Gani R, Woodley JM (2012) A robust methodology for kinetic model parameter estimation for biocatalytic reactions. Biotechnol Prog 28(5): 1186-1196. https://doi.org/10.1002/btpr.1588

[17] Dias Gomes M, Woodley JM (2019) Considerations when measuring biocatalyst performance. Molecules 24(19). https://doi.org/ 10.3390/molecules24193573

[18] Nordblad M, Gomes MD, Meissner MP, Ramesh H, Woodley JM (2018) Scoping biocatalyst performance using reaction trajectory analysis. Org Process Res Dev 22 (9): 1101-1114. https://doi.org/10.1021/ acs.oprd.8b00119

[19] Blackmond DG (2005) Reaction progress kinetic analysis: a powerful methodology for mechanistic studies of complex catalytic reactions. Angew Chem Int Ed Engl 44 (28): 4302-4320. https://doi.org/10.1002/ anie.200462544

[20] 20.Sin G, Woodley JA, Gernaey KV (2009) Application of modeling and simulation tools for the evaluation of biocatalytic processes: a future perspective. Biotechnol Prog 25(6): 1529-1538. https://doi.org/10.1002/ btpr.276

[21] Dunn IJ, Heinzle E, Ingham J, Prenosil JE (2003) Biological reaction engineering. Wiley

[22] Fernandes RL, Bodla VK, Carlquist M, Heins A-L, Lantz AE, Sin G, Gernaey KV (2013) Applying mechanistic models in bioprocess development. In: Mandenius CF, Titchener-Hooker NJ (eds) Measurement, monitoring, modelling and control of bioprocesses, Advances in biochemical engineering-biotechnology, vol 132. Springer, pp 137-166.

[23] Halling PJ (2020) Estimation of initial rate from discontinuous progress data. Biocatal Biotransformation 38(5): 325-342. https:// doi.org/10. 1080/10242422.2020.1746771

[24] Duggleby RG (2001) Quantitative analysis of the time courses of enzyme-catalyzed reactions. Methods 24(2): 168-174. https://doi. org/10.1006/

meth.2001.1177

[25] Zavrel M, Kochanowski K, Spiess AC (2010) Comparison of different approaches and computer programs for progress curve analysis of enzyme kinetics. Eng Life Sci 10(3): 191-200. https://doi.org/10.1002/elsc.200900083

[26] Illanes A, Altamirano C, Wilson L (2008) Homogeneous enzyme kinetics. In: Enzyme biocatalysis. Springer, pp 107-153.

[27] Illanes A (2013) Enzyme kinetics in a homoge- neous system. Problem solving in enzyme biocatalysis, Wiley, In, pp 11-86.

[28] Valencia PL, Astudillo-Castro C, Gajardo D, Flores S (2017) Application of the median method to estimate the kinetic constants of the substrate uncompetitive inhibition equation. J Theor Biol 418: 122-128. https://doi. org/10.1016/j.jtbi.2017.01.033

[29] Valencia PL, Astudillo-Castro C, Gajardo D, Flores S (2017) Calculation of statistic estimates of kinetic parameters from substrate uncompetitive inhibition equation using themedian method. Data Brief 11: 567-571. https://doi.org/10.1016/j.dib.2017.03.013

[30] Valencia PL, Sepulveda B, Gajardo D, Astudillo-Castro C (2020) Estimating the product inhibition constant from enzyme kinetic equations using the direct linear plot method in one-stage treatment. Catalysts 10(8). https://doi.org/10.3390/catal10080853

[31] Cornish-Bowden A (1979) Chapter 10—estimation of kinetic constants. In: Cornish-Bowden A (ed) Fundamentals of enzyme kinetics. Butterworth-Heinemann, pp 200-211.

[32] Cornish-Bowden A (2001) Detection of errors of interpretation in experiments in enzyme kinetics. Methods 24(2): 181-190. https:// doi.org/10.1006/meth.2001.1179

[33] Ohs R, Wendlandt J, Spiess AC (2017) How graphical analysis helps interpreting optimal experimental designs for nonlinear enzyme kinetic models. AICHE J 63(11): 4870-4880. https://doi.org/10.1002/aic.15814

[34] Pinto MF, Baici A, Pereira PJB, Macedo- Ribeiro S, Pastore A, Rocha F, Martins PM (2020) interferENZY: a web-based tool for enzymatic assay validation and standardized kinetic analysis. J Mol Biol. https://doi.org/ 10.1016/j.jmb.2020.07.025

[35] Olp MD, Kalous KS, Smith BC (2020) ICE- KAT: an interactive online tool for calculating initial rates from continuous enzyme kinetic traces. BMC Bioinformatics 21(1): 186. https://doi.org/10.1186/s12859-020-3513-y

[36] Lindeque R, Woodley J (2019) Reactor selection for effective continuous biocatalytic production of pharmaceuticals. Catalysts 9(3). https://doi.org/10.3390/catal9030262

[37] Illanes A, Altamirano C (2008) Enzyme reactors.

Springer, pp 205-251.

[38] Sharma B, Larroche C, Dussap CG (2020) Comprehensive assessment of 2G bioethanol production. Bioresour Technol 313: 123630. https://doi.org/10.1016/j.biortech.2020. 123630

[39] Su T, Zhao D, Khodadadi M, Len C (2020) Lignocellulosic biomass for bioethanol: recent advances, technology trends, and barriers to industrial development. Curr Opin Green Sustain Chem 24: 56-60. https://doi.org/10. 1016/j.cogsc.2020.04.005

[40] Chundawat SPS, Beckham GT, Himmel ME, Dale BE (2011) Deconstruction of lignocellulosic biomass to fuels and chemicals. In: Prausnitz JM (ed) Annual review of chemical and biomolecular engineering, vol 2. Annual Reviews, Palo Alto, pp 121-145.

[41] Sorensen A, Lubeck M, Lubeck PS, Ahring BK (2013) Fungal beta-glucosidases: a bottleneck in industrial use of lignocellulosic materials. Biomol Ther 3(3): 612-631. https://doi.org/ 10.3390/biom3030612

[42] Saldarriaga-Hernandez S, Velasco-Ayala C, Leal-Isla Flores P, de Jesus Rostro-Alanis M, Parra-Saldivar R, Iqbal HMN, Carrillo-Nieves D (2020) Biotransformation of lignocellulosic biomass into industrially relevant products with the aid of fungi-derived lignocellulolytic enzymes. Int J Biol Macromol 161: 1099-1116. https://doi.org/10.1016/j.ijbiomac.2020.06.047

[43] Wojtusik M, Yepes CM, Villar JC, Cordes A, Arroyo M, Garcia-Ochoa F, Ladero M (2018) Kinetic modeling of cellobiose by a β-glucosidase from Aspergillus fumigatus. Chem Eng Res Des 136: 502-512. https:// doi.org/10.1016/j.cherd.2018.06.020

[44] Josephson K (1925) Enzymatic fission of glucosides. On the mode of action of beta-glucosidase of emulsin. Hoppe Seylers Z Physiol Chem 147: 1-154. https://doi.org/10.1515/bchm2.1925.147.1-6.1

[45] Ionescu CN, Kizyk A (1936) Kinetics of the beta-glucosidase-effect. Ber Dtsch Chem Ges 69: 592-597. https://doi.org/10.1002/cber.19360690324

[46] Cornish-Bowden A (2013) Fundamentals of enzyme kinetics. Wiley.

[47] Hong J, Ladisch MR, Gong CS, Wankat PC, Tsao GT (1981) Combined product and substrate-inhibition equation for cellobiase. Biotechnol Bioeng 23(12): 2779-2788. https://doi.org/10.1002/bit.260231212

[48] Bravo V, Paez MP, Aoulad M, Reyes A, Garcia AI (2001) The influence of pH upon the kinetic parameters of the enzymatic hydrolysis of cellobiose with Novozym 188. Biotechnol Prog 17(1): 104-109. https://doi.org/10. 1021/bp000142x

[49] Corazza FC, Calsavara LPV, Moraes FF, Zanin GM, Neitzel I (2005) Determination of inhibition in the enzymatic hydrolysis of cellobiose using hybrid neural modeling. Braz J Chem Eng 22(1): 19-29. https://doi.org/10.1590/ s0104-66322005000100003

[50] Wang GS, Post WM, Mayes MA, Frerichs JT, Sindhu J (2012) Parameter estimation for models of ligninolytic and cellulolytic enzyme kinetics. Soil Biol Biochem 48: 28-38. https:// doi.org/10.1016/j.soilbio.2012.01.011

[51] Resa P, Buckin V (2011) Ultrasonic analysis of kinetic mechanism of hydrolysis of cellobiose by beta-glucosidase. Anal Biochem 415(1): 1-11.https:// doi.org/10.1016/j.ab.2011.03.003

[52] Wojtusik M, Vergara P, Villar JC, Garcia- Ochoa F, Ladero M (2019) Thermal and oper- ational deactivation of Aspergillus fumigatus beta-glucosidase in ethanol/water pretreated wheat straw enzymatic hydrolysis. J Biotechnol 292: 32-38. https://doi.org/10.1016/j. jbiotec.2019.01.009

[53] Dunn IJ, Heinzle E, Prenosil JE, Snape J (2007) Chemical engineering dynamics: an introduction to modelling and computer simulation. Wiley VCH.

[54] Berkeley Madonna (2009)https://berkeleymadonna. myshopify.com/

第十六章

一锅法酶促氧化级联反应实现脂肪酸的氧化官能化

Somayyeh Gandomkar, Mélanie Hall

摘要

脂肪酸转化为 α- 酮酸的生物催化过程是通过两种酶同时作用于同一位点两步级联反应中来完成的。第一步，少动鞘氨醇单胞菌的 P450 单加氧酶以所谓的过氧化酶模式使用过氧化氢进行 α- 羟基酸的区域和对映选择性合成。在下一步中，这些羟基酸中间体被绿色球菌的 α- 羟基酸氧化酶进一步氧化为相应的 α- 酮酸，从而再生第一步反应中所需要的过氧化氢。总的来说，级联设计采用过氧化氢，具体为室温下于稀释的过氧化氢水溶液（ ＜ 0.01% ）中进行。这种方法可应用于一系列脂肪酸（ C6:0 到 C10:0 ）的转化，并扩大规模至允许以 91% 的分离产率生产 2- 氧代辛酸。

关键词：生物催化，酶促级联反应，氧化官能化，脂肪酸，细胞色素 P450，过氧化氢内循环，氧化酶

第一节 引言

可再生资源的生物催化功能化是稳定像脂肪酸这样的含丰富碳源物质的一个有吸引力的策略，因为它允许在环境友好的条件下开发合成重要化学构件的策略。在一锅法级联反应中整合几个酶促步骤有多个优点，如整体简化反应设计，而不需要对中间体进行必要的分离和纯化[1]。重要的反应条件必须与级联反应中涉及的所有步骤兼容，以最大限度地提高目标产物的收率。通过在同步一锅法级联设计中结合两步氧化酶促反应，开发了饱和脂肪酸向相应 α-酮酸的区域选择性氧化官能化方法，该设计可最大限度减少试剂用量[2]。

　　首先，来自少动鞘氨醇单胞菌的（*S*）- 选择性 P450 单加氧酶（P450$_{SP\alpha}$），以过氧化酶模式用于一系列脂肪酸的区域和对映选择性 α- 羟基化[3]。结果 *S*- 羟基酸中间体获得优秀的对映异构体选择性（＞99%），随后在携带 A95G 突变的绿色气球菌来源的 FMN 依赖性（*S*）- 对映选择性 α- 羟基酸氧化酶（α-HAO）[4] 作用下，以氧气作为电子受体进行氧化，从而释放过氧化氢和定量生成 α- 酮酸作为最终产物（图 16-1）。总的来说，级联反应是由使用亚化学计量（催化量）的过氧化氢驱动的，过氧化氢在第一步被消耗，在第二步再生。这种原子高效级联反应的特征是副产品仅生成水，并使用空气作为氧化剂（见注释 1）。这两种酶均作为纯化蛋白组分，用气相色谱法可方便地监测其转化率。

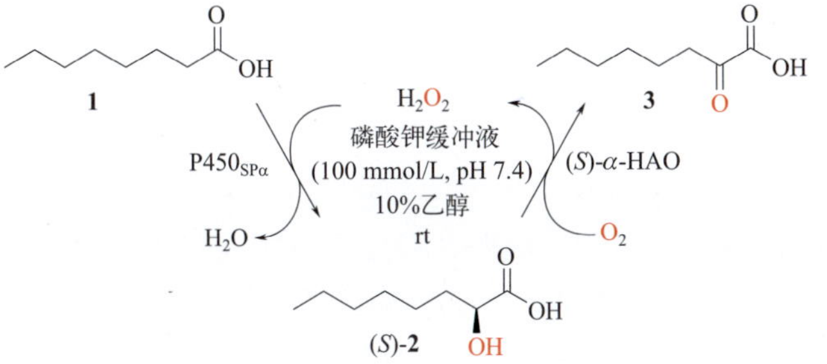

图 16-1

辛酸（**1**）通过形成中间体 **2**（*S*-2- 羟基辛酸）转化为 2- 氧代辛酸（**3**）

第二节　材料

一、克隆

1. 携带N端His$_6$和GST标签的pDB-HisGST载体：用于克隆P450$_{SP\alpha}$的质粒来自DNASU质粒库（伯克利结构基因组学中心）[5,6]。

2. pET28a(+)。

3. 编码来自少动鞘氨醇单胞菌P450$_{SP\alpha}$的合成基因[3]，两侧带有*Nde* I 和 *Xho* I 限制性酶切位点，并经密码子优化以在大肠杆菌中表达。Uniprot登录号：O24782。

4. 编码绿色气球菌(S)-α-HAO[4]的合成基因，该基因两侧带有*Nde*I和*Xho*I限制性酶切位点，经密码子优化以在大肠杆菌中表达。（Uniprot登录号：Q44467；GenBank登录号：D50611.1）

5. 大肠杆菌NEB5α细胞。

6. 大肠杆菌BL21（DE3）细胞。

7. 商业化的SOC培养基。

8. LB培养基/琼脂：将10 g色氨酸，5 g氯化钠，5 g酵母提取物，15 g琼脂（适用于琼脂平板）溶解于1 L去离子水中，于高压釜中121℃加热15 min。

9. 质粒QIAprep旋转小量提取试剂盒。

10. 50 mg/mL卡那霉素储备液：将0.5 g卡那霉素溶于10 mL高压灭菌的去离子水中，用0.22 μm注射器过滤器进行过滤除菌后按1 mL分装并于−20℃冷冻保存。

11. 60%（体积分数）无菌甘油储备液：将120 mL的甘油和80 mL dH$_2$O混合，对混合液进行高压灭菌处理。

二、 蛋白质过表达和纯化

1. Terrific Broth（TB）培养基：将12 g色氨酸、24 g酵母提取物和4 g甘油溶解在900 mL dH$_2$O中，121℃下高压灭菌15 min。将2.31 g KH$_2$PO$_4$和12.54 g K$_2$HPO$_4$溶解于dH$_2$O中，定容至100 mL（得到10×TB盐溶液），121℃下高压灭菌15 min。冷却至室温，然后将900 mL TB培养基与100 mL 10×TB盐溶液混合，得到1 L TB培养基。

2. 微量元素溶液[7]：将0.5 g CaCl$_2$·2H$_2$O，0.18 g ZnSO$_4$·7H$_2$O，0.1 g MnSO$_4$·H$_2$O，20.1 g Na-EDTA，16.7 g FeCl$_3$·6H$_2$O，0.16 g CuSO$_4$·5H$_2$O，0.18 g CoCl$_2$·6H$_2$O溶解于1 L dH$_2$O中。用0.22 μm滤膜过滤除菌后，于4℃下保存。

3. 50 mg/mL卡那霉素储备液（见第二节标题一中的第10步）。

4. 0.5 mol/L δ-氨基乙酰丙酸（5-ALA）储备液：将655.7 mg的δ-氨基乙酰丙酸溶解于10 mL dH$_2$O中，0.22 μm滤膜过滤后，于−20℃下保存。

5. 1 mol/L异丙基硫代-β-D-半乳糖苷（IPTG）储备液：将2.38 g IPTG溶解在8 mL dH$_2$O中，然后用高压灭菌后的dH$_2$O定容至10 mL，用0.22 μm滤膜过滤后分装成1 mL/份，于−20℃下保存。

6. 100 mmol/L磷酸钾缓冲液（pH 8.0）：将16.28 g K$_2$HPO$_4$和888 mg KH$_2$PO$_4$溶解于800 mL dH$_2$O中，必要的话调整pH至8.0，然后用高压灭

菌后的dH$_2$O定容至1 L，用0.2 μm滤膜过滤并脱气后，4 ℃下保存（见注释2）。

7. P450$_{SPα}$的重悬缓冲液［100 mmol/L磷酸钾缓冲液（pH 8.0），含100 mmol/L氯化钠，0.8 g/100 mL胆酸盐，1 mmol/L PMSF（苯甲基磺酰氟）和15%（体积分数）甘油］：将2.92 g氯化钠，4 g胆酸盐，87.1 mg PMSF和75 mL甘油溶解于400 mL 100 mmol/L磷酸钾缓冲液（pH 8.0）中，然后用100 mmol/L磷酸钾缓冲液（pH 8.0）定容至500 mL。0.2 μm滤膜过滤并脱气后，4 ℃下保存。

8. P450$_{SPα}$的裂解缓冲液［100 mmol/L磷酸钾缓冲液，pH 8.0，含100 mmol/L氯化钠，0.8 g/100 mL胆酸盐，1 mmol/L PMSF，10 mmol/L咪唑，15%（体积分数）甘油］：将2.92 g氯化钠，4 g胆酸盐，87.1 mg PMSF，340 mg咪唑，75 mL甘油溶解于400 mL 100 mmol/L磷酸钾缓冲液（pH 8.0）中，然后用100 mmol/L磷酸钾缓冲液（pH 8.0）定容至500 mL。0.2 μm滤膜过滤并脱气后，于4 ℃下保存。

9. P450$_{SPα}$结合缓冲液［100 mmol/L磷酸钾缓冲液，pH 8.0，含100 mmol/L氯化钠，0.8 g/100 mL胆酸盐，1 mmol/L PMSF，30 mmol/L咪唑，15%（体积分数）甘油］：将2.92 g氯化钠，4 g胆酸盐，87.1 mg PMSF，1.02 g咪唑和75 mL甘油溶解于400 mL 100 mmol/L磷酸钾缓冲液（pH 8.0）中，然后用100 mmol/L磷酸钾缓冲液（pH 8.0）定容至500 mL。0.2 μm滤膜过滤并脱气后，于4 ℃下保存。

10. P450$_{SPα}$洗脱缓冲液［100 mmol/L磷酸钾缓冲液，pH 8.0，含100 mmol/L氯化钠，0.8 g/100 mL胆酸盐，1 mmol/L PMSF，250 mmol/L咪唑，15%（体积分数）甘油］：将2.92 g氯化钠，4 g胆酸盐，87.1 mg PMSF，8.51 g咪唑，75 mL甘油溶解于400 mL 100 mmol/L磷酸钾缓冲液（pH 8.0）中，然后用100 mmol/L磷酸钾缓冲液（pH 8.0）定容至500 mL。0.2 μm滤膜过滤并脱气后，于4 ℃下保存。

11. P450$_{SPα}$储存缓冲液（100 mmol/L磷酸钾缓冲液，pH 7.4，含15%甘油）：将12.11 g K$_2$HPO$_4$和4.14 g KH$_2$PO$_4$溶解于800 mL dH$_2$O中，加入150 mL甘油，必要时调整pH至7.4，并使用dH$_2$O定容至1 L。

12. 0.22 μm和0.45 μm的注射器过滤器。

13. 0.2 μm，47 mm膜片过滤器。

14. VIVASPIN离心管（截留分子量为10 kDa）。

15. PD-10脱盐柱。

16. 50 mmol/L黄素单核苷酸（FMN）储备液：将0.46 g FMN（黄素单核苷酸钠盐水合物）溶解于20 mL高压灭菌后的dH$_2$O中，0.22 μm注射器滤器过滤除菌后，分装成1 mL，−20 ℃下保存。

17. 50 mmol/L磷酸钾缓冲液（pH 7.5）：将6.41 g K$_2$HPO$_4$和1.80 g KH$_2$PO$_4$溶解于800 mL dH$_2$O中，pH调整至7.5，并使用dH$_2$O定容至1 L。0.2 μm滤膜过滤并脱气后，于4 ℃下保存。

18. 鸡蛋溶菌酶。

19. (*S*)-*α*-HAO裂解缓冲液（50 mmol/L磷酸钾缓冲液，pH 7.5，含50 mmol/L咪唑，1 mg/mL溶菌酶）：将1.70 g咪唑溶解在450 mL 50 mmol/L磷酸钾缓冲溶液（pH 7.5）中，调整pH至7.5，然后使用50 mmol/L磷酸钾缓冲液（pH 7.5）定容至500 mL。用0.2 μm滤膜过滤并脱气后，于4 ℃下保存。按所需的体积加入适量溶菌酶，最终浓度为1 mg/mL（例如，将20 mg溶菌酶溶解在20 mL裂解缓冲液中，即配即用）。

20. (*S*)-*α*-HAO结合缓冲液（50 mmol/L磷酸钾缓冲液pH为7.5，含20 mmol/L咪唑）：将0.68 g咪唑溶解于450 mL 50 mmol/L磷酸钾缓冲液（pH 7.5）中，调整pH至7.5，然后使用50 mmol/L磷酸钾缓冲液（pH 7.5）定容至500 mL。用0.2 μm滤膜过滤并脱气后，于4 ℃下保存。

21. (*S*)-*α*-HAO洗脱缓冲液（50 mmol/L磷酸钾缓冲液，pH为7.5，含400 mmol/L咪唑）：将13.62 g咪唑溶解于450 mL 50 mmol/L磷酸钾缓冲液（pH 7.5），调整pH至7.5，然后使用50 mmol/L磷酸钾缓冲液（pH 7.5）定容至500 mL。用0.2 μm滤膜过滤并脱气后，于4 ℃下保存。

22. (*S*)-*α*-HAO储备缓冲液（50 mmol/L磷酸钾缓冲液，pH为7.5，50 mmol/L氯化钾）：将1.86 g氯化钾溶解于500 mL 50 mmol/L磷酸钾缓冲液（pH 7.5）。

23. 含MOPS（3-*N*-吗啉丙磺酸）缓冲液的商用10% SDS-PAGE凝胶。

24. 连二亚硫酸钠。

25. 层流柜。

26. 5 mL His-Trap™FF柱。

三、　活性测定法

1. 100 mmol/L磷酸钾缓冲液，pH 7.0：将9.34 g K$_2$HPO$_4$和6.31 g KH$_2$PO$_4$

溶解于800 mL dH$_2$O中，调整pH至7.0，并使用dH$_2$O定容至1 L。

2．3,5-二氯-2-羟基苯磺酸（1 mmol/L DCHBS）和4-氨基安替比林（0.1 mmol/L AAP）混合储备液：将2.7 mg DCHBS和0.2 μL AAP溶解于10 mL 100 mmol/L磷酸钾缓冲液（pH 7.0）中。

3．100 mmol/L外消旋乳酸储备液：将90.1 mg外消旋乳酸溶解于10 mL 100 mmol/L磷酸钾缓冲液（pH 7.0）中。

4．5 mg/mL辣根过氧化物酶（HRP）储备液：将50 mg HRP溶解在10 mL 100 mmol/L磷酸钾缓冲液（pH 7.0）中，按1 mL分装，于−20 ℃下保存。

5．来自牛肝的过氧化氢酶（商用冻干粉末，1600 U/mg）。

6．50 mmol/L FMN储备液：见第二节标题二中第16步。

7．100 mmol/L磷酸钾缓冲液，pH为7.4：见第二节标题二中第11步，不含甘油。

8．100 mmol/L过氧化氢储备液，加入100 mmol/L磷酸钾缓冲液中，pH为7.4：将20.4 μL过氧化氢［30%（体积分数）水溶液］与1.796 mL 100 mmol/L磷酸钾缓冲液（pH 7.4）混合，得到2 mL储备液（见注释3）。确保在1 mL反应体系中达到规定的过氧化氢浓度：例如，0.5 mmol/L浓度需使用100 mmol/L过氧化氢储备液5 μL，或3 mmol/L浓度需在1 mL缓冲液中加入100 mmol/L过氧化氢储备液30 μL。

9．共滴定设备[8,9]。

四、 级联生物转化

1．100 mmol/L脂肪酸储备液：将79.3 μL的辛酸溶解于5 mL乙醇中。

2．100 mmol/L过氧化氢储备液加入100 mmol/L磷酸钾缓冲液中，pH 7.4：见第二节标题三中第8步。

3．100 mmol/L磷酸钾缓冲液，pH为7.4：见第二节标题二中第11步，不含甘油。

4．P450$_{SP\alpha}$蛋白溶液和(S)-α-HAO：根据第三节标题二获得。

5．50 mmol/L FMN储备液：见第二节标题二中的第16步。

6．4 mL螺帽玻璃瓶。

五、 生物转化分析：复合物提取及衍生化

1．100 mmol/L参比化合物储备液：将79.3 μL辛酸或80.1 mg 2-羟基辛酸或79 mg 2-氧代辛酸溶解在5 mL乙醇中。

2．100 mmol/L磷酸钾缓冲液（pH 7.4）：见第二节标题二中的第11步，

不含甘油。

3. 脂肪酸、α-羟基酸和α-酮酸产物的各种标准样品，浓度为0.5 mmol/L、1 mmol/L、2 mmol/L、3 mmol/L、5 mmol/L、8 mmol/L和10 mmol/L，100 mmol/L磷酸钾缓冲液作为溶解液，pH为7.4，10%（体积分数）乙醇作为混合助溶剂。例如0.5 mmol/L标准样品，添加5 μL 100 mmol/L储备液于95 μL乙醇和900 μL 100 mmol/L磷酸钾缓冲溶液（pH为7.4）或5 mmol/L标准样品，添加50 μL 100 mmol/L于50 μL乙醇和900 μL 100 mmol/L磷酸钾缓冲液（pH 7.4）。

4. BSTFA-TMCS（99∶1）的吡啶溶液（1∶1）：取2.5 mL商品化BSTFA-TMSC（99∶1）溶液，加入2.5 mL无水吡啶，涡旋混合至均匀。注：BSTFA为N,O-双（三甲基硅烷基）三氟乙酰胺；TMCS为三甲基氯硅烷。

5. 5 mmol/L提取液中加入十二烷酸作为内标：将1 g十二烷酸溶解在1 L乙酸乙酯中。

6. 2%盐酸水溶液：添加200 μL浓盐酸于9.8 mL H_2O中。

7. 含5% DMAP［4-（二甲氨基）吡啶］的甲醇溶液：将5 g DMAP溶解于100 mL甲醇中。

8. 氯甲酸乙酯。

9. 气相色谱-质谱（GC-MS）：7890A GC系统（安捷伦公司，美国），配备5975C质量选择性检测器和HP-5MS色谱柱（5%苯基甲基硅氧烷固定相，30 m×320 μm×0.25 μm，J&W科学公司，安捷伦科技），使用He作为载气。进样口温度，250 ℃；进样量，1 μL；流速，0.7 mL/min；升温程序，初始温度100 ℃，保持时间为0.5 min，以10 ℃/min升温至300 ℃；电子轰击（EI）模式，能量70 eV，离子源温度，230 ℃；质谱四极杆温度：150 ℃。

10. 非手性气相色谱：安捷伦科技7890 A气相色谱系统，配备火焰离子化检测器（FID）和7693A系列自动进样器，使用HP-5色谱柱（30 m×320 μm×0.25 μm，安捷伦科技），以He作为载气。进样口温度，250 ℃；进样量，5 μL；流速，0.7 mL/min；升温程序：100 ℃，保持时间为0.5 min，以10 ℃/min升温至300 ℃。

11. 手性气相色谱：安捷伦科技7890 A GC系统，配备FID和7693A系列自动进样器，使用DexCB手性色谱柱（30 m×320 μm×0.25 μm），以H_2作为载气。进样口温度，250 ℃；进样量，1 μL；流速，1.3 mL/min；检测器温度，250 ℃；升温程序：100 ℃，保持时间为1 min，以10 ℃/min升温至130 ℃，保持时间5 min，以10 ℃/min升温至180 ℃，保持时间为1 min。

第三节　方法

一、克隆

（一）P450$_{SP\alpha}$

1. 使用pDB-HisGST载体作为表达载体（见注释4）。
2. 根据标准分子生物学实验方案，使用NdeI和XhoI限制性酶切位点将P450$_{SP\alpha}$编码基因插入pDB-HisGST载体。
3. 为了进行扩增，根据标准的分子生物学实验方案，利用热激法将重组质粒转化至大肠杆菌NEB5α细胞系。
4. 转化时，将1 μL质粒DNA（100 ng/μL）与50 μL大肠杆菌NEB5α细胞悬液轻轻混合（见注释5）。将混合物放在冰上培养30 min。然后，在42 ℃下孵育30 s，再在冰上孵育5 min。然后再添加250 μL的SOC培养基至转化后的细胞悬液，37 ℃孵育1 h。将转化液涂于含有50 μg/mL卡那霉素抗生素的LB琼脂平板上，在37 ℃下120 r/min下培养过夜（15 h）。
5. 第二天，挑取单菌落制备过夜培养物（ONCs）并进一步提取质粒。37 ℃下，在含有50 μg/mL卡那霉素的2 mL LB培养基中预培养(15 h, 120 r/min)。
6. 使用QIAprep旋转小量提取试剂盒提取质粒。
7. 对提取的质粒进行测序，以确认所需结构的形成。
8. 将质粒转化到大肠杆菌BL21（DE3）细胞。转化时，将1 μL质粒DNA（100 ng/μL）与100 μL的大肠杆菌BL21（DE3）细胞悬液轻轻混合（见注释6）。将混合物放在冰上孵育30 min。然后，在42 ℃下孵育10 s，再在冰上孵育5 min。然后再添加250 μL的SOC培养基至转化后的细胞悬液，37 ℃孵育1 h。将转化液涂于含有50 μg/mL卡那霉素的LB琼脂平板上，在37 ℃下培养过夜。
9. 将10 mL LB培养基和10 μL卡那霉素储存液（50 mg/mL，最终浓度）混合在50 mL试管中，并在37 ℃下120 r/min振荡过夜。
10. 将500 μL的ONCs与500 μL储存在−20 ℃或−80 ℃的60%无菌甘油储备

液混合，使用ONCs来接种主培养物。

（二）来自绿色气球菌的 (S)-α-HAO A95G

1. 根据标准分子生物学实验方案，利用酶切位点 NdeⅠ和 XhoⅠ将携带 A95G突变的蛋白质编码基因克隆至pET28a（+）中[4]。

2. 根据标准分子生物学实验方案，利用热激法将重组质粒转化至大肠杆菌NEB5α细胞系进行扩增。

3. 进行大肠杆菌NEB5α的转化：见第三节标题一（一）中的第4步。

4. 进行大肠杆菌BL21（DE3）的转化、转化子的培养和甘油菌液的制备：见第三节标题一（一）中的第5～10步。

二、 蛋白质过表达和纯化

（一）P450$_{SPα}$

1. 细胞培养。高压灭菌1 L的摇瓶中添加330 mL的高压灭菌TB培养基。

2. 制备甘油过夜培养物。将10 mL的TB培养基、10 μL的50 mg/mL卡那霉素储备液和5 μL的P450$_{SPα}$甘油原液加入50 mL的试管中，在37 ℃下120 r/min振荡培养过夜。

3. 主培养。每个烧瓶中加入2 mL过夜培养物，330 μL的TB培养基，330 μL的50 mg/mL卡那霉素储备液，330 μL的微量元素溶液（见注释7），37 ℃下，120 r/min摇匀。

4. 在OD$_{600}$为0.6～0.8时，将培养物冷却至室温，然后在每个烧瓶中加入330 μL 0.5 mol/L δ-氨基乙酰丙酸储备液（最终浓度为0.5 mmol/L）。20 ℃下孵育至OD$_{600}$为1.0，加入33 μL 1 mol/L IPTG储备液（终浓度0.1 mmol/L），在20 ℃下120 r/min下振荡培养过夜。

5. 第二天，通过离心（12040 g，20 min，4 ℃）采集细胞。将细胞沉淀重悬于100 mmol/L磷酸钾缓冲液中，pH为7.4（每克沉淀使用10 mL缓冲液）。离心（相对离心力12040 g，20 min，4 ℃），弃去上清液。过表达水平的测定见第6～8步，蛋白质的纯化和蛋白质活性和浓度的测定见第9～17步。

6. 在洗涤步骤后，将沉淀重悬于100 mmol/L磷酸钾缓冲液中。缓冲液pH为8.0，含100 mmol/L氯化钠、0.8 g/100 mL胆酸盐、1 mmol/L PMSF和15%（体积分数）甘油（每克沉淀用10 mL缓冲液重悬）（见注释8）。

7. 在冰上对悬浮液进行超声破碎［（30%振幅，2 s脉冲开启，4 s脉冲关闭，持续2 min）重复两次］，然后离心（相对离心力18800 g，20 min，4 ℃）清除细胞碎片。

8. 通过SDS-PAGE分析上清液和沉淀样品中P450$_{SP\alpha}$的表达水平（图16-2）。所得到的带有His标签的GST融合P450$_{SP\alpha}$的分子质量约为73 kDa。

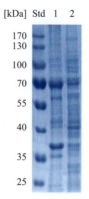

图16-2

使用 pDB-HisGST 载体对 N 端 His 标签 -GST 融合 P450$_{SP\alpha}$ 样品的 SDS-PAGE 检测结果

标准品：PageRuler 预染蛋白分子质量标准，泳道 1：沉淀部分，泳道 2：上清部分。分子质量约为 73 kDa（P450$_{SP\alpha}$ 约 46 kDa + HisGST 标签约 27 kDa）

9. 为了纯化N端His标记的GST融合的P450$_{SP\alpha}$，将第5步中获得的沉淀重悬于裂解缓冲液中（每克沉淀使用10 mL缓冲液），并在冰上孵育2 h。

10. 对悬浮液超声化处理［（30%振幅，2 s脉冲开启，4 s脉冲关闭，持续2 min）重复两次］，并再次离心（相对离心力38800 g，20 min，4 ℃）。使用0.45 μm注射器过滤器对样品进行过滤。

11. 用5 mL His-Trap™FF柱纯化该酶。首先用50 mL水清洗柱，然后用50 mL的结合缓冲液洗涤。然后将样品装入柱上，再用50 mL结合缓冲液洗涤，去除蛋白质杂质。

12. 用10～15 mL的洗脱缓冲液洗脱酶。

13. 用活性蛋白管（截留分子量为10 kDa，相对离心力4688 g，4 ℃）浓缩洗脱馏分。

14. 浓缩后，用PD-10脱盐柱对样品进行脱盐处理，用缓冲液洗脱，于4 ℃保存（见注释9）。

15. 在将酶应用于生物转化之前，使用VIVASPIN离心管（截留分子量为10 kDa，相对离心力4688 g，4 ℃）从酶溶液中去除甘油并加入新鲜反应缓冲液（100 mmol/L磷酸钾缓冲液，pH为7.4）（见注释10）。

16. 通过还原型CO差分光谱分析[8,9]来测量P450$_{SP\alpha}$的活性和浓度。滴定作用依赖于与血红素结合的Fe（Ⅱ）原子对CO的高亲和力。用与用于酶制备的相同的缓冲液将P450$_{SP\alpha}$溶液进行已知稀释（1∶5或1∶10），将样品加入1.5 mL离心管中，加入连二亚硫酸钠（空白样品），振荡试管，如果溶液不澄清，则离心几秒钟将样品转移到比色皿中，用360～800 nm波长的分光光度计扫描测量空白。取出比色皿，向其中通入CO 30～50 s，直到比色皿中充满气泡，对该样品再次进行扫描。用以下公式（朗伯-比尔定律）来测定活性酶的浓度 $[\varepsilon = 91 \text{ L/}$ $(\text{mmol}\cdot\text{cm})]$。

$$c(\mu\text{mol/L}) = \frac{A_{448} - A_{500}}{\varepsilon} \times 稀释因子 \times 1000$$

17. 通常，可以获得4 mL的酶溶液（38.85 μmol/L）。

（二）来自绿色气球菌的(S)-α-HAO A95G

1. 用甘油储备液准备过夜培养物。为此，将10 mL LB培养基、10 μL卡那霉素储备液（终浓度50 μg/mL）和10 μL甘油菌液在50 mL试管中混合，37 ℃下，140 r/min摇匀过夜。

2. 细胞培养。在1 L摇瓶中，加入100 mL高压灭菌的TB培养基，100 μL卡那霉素储备液（终浓度50 μg/mL），1 mL预培养物，在37 ℃和140 r/min条件下孵育。

3. 在OD$_{600}$为1.0时，加入50 μL浓度为1 mol/L的IPTG的储备液（终浓度为0.5 mmol/L）诱导，30 ℃下，140 r/min摇匀孵育20 h。

4. 第二天，通过离心（相对离心力3000 g，15 min，4 ℃）采集细胞，弃去上清液。用pH 7.5的100 mmol/L磷酸钾缓冲液洗涤后，-20 ℃下冷冻保存。

5. 将冻存的菌体置于冰上解冻，用20 mL裂解缓冲液重悬，然后在冰上孵育2 h。

6. 超声前，加入FMN（取4 μL的50 mmol/L FMN母液加入20 mL裂解缓冲液中，最终浓度为10 μmol/L），超声破碎（振幅20%，超声4 s，暂停4 s，总时间5 min）。

7. 离心（14000 g，20 min，4 ℃）清除细胞碎片。

8. 采用无菌的0.45 μm注射器过滤器过滤上清液，消除残留的颗粒。

9. 纯化。使用5 mL His-Trap™FF柱。先用50 mL高压灭菌的双蒸水（ddH$_2$O）清洗柱，然后用50 mL结合缓冲液冲洗柱，然后将上清液装入柱上。

10. 用50 mL结合缓冲液洗涤柱，洗脱蛋白质杂质。

11. 用20 mL洗脱缓冲液洗脱目标酶。

12. 使用PD-10脱盐柱将缓冲液从洗脱缓冲液置换为存储缓冲液。

13. 为了确认蛋白质纯度，将所有样品上样至10% SDS-PAGE凝胶（图16-3）。His标记的(S)-HAO的分子质量约为43 kDa。

14. 通常，可得到4 mL的(S)-HAO酶溶液（浓度为15.36 mg/mL）。

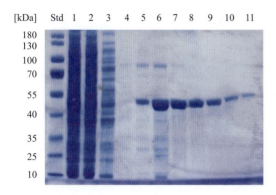

图 16-3

(S)-α-HAO 纯化的 SDS-PAGE 结果图

Std，PageRuler 预染蛋白分子量标准；泳道 1，无细胞裂解液；泳道 2～3，流穿液；泳道 4，洗涤部分；泳道 5～11，洗脱部分。分子质量（M_W）约为 43 kDa[(S)-α-HAO 约 41 kDa + His- 标签 + 氨基酸]

三、　酶活性分析

（一）P450$_{SP\alpha}$

1. 为了评价P450$_{SP\alpha}$的羟基化活性，需要应用标记酶进行辛酸的羟基化反应（1）[方案1，反应**1**→(S)-**2**]。

2. 单氧化步骤的反应混合物组成：取100 μL溶于乙醇的100 mmol/L辛酸母液，辛酸终浓度10 mmol/L，乙醇体积分数为10%，64 μL典型的酶溶液［见第三节标题二（一），最终浓度2.5 μmol/L］，30 μL 100 mmol/L的过氧化氢原液缓冲液（终浓度3.0 mmol/L），最后用100 mmol/L磷酸钾缓冲液（pH 7.4）定容至1 mL。

3. 反应在1 mL封闭的玻璃瓶中进行，在170 r/min转速下反应24 h。用气相色谱和气相色谱-质谱对提取衍生后的样品进行分析。

（二）来自绿色气球菌的(S)-α-HAO A95G

1. 使用3,5-二氯-2-羟基苯磺酸（DCHBS）和4-氨基安替比林（AAP）作为显色底物（HRP-AAP/DCHBS法），以乳酸作为底物[10]，在室温下测定氧化酶活性。乳酸被(S)-α-HAO氧化释放过氧化氢。

2. 反应体系组成：将200 μL AAP（0.1 mmol/L）和DCHBS储备液（1 mmol/L），20 μL HRP（5 mg/mL），10 μL消旋乳酸底物原液（100 mmol/L）加入680 μL磷酸钾缓冲液（100 mmol/L，pH 7.0）中。加入50 μL纯化的(S)-α-HAO［见第三节标题二（二）中的第14步］后在515 nm处测试吸光度[ε_{515}=26 L/(mmol·cm)]。

3. 以1 mL反应体系为标准，以170 r/min转速在室温下反应24 h，测试(S)-α-HAO在封闭玻璃瓶中对消旋-2-羟基辛酸的氧化活性（方案2）。

4. (S)-α-HAO的反应体系组成：取100 μL溶于乙醇的100 mmol/L消旋-2-羟基辛酸母液加入乙醇中，辛酸终浓度为10 mmol/L，乙醇体积分数为10%，取33 μL（终浓度0.5 mg/mL）或65 μL（终浓度1.0 mg/mL）的(S)-α-HAO溶液［分别见第三节标题二（二）中的第14步］，80 U/mL过氧化氢酶，2 μL FMN（50 mmol/L），用100 mmol/L磷酸钾缓冲液（pH 7.4）定容至1 mL（见注释11）。将样品在室温，170 r/min下孵育24 h。

5. 用气相色谱和气相色谱-质谱对提取和衍生后的样品进行分析。

方案 2 (S)-α-HAO 催化消旋 -2- 羟基辛酸的氧化反应（$2H_2O_2 \rightarrow O_2 + 2H_2O$）

四、 生物转化

（一）级联反应

1. 利用P450$_{SP\alpha}$和(S)-α-HAO通过级联反应将辛酸酶氧化为2-氧代辛酸（方案1，反应1→3）。

2. 在1 mL磷酸钾缓冲液（100 mmol/L）中进行典型反应，含129 μL P450$_{SP\alpha}$（HisGST标签酶，见第三节标题二（一）中的第17步，最终浓度为5 μmol/L），取100 μL 100 mmol/L羟基辛酸母液加入乙醇中，最终得到10 mmol/L辛酸混合液[10%（体积分数）乙醇为溶剂]，65 μL (S)-α-HAO

溶液[见第三节标题二（二）中的第14步，最终浓度1 mg/mL]和5～30 μL的100 mmol/L的过氧化氢储备溶液（终浓度0.5～3 mmol/L）。

3. 室温下。在4 mL封闭玻璃瓶中重复进行级联反应，以170 r/min垂直振荡反应24 h。用气相色谱和气相色谱-质谱对提取衍生后的样品进行分析。

（二）放大实验

1. 通过在35份1 mL 100 mmol/L的磷酸钾缓冲液（pH 7.4）中进行反应［见第三节标题四（一）中的第2步］，以放大规模。

2. 反应5 h后，在反应混合物中加入1.0 mmol/L过氧化氢（使用10 μL 100 mmol/L过氧化氢储备液），室温下垂直振荡17 h（170 r/min）（见注释12）。

3. 通过将所有样品放在一个容器中来进行反应。用2%盐酸溶液（3 mL）酸化，然后用乙酸乙酯（3×20 mL）萃取，离心（3×10 min，4688 g，20 ℃）进行分离。

4. 采用无水硫酸钠干燥合并的有机相，在减压条件下旋转蒸发去除溶剂。

5. 不需要进一步纯化。通过^{1}H-NMR测定得到50 mg（分离产率91%），纯度为93%的2-氧代辛酸。

五、 生物转化分析的一般程序

（一）非手性气相色谱法测定转化率

1. 生物转化反应结束后，对样品进行提取、衍生和检测（GC和GC-MS法）。

2. 在非手性气相色谱和质谱分析之前，硅酰化是最合适的衍生化方法，可以定量得到相应的硅酰化底物、羟基产物和氧代产物（图16-4）（见注释13）。

3. 为此，在提取前，添加100 μL 2%盐酸溶液至1 mL缓冲溶液（空白对照酶促反应混合物或标准品溶液）中。

4. 以含内标（5 mmol/L十二烷酸）的乙酸乙酯进行萃取（每次0.5 mL，萃取两次），合并有机相后加入无水硫酸钠干燥。

5. 然后，将100 μL干燥过的有机相与200 μL（BSTFA/TMCS 99∶1）/吡啶溶液1∶1混合，在室温下孵育2 h。直接用气相色谱法和气相色谱-质谱法分析样品（图16-5～图16-7）。在气相色谱上的保留时间如下：衍生化辛酸6.99 min，衍生化2-羟基辛酸9.22 min，衍生化2-氧代辛酸8.06 min和

9.52 min（酮式和烯醇式），十二烷酸（衍生化内标）11.38 min。

6. 使用底物、羟基酸中间体和产物的标准样品制备校准曲线。为此，在100 mmol/L磷酸钾缓冲液（pH 7.4）中制备浓度分别为0.5 mmol/L、1 mmol/L、2 mmol/L、3 mmol/L、5 mmol/L、8 mmol/L和10 mmol/L的系列标准样品溶液。然后提取样品，用气相色谱法进行衍生化和分析（见步骤3、4、5）。利用分析物峰面积与内标准峰面积归一化，生成校准曲线。

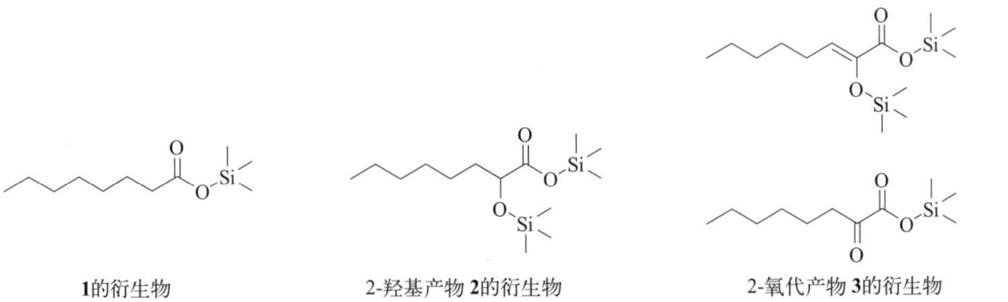

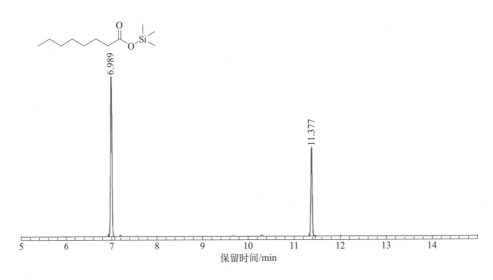

1的衍生物
2-羟基产物 2的衍生物
2-氧代产物 3的衍生物

图 16-4

硅酰化化合物

6.989
11.377
5
6
7
8
9
10
11
12
13
14
保留时间/min

图 16-5

衍生化辛酸 1 的非手性气相色谱图

内标为十二烷酸，保留时间为 11.38 min

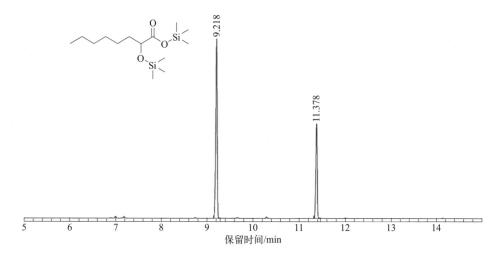

图 16-6

衍生化的 2- 羟基辛酸 2 的非手性气相色谱图

内标为十二烷酸，保留时间为 11.38 min

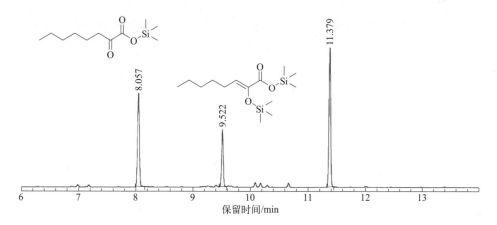

图 16-7

以酮式和烯醇式存在的衍生化 2- 氧代辛酸非手性气相色谱图

内标为十二烷酸，保留时间为 11.38 min

（二）2-羟基辛酸的手性测定

1. 将反应样品［见第三节标题三（二）中的第4步，1 mL］用液氮冻干。

2. 用700 μL含5% DMAP的甲醇溶解所得残留物（冻干样品），然后加入 150 μL氯甲酸乙酯，在50 ℃，700 r/min条件下孵育1 h。

3. 吹干溶剂，然后加入700 μL 2%盐酸溶液后，用500 μL乙酸乙酯萃取2次。

4. 合并有机相并经无水硫酸钠干燥，采用配备ChiralDexCB柱的气相色谱仪进行分析。保留时间如下：衍生化(*R*)-2-羟基辛酸7.37 min，衍生化(*S*)-2-羟基辛酸7.64 min。

第四节　注释

1. 研究人员开发了一种用于饱和脂肪酸区域选择性氧化官能化的三酶级联技术，它的第一步依赖于非对映选择性P450单加氧酶（来自丙酮丁醇梭菌的$P450_{CLA}$）。因此，羟基酸中间体的两种对映体的氧化需要两种立体互补的氧化酶：来自氧化葡萄糖杆菌621H（GO-LOX）的(*R*)-*α*-HAO和(*S*)-*α*-HAO。在这种情况下，过氧化氢也可用于亚化学计量。虽然，总体反应条件和底物范围与应双酶级联反应的程序相当，但需要生产第三种酶。详细信息可以在原始出版物[2]中查找。

2. 建议在第三节标题二（一）中的第6~12步中使用pH 8.0的磷酸钾缓冲液，而不是原始出版物[2]中最初报道的pH 7.5的磷酸钾缓冲液。

3. 在用于生物转化前，过氧化氢母液即配即用。

4. GST-标签用于增强可溶性表达。GST标签的存在并不影响$P450_{SP\alpha}$活性，也不影响作为生物转化最终产物氧代酸的产量，因此该标签始终保留在蛋白上。如果需要，可以使用TEV蛋白酶从纯化的蛋白质中裂解整个N端HisGST标签。

5. 为了获得更好的转化结果，可以使用商品化的NEB5α细胞。

6. 为了在大肠杆菌BL21（DE3）细胞中转化，可以使用自制的化学感受态细胞。

7. 不要对微量元素溶液进行高压灭菌。需使用高压灭菌的dH_2O制备溶液，然后对溶液进行过滤消毒。

8. 若要在-20 ℃下储存菌体沉淀，需用pH 7.4的100 mmol/L磷酸盐缓冲液洗涤沉淀。纯化His-标签时，将细胞重悬在裂解缓冲液中［见第三节标题二（一）中的第9步］。

9. 若储存纯化的酶，需要用15%（体积分数）甘油在4 ℃下储存，纯化的酶不能冷冻。当纯化酶在4 ℃保存时，酶的活性会随着时间的推移而丧失，因此每次进行生物转化前，都应该使用CO滴定法测定蛋白质活性和浓度，以确保活性酶的准确用量。

10. 在用于生物转化之前，应从酶制剂中去除甘油，因为甘油与反应的分析物共洗脱可能干扰GC分析。

11. 需要用过氧化氢酶来去除氧化反应过程中通过分子氧还原产生的过氧化氢。过氧化氢的积累不利于蛋白质的完整性和氧代酸产物的稳定性。加入FMN可确保(S)-α-HAO与黄素辅酶充分结合。

12. 过氧化氢的二次添加有利于整体转化反应的进行，这是因为尽管存在内部循环，但通过监测反应的进程可以看出，过氧化氢可能发生自发性歧化而损失（虽然转化不完全，但该反应在数小时后会停止）。

13. 最终氧代产物的硅酰化会生成氧代酸和氧代烯醇式的衍生物。在进行气相色谱分析时，需计算这两个峰的综合面积。

致谢

作者获得了奥地利科学基金会（FWF）P32815-N项目的资助。感谢Alexander Dennig博士，Andela Dordic博士，Lucas Hammerer博士和Mathias Pickl博士在项目过程中给予的宝贵技术支持。

参考文献

[1] Schrittwieser JH, Velikogne S, Hall M et al (2018) Artificial biocatalytic linear cascades for preparation of organic molecules. Chem Rev 118:270-348.

[2] Gandomkar S, Dennig A, Dordic A et al (2018) Biocatalytic oxidative cascade for the conversion of fatty acids into α-ketoacids via internal H2O2 recycling. Angew Chem Int Edit 57:427-430.

[3] Matsunaga I, Yamada M, Kusunose E et al (1996) Direct involvement of hydrogen peroxide in bacterial alpha-hydroxylation of fatty acid. FEBS Lett 386:252-254.

[4] Yorita K, Aki K, Ohkumasoyejima T et al (1996) Conversion of L-lactate oxidase to a long chain alpha-hydroxyacid oxidase by sitedirected mutagenesis of alanine 95 to glycine. J Biol Chem 271:28300-28305.

[5] Seiler CY, Park JG, Sharma A et al (2014) DNASU plasmid and PSI: biology-materials repositories: resources to accelerate biological research. Nucleic Acids Res 42: D1253-D1260.

[6] Amaya JA, Rutland CD, Makris TM (2016) Mixed regiospecificity compromises alkene synthesis by a cytochrome P450 peroxygenase from Methylobacterium populi. J Inorg Biochem 158:11-16.

[7] Nazor J, Dannenmann S, Adjei RO et al (2008) Laboratory evolution of P450 BM3 for mediated electron transfer yielding an activity-improved and reductase-independent variant. Protein Eng Des Sel 21:29-35.

[8] Omura T, Sato R (1964) Carbon monoxidebinding pigment of liver microsomes. I. Evidence for its hemoprotein nature. J Biol Chem 239:2370-2378.

[9] Omura T, Sato R (1964) Carbon monoxidebinding pigment of liver microsomes. II. Solubilization, purification and properties. J Biol Chem 239:2379-2385.

[10] van Hellemond EW, van Dijk M, Heuts DPHM et al (2008) Discovery and characterization of a putrescine oxidase from Rhodococcus erythropolis NCIMB 11540. Appl Microbiol Biotechnol 78:455-463.

第十七章

恶臭假单胞菌 KT2440 中生物可降解聚酯聚羟基烷酸酯（PHA）合成途径的 CRISPR-Cas9 编辑

Si Liu, Tanja Narancic, Chris Davis, Kevin E. O′ Connor

摘要

基因组编辑技术使我们能够研究细胞的代谢途径和每个相关酶对各种过程的贡献，包括聚羟基烷酸酯（PHA）的合成。这类由多种细菌积累的生物可降解聚酯兼具热塑性、弹性体和可生物降解性，因此具备巨大的应用潜力。然而，PHA 生产仍面临诸多挑战，主要包括成本问题及其物理性能的缺陷。合成生物学和代谢工程领域的进展为优化生产工艺、实现定制化 PHAs 合成提供了技术手段。CRISPR/Cas9 技术作为新一代基因组编辑工具，几乎适用于所有生物体。但该技术存在的脱靶效应导致基因组失稳及正常基因功能破坏，成为其关键瓶颈。本文基于改进型 CRISPR/Cas9 系统，详述了恶臭假单胞菌 KT2440 中实现 PHA 代谢相关基因无痕缺失的操作流程。

关键词： 恶臭假单胞菌 KT2440，聚羟基烷酸酯（PHA），CRISPR/Cas9，代谢工程

第一节 引言

聚羟基烷酸酯（PHAs）是一种可生物降解聚酯，1925 年由 Lemoigne[1] 首次在巨大芽孢杆菌中发现。PHAs 以细胞内颗粒的形式积累，称为碳小体 [2]，其主要作用是可作为各种革兰氏阳性和革兰氏阴性细菌中的碳或 / 和能量储存材料 [3-5]。

PHAs 由重复的 (R)- 羟基烷基单体单元组成。每个单体单元通过酯键与相邻的单体共价连接（图 17-1）。大约有 150 种不同类型的 PHA 单体已被报道 [7]。一般来说，根据单体单元中的碳原子的总数，PHAs 可分为两

类：短链 PHA（scl-PHA），由具有 3 ～ 5 个碳原子的单体单元组成；中链 PHA（mcl-PHA），由包含 6 ～ 14 个碳原子的单体单元组成[8]。

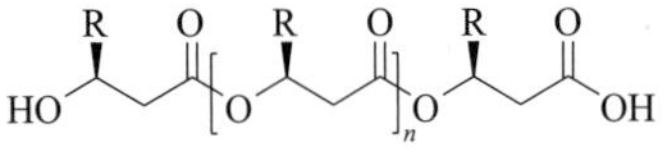

图 17-1

PHA 聚合物的化学结构

PHA 的化学结构改编自 Kootstra 的研究成果[6]。单体 (R)-3- 羟基烷酸通过酯键连接。n 的取值为 600 ～ 35000

在体内，PHAs 的行为类似于一种可移动的无定形聚合物[9]。PHA 聚合物的分子质量通常在 2×10^5 ～ 3×10^6 Da 范围内，它也依赖于生长条件、碳源、下游加工技术和微生物种类[10,11]。

从细菌细胞中提取后，PHAs 表现出多种力学和物理性能，如结晶度、柔韧性和弹性，这取决于单体成分[12,13]。其物理性质受侧链长度及其官能团的影响很大，如支链烷基、芳香基、苯基、烯烃、卤素、苯甲酰基、氰基等[4,7,11,14,15]。一般来说，在提取时，scl-PHAs 具有结晶性、硬、脆，而 mcl-PHAs 结晶较少，柔韧性更好[7,10,15]。

由于其生物可降解性，PHAs 被认为是石化塑料的环保替代品。此外，微生物可利用可再生资源（如生物质），以及各种废弃物作为原料生产 PHAs[16-21]。聚羟基丁酸酯（PHB）和共聚物聚（3HB-co-3 HV）已应用于包括食品包装、瓶子、袋子、容器、纸涂料、杯子、农用薄膜等一些商品中[13, 22]。此外，作为一种可生物降解和生物相容性的生物材料，PHB 和共聚物聚（3HB-co-3 HV）也有广泛的药物和生物医学应用，如骨移植替代物、螺钉、支架、血管替代物、心脏瓣膜、支架、缝合线、伤口敷料、神经修复材料、止血剂和药物传递系统[11,23-25]。

然而，PHAs 的应用仍然受到其较高的生产成本和物理性能上的缺陷（例如，PHB 太脆和坚硬）的限制。PHAs 与其他天然和合成聚合物的混合是一种有效和简单的方法，可以制备出具有合适性能的材料，扩展这些聚合物的潜在用途。另一种提高 PHAs 物理性质的方法是控制其单体组成。应用合成生物学的工具可实现设计参与 PHA 代谢的酶，从而控制这种聚酯中的单体类型。

除了作为一种材料，据报道，PHAs 中超过 150 种 (R)- 羟基烷酸单体[26]使 PHAs 成为精细化学物质的丰富来源。PHAs[27,28] 的纯手性化合物 (R)-3- 羟基烷酸及其衍生物可通过化学或酶法水解（解聚）有效生成。这些单体可以作为生产活性化学物质的基石，如药物、维生素、抗生素、信息素等[26,29]。

Mcl-PHAs 在许多细菌中积累，主要是荧光假单胞菌[30]。迄今为止，恶臭假单胞菌 KT2440 是研究最广泛的 mcl-PHA 生产菌株[31] 之一。在细菌中，为 mcl-PHA 合成提供前体分子的三个主要代谢途径：①主要负责脂肪酸降解的 β- 氧化是细菌利用脂肪酸为碳源生长的主要途径；②脂肪酸从头合成是葡萄糖、甘油等 PHA 无关底物作为碳和能源等的主要途径；③链延伸，其中脂肪酸通过乙酰辅酶 A 延伸碳链[15,32,33]。

β- 氧化是一种循环途径，在该途径的每个循环中，乙酰辅酶 A 的释放使脂肪酸链缩短，并同时产生能量（图 17-2）。(R)- 特异性烯酰辅酶 A

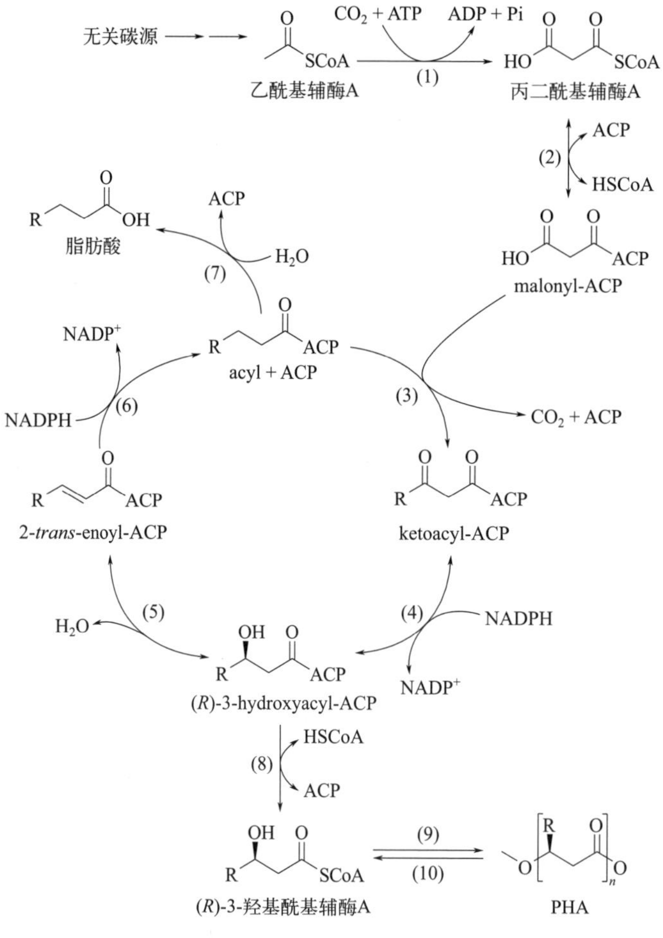

图 17-2

结合 β- 氧化途径从脂肪酸合成中链长度 mcl-PHA 的生物合成途径

（1）酰基辅酶 A 连接酶（FadD）；（2）酰基辅酶 A 脱氢酶（FadE）；（3）烯酰辅酶 A 水合酶（FadB）；（4）NAD 依赖的 (S)-3- 羟基酰基辅酶 A 脱氢酶（FadB）；（5）3- 酮基辅酶 A 硫酯酶（FadA）；（6）特异性 (R) 烯酰辅酶 A 水合酶（PhaJ）；（7）NADPH 依赖的 3- 酮酰基辅酶 A 还原酶（FabG）；（8）3- 羟基酰基辅酶 A 差向异构酶；（9）PHA 聚合酶（PhaC）；（10）PHA 解聚酶（PhaZ）

水合酶（PhaJ）催化反式 -2- 烯酰基辅酶 A 立体特异性水合反应生成 (R)-3- 羟基酰基辅酶 A。该酶被认为是铜绿假单胞菌（P. aeruginosa）[34-36]、绿针假单胞菌（P. chlororaphis）[37] 和恶臭假单胞菌（P. putida）[38,39] 中脂肪酸合成 mcl-PHA 的 (R)-3- 羟基酰基辅酶 A 单体的关键原料。此外，据报道，铜绿假单胞菌 (P. aeruginosa) 中的 R- 特异性 3- 酮酰基辅酶 A 还原酶（FabG）[40] 对 3- 酮酰基辅酶 A 具有催化活性。最后一种被认为参与提供 mcl-PHA 单体的酶是差向异构酶，将 (S)-3- 羟酰基辅酶 A 底物转化为 (R)-3- 羟酰基辅酶 A[41]。

四种 PhaJ 同源物（命名为 $PhaJ1_{Pa}$，$PhaJ2_{Pa}$，$PhaJ3_{Pa}$，$PhaJ4_{Pa}$），已被确定为铜绿假单胞菌中脂肪酸合成 PHA 的单体原料 [34,35]。这种酶催化反式 -2- 烯酰辅酶 A（enoyl-CoA）的立体定向水化反应，是 β- 氧化的中间产物。结果表明，这四种 PhaJ 蛋白对不同长度的烯酰辅酶 A 具有选择性，因此为 PHA 的合成提供了不同的单体。$PhaJ1_{Pa}$ 对较短链长的烯酰辅酶 A（$C_4 \sim C_6$）具有较高的比活性。$PhaJ2_{Pa}$ 和 $PhaJ4_{Pa}$ 对中链长度的烯酰辅酶 A（$C_6 \sim C_{12}$）具有相似的比活性。而 PhaJ3 对中链（C_8）烯酰辅酶 A 的活性最高，对较长链（C_{10} 和 C_{12}）烯酰辅酶 A 的活性稍低，但活性相似。

恶臭假单胞菌 KT2440 的全基因组信息可通过 NcBI 数据库获得，是用于生产 mcl-PHA 的目前研究最广泛的革兰氏阴性菌之一 [42]。恶臭假单胞菌 KT2440 与铜绿假单胞菌表现出非常高的基因组保守性 [43,44]。众所周知，当以脂肪酸作为一种碳和能源来源时，恶臭假单胞菌 KT2440 菌株中 mcl-PHA 主要是通过 β- 氧化途径产生的 [45]。在恶臭假单胞菌 KT2440 中已鉴定出由 PP_4552（PhaJ1）和 PP_4817（PhaJ4）编码的两种 PhaJ 同源蛋白，并证实了它们在 PHA 积累中的作用 [39]。与 PhaJ1 相比，PhaJ4 似乎能将更多的 3- 羟基癸酸（3HD）和 3- 羟基十二酸（3HDD）掺入 PHA 中，但这两种恶臭假单胞菌的 PhaJ 同源蛋白对中链长度单体表现出高度偏好 [39]。此外，由 PP_0580 编码的 MaoC 蛋白与铜绿假单胞菌的 PhaJ3 同源蛋白的氨基酸同源性较低 [39]。

基因组编辑技术为研究细胞的代谢途径和每个相关酶对 PHA 合成的贡献提供了一种强有力的方法。新生的 CRISPR（成簇规律间隔短回文重复）相关的核酸酶 Cas9（CRISPR/Cas9）技术代表了新一代的基因组编辑工具，能够应用于几乎所有的生物体 [46]。来自化脓链球菌的 Cas9 蛋白是一种 RNA 引导的核酸酶，通过改变向导 RNA 序列，可以很容易地编程以识别并切割基因组的任何目标位点 [47-50]。为了实现这一标，还需要通过

Cas9 核酸酶识别特定的前间隔区邻近基序（PAM），以便使用单一向导 RNA（sgRNA）靶向特定的 DNA 序列 [51,52]。

与传统的基于 I-SceI 核酸酶和同源重组的基因组编辑方法 [53] 相比，CRISPR/Cas9 技术更容易、更快速、效率更高、更准确。利用恶臭假单胞菌 KT2440 中建立的 CRISPR/Cas9 方法进行基因缺失、基因插入和基因替换，可在 5 天内实现，突变效率达 70% 以上 [55]。此外，Cook 开发的恶臭假单胞菌 KT2440 基因敲除的 λRed/Cas9 重组方法的效率为 85% ～ 100% [47]。

尽管 CRISPR/Cas9 是一个强大的基因组编辑工具，但它也有一些缺点。脱靶效应是 CRISPR/Cas9 技术的一个关键问题，因为它会导致基因组的不稳定和其他正常基因功能的破坏 [56]。可以使用由 Synthego 提供的 CRISPR 工具设计出脱靶效应最小的 sgRNA。

采用改良的 CRISPR/Cas9 系统和方法，完全删除了恶臭假单胞菌 KT2440 中的相关基因: *phaJ1* (PP_4552)、*phaJ4* (PP_4817) 和 *maoC* (PP_0580) [47]（图 17-3）。所有用于构建基因敲除突变体的菌株、质粒、引物和单一向

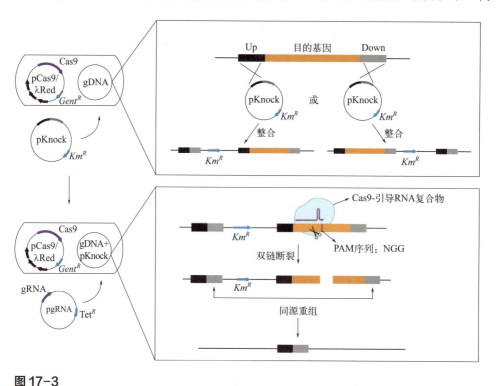

图 17-3

用于恶臭假单胞菌 KT2440 基因敲除的 CRISPR/Cas9 系统 [47]

导 RNA（sgRNA）的 DNA 序列分别列于表 17-1、表 17-2、表 17-3 和表 17-4。单一向导 RNA（sgRNA）是一种 RNA 分子，它可以引导 Cas9 核酸酶结合和裂解特定的 DNA 序列用于基因编辑。利用 Synthego CRISPR 设计工具设计 sgRNAs，可靶向删除带恶臭假单胞菌 KT2440 基因的序列。本研究中使用的 CRISPR/Cas9 系统由三个质粒组成（图 17-3 和表 17-2）：pCas9/λRed 载体，用于提供组成性表达的 Cas9 核酸酶和 L-阿拉伯糖诱导型 λRed 重组酶；pKnock 自杀载体，用于携带整合到恶臭假单胞菌 KT2440 基因组中的修复模板进行基因敲除；pgRNA 载体，用于组成型表达 sgRNA。

表17-1　用于构建恶臭假单胞菌KT2440突变体的菌株

菌株	描述 / 基因型	来源或参考
P. putida KT2440	野生型	实验室菌株
E. coli DH5α	通用克隆菌株，*endA1, recA1, φ80dlacZΔM15*	Novagen
E. coli DH5α *λpir*	*supE44, ΔlacU169 (ΦlacZΔM15), recA1, endA1, hsdR17, thi-1, gyrA96, relA1, λpir phage lysogen*	Novagen
E. coli HB101/ pRK 600	三方共轭的辅助菌株，氯霉素抗性	Novagen

表17-2　用于构建恶臭假单胞菌KT2440突变体的质粒

菌株	描述 / 基因型	来源或参考
pCas9/λ Red	重组质粒，组成型表达 cas9 和由 araBAD 启动子驱动表达的 αβγ，庆大霉素抗性	Addgene
pKnock	用于基因敲除的自杀质粒，卡那霉素抗性	Addgene
pgRNAtet	导向 RNA 质粒，四环素抗性	Addgene

表17-3　用于构建恶臭假单胞菌KT2440突变体的引物列表

引物	序列（5′→3′）
(a)	
pKnock_For	CTGCAGGAATTCGATATCAAGC
pKnock_Rev	GGATCCACTAGTTCTAGAGCGG

续表

引物	序列（5′→3′）
pNock flank_Insert for	GCGGCCGCTCTAGAACTAGTGGAT
pNock flank_Insert_Rev	CGACGGTATCGATAAGCTTGATATCGAATTCCTGC
pgRNA（3.1kb）_For	AAGTGGCACCGAGTCGGTGCTTTTTTT
pgRNA（3.1 kb）_Rev	GCACTAGTATTATACCTAGGACTGAGCTAGCTGTC
pgRNA（500 bp）_For	AAGTGGCACCGAGTCGGTGCTTTTTTT
pgRNA（500 bp）_Rev	GCCGTATTACCGCCTTTGAGTGAGC
（b）	
*phaJ1*_US_For	GCTCTAGAACTAGTGGATCCACTGCCGAACTGGGCAAC
*phaJ1*_US_Rev	TCACACTTCACGAGGCTTCCTTAAGCGTTGGG
*phaJ1*_DS_For	AGCCTCGATGTGAAGTGTGATGCAGCCAGC
*phaJ1*_DS_Rev	TTGATATCGAATTCCTGCAGTGATCTACCTGGTGTTCAACGAGG
*phaJ4*_US_For	GCTCTAGAACTAGTGGATCCGCCGCAGGTTAAGATAGAGCG
*phaJ4*_US_Rev	GCATGTATCACATCGCGGACTCTCCGGG
*phaJ4*_DS_For	GTCCGCGATGTGATACATGCCCGGGGAGC
*phaJ4*_DS_Rev	TTGATATCGAATTCCTGCAGTGCATCGCCGGCATGTGC
*maoC*_US_For	GCTCTAGAACTAGTGGATCCTTGTAGAAGGCCAGCGATAACC
*maoC*_US_Rev	CTTGAACATGTGGGAGAGCCTGTAGGGC
*maoC*_DS_For	GGCTCTCCCACATGTTCAAGCCCCCATCAG
*maoC*_DS_Rev	TTGATATCGAATTCCTGCAGAGAGTGCCTTCATCTCTGGC
（c）	
*phaJ1*_Flank_For	TCTGAGCGAGGCCGGCTTT
*phaJ1*_Flank_Rev	AGGTACCGGAGCTGAGTGAACTGC
*phaJ1*_Internal_For	ATGTCCCAGGTCACCAACACGCCTTA
*phaJ1*_Internal _Rev	TCAGCTCGCCACAAAGTTCGGC
*phaJ4*_Flank_For	GTAGCTCTGTAACCGGTACATGGT
*phaJ4*_Flank_Rev	CAGCCAAGCTGGAGACCGTTT
*phaJ4*_Internal_For	AAGATCGACCAGCAGCGCATCAACC
*phaJ4*_Internal _Rev	AGCTTTACCTTCAGCCGAACCCGG
*maoC*_Flank_For	GCGGCCGCTCTAGAACTAGTGGAT
*maoC*_Flank_Rev	CGACGGTATCGATAAGCTTGATATCGAATTCCTGC
*maoC*_Internal_For	AAGGCTTTGCCACTTTCCCGATGA
*maoC*_Internal _Rev	TCAAAGGCATAGCCACTGTGCGG
（d）	
pgRNA_*phaJ1*_For	GTCCTAGGTATAATACTAGTGAGGGCTTCGTAAGGCGTGT
pgRNA_*phaJ4*_For	GTCCTAGGTATAATACTAGTAGCTCTGTAACCGGTACATG
pgRNA_*maoC*_For	GTCCTAGGTATAATACTAGTGCTTGAACATGAGCCGACAA

表17-4　用于构建恶臭假单胞菌KT2440突变体的sgRNA的DNA序列

引物	序列（5′→3′）
sgRNA_ *phaJ1*	GTCCTAGGTATAATACTAGT<u>GAGGGCTTCGTAAGGCGTGT</u>GTTTTAGAGCTAGAAATAGC AAGTTAAAATAAGGCTAGTCCGTTATCAACTTGAAAAAGTGGCACCGAGTCGGTGCTT
sgRNA_ *phaJ4*	GTCCTAGGTATAATACTAGT<u>AGCTCTGTAACCGGTACATG</u>GTTTTAGAGCTAGAAATAGCA AGTTAAAATAAGGCTAGTCCGTTATCAACTTGAAAAAGTGGCACCGAGTCGGTGCTT
sgRNA_ *maoC*	GTCCTAGGTATAATACTAGT<u>GCTTGAACATGAGCCGACAA</u>GTTTTAGAGCTAGAAATAGC AAGTTAAAATAAGGCTAGTCCGTTATCAACTTGAAAAAGTGGCACCGAGTCGGTGCTT

注：列表中每个基因的序列由 sgRNA（下划线）和 pgRNA 载体序列的 DNA 序列组成。这些寡核苷酸由 Merck 公司合成。

第二节　材料

1. 气相色谱-质谱联用仪：配HP-5MS色谱柱（30 m×250 μm，液膜厚度0.25 μm，美国安捷伦科技公司）。

2. 100 mL的300 mmol/L蔗糖溶液。

3. 碱性聚乙二醇（PEG）试剂：20 mmol/L氢氧化钾和60 g/100 mL聚乙二醇，pH 13。

4. 5 mL 20 g/100 mL的L-阿拉伯糖储备液。

5. 100 mL 33.7 g/L的辛酸钠储备液。

6. 50 mg/mL卡那霉素储备液。

7. 35 mg/mL庆大霉素储备液。

8. 10 mg/mL四环素储备液

9. 25 mg/mL四环素储备液。

10. 50 mg/mL氯霉素储备液。

11. 酸化甲醇［85%（体积分数）甲醇和15%（体积分数）硫酸］。

12. 用于气相色谱（GC）分析的含6 mg/L苯甲酸甲酯的氯仿。

　　对于每个特定的部分，还需准备以下材料。

一、　用于构建恶臭假单胞菌KT2440突变体的培养基和菌株

1. 本节使用的菌株：恶臭假单胞菌KT2440、大肠杆菌DH5α、大肠杆菌DH5α λpir、大肠杆菌HB101/pRK 600（表17-1）。

2. 本节中使用的质粒：pCas9/λRed、pKnock和pgRNAtet（表17-2）。

3. 高保真DNA聚合酶。

4. NEBuilder HiFi DNA组装预混合试剂盒（新英格兰生物实验室有限公司，英国）。

5. DNA凝胶回收试剂盒。

6. 质粒DNA小量提取试剂盒。

7. Luria-Bertani（LB）液体培养基，含有5 g/L酵母提取物，10 g/L胰蛋白胨和5 g/L氯化钠。

8. LB琼脂培养基，含有5 g/L酵母提取物、10 g/L胰蛋白胨、5 g/L氯化钠和15 g/L琼脂。

9. 假单胞菌分离琼脂培养基，含有45.03 g/L假单胞菌分离琼脂粉和20 mL/L甘油。

10. 培养基在121 ℃高压灭菌15 min后，向其中添加卡那霉素至最终浓度为50 μg/mL（Km 50）、羧苄西林（50 μg/mL，Carb 50）、庆大霉素（35 μg/mL，Gent 35）或四环素（恶臭假单胞菌使用25 μg/mL，Tet 25；大肠杆菌使用10 μg/mL，Tet10）。

二、 用于PHA富集的培养基

1. 本节使用的菌株：恶臭假单胞菌KT2440及其基因缺失突变体。

2. 基础盐培养基。含9 g/L $Na_3PO_4 \cdot 12H_2O$，1.5 g/L KH_2PO_4，1 g/L NH_4Cl（非限制条件，MSM_{full}）或0.25 g/LNH_4Cl（氮限制条件，MSM_{lim}），1 mL $MgSO_4 \cdot 7H_2O$（1 mol/L原液；高压灭菌后添加），1 mL微量元素（4 g/L $ZnSO_4 \cdot 7H_2O$，1 g/L $MnCl_4 \cdot 4H_2O$，0.2 g/L $Na_2B_4O_7 \cdot 10H_2O$，0.3 g/L $NiCl_2 \cdot 6H_2O$，1 g/L $Na_2MoO_4 \cdot 2H_2O$，1 g/L $CuCl_2 \cdot 2H_2O$，7.6 g/L $FeSO_4 \cdot 7H_2O$，高压灭菌后加入）。

第三节　方法

一、 DNA技术

（一）基因组DNA（gDNA）分离

1. 将野生型恶臭假单胞菌KT2440接种于LB培养基中，在30 ℃下以200 r/min

振荡过夜培养（约16 h）。

2. 将细胞收集至2 mL微型离心管中，以12000 g离心1 min，弃去上清液。

3. 使用细胞沉淀通过基因组DNA纯化试剂盒分离基因组DNA（gDNA）。

4. 将提取的gDNA在含1%溴化乙锭染色的琼脂糖凝胶上电泳，使用适当的DNA梯状条带（即显示20 kbp的条带），检测DNA质量（如无拖尾现象）。

（二）聚合酶链反应（PCR）

1. 通过聚合酶链反应（PCR）扩增目标基因，总体积为25 μL；包括12.5 μL高保真聚合酶2×MasterMix，每个引物0.5 μmol/L（原液浓度50 pmol/μL）和1～10 ng DNA模板（gDNA或质粒）。

2. PCR程序：包括98 ℃预变性30 s，然后98 ℃，10 s，56～65 ℃下退火处理20 s，72 ℃下延伸15 s～2 min（20 s/kb）（循环30次），最后在72 ℃下延伸2 min。退火温度和延伸时间应根据特定的引物解链温度（T_m）和DNA产物大小进行适当的调整。

3. 在含1 μg/mL的溴化乙锭的1%琼脂糖凝胶上电泳，用适当的DNA梯状条带来估计DNA的大小。如果出现非特异性的PCR产物，则切取正确大小的条带，并使用DNA凝胶回收试剂盒进行纯化。

（三）DNA组装

1. 在10 μL总反应体系中组装DNA片段，包含5 μL的DNA组装预混液，50 ng线性化载体（通过载体骨架和适当的引物的PCR扩增获得）和100 ng目标DNA片段。

2. 在50 ℃下孵育15 min，然后在冰浴或-20 ℃冷却以进行后续转化。

（四）转化

1. 制备大肠杆菌化学感受态细胞：收集处于对数生长期（OD_{600}= 0.3～0.5）的预冷大肠杆菌培养物，用10 mL 0.1 mol/L氯化钙溶液重悬沉淀，冰上孵育30 min，然后在4 ℃、2377 g条件下离心15 min。

2. 弃上清液，在3 mL 0.1 mol/L的氯化钙和1 mL无菌的50%甘油中重悬细胞。将其分装为100 μL的试样，在-80 ℃下冷冻保存。

3. 将感受态细胞置于冰上解冻，然后与10 μL预冷的HiFi组装产物或提取的质粒（<2 ng）轻轻混合。

4. 将混合物放在冰上孵育30 min。

5. 将带有转化混合物的试管转移到水浴中，在42 ℃下热激90 s，然后在冰上孵育2 min。

6. 将混合物转移到含有200 μL LB培养基的新试管中，在37 ℃下以200 r/min振荡孵育，以复苏细胞。

7. 在适当的选择性平板上涂布100 μL菌液，在37 ℃下孵育16～24 h，或直到菌落出现。

（五）菌落PCR

1. 从固体培养基中挑选菌落，在50 μL的碱性聚乙二醇（PEG）试剂中溶解，在室温下孵育15 min。

2. 将1 μL裂解液加入10 μL PCR反应体系中，含PCR预混液，每个引物0.5 μmol/L（50 pmol/μL母液）。

3. PCR条件：包括95 ℃预变性5 min，然后95 ℃，40 s，56～65 ℃下退火处理30 s，68 ℃下延伸30 s～4 min（60 s/kb）（循环30次），最后在68 ℃下延伸10 min。退火温度和延伸时间应根据特定的引物解链温度（T_m）和DNA产物大小进行适当的调整。

4. 将PCR产物在含1 μg/mL溴化乙锭的1%琼脂糖凝胶上电泳。使用一个适当大小的DNA梯状条带来估计DNA的大小。

二、　重组pKnock_USDS载体的构建

1. 这项工作所需的引物［表17-3（a）～（d）］可以使用NEBuilder组装工具进行设计。

2. 分别使用特异性引物对*gene*_US_For/*gene*_US_Rev和*gene*_DS_For/*gene*_DS_Rev［表17-3（b）］，通过PCR扩增目的基因两侧区域（约800 bp）的上下游序列，见第三节标题一（二）。

3. 从1%琼脂糖凝胶中切除正确大小的PCR产物，并使用凝胶回收试剂盒进行纯化。

4. 使用特异性引物*gene*_US_For/ *gene*_DS_Rev［表17-3（b）］，以纯化的上下游DNA片段各10 ng为模板，通过PCR将上下游片段整合成一个DNA片段，见第三节标题一（二）。

5. 用pKnock自杀载体组装生成的US_DS片段，预先使用引物对pKnock_For和pKnock_Rev进行PCR线性化［表17-3（a）］，使用DNA组装法，

见第三节标题一（三）。

6. 将得到的重组质粒转化至大肠杆菌DH5α λpir的感受态细胞（见注释1）。使用LB Km50平板于30 ℃培养筛选转化子，并利用特异性引物对*gene*_US_For和*gene*_DS_Rev［表17-3（b）］进行菌落PCR［见第三节标题一（四）］筛选。

7. 用质粒小量提取试剂盒从大肠杆菌DH 5α λpir中提取阳性克隆，并通过测序进行验证。

三、 sgRNA的合成

1. 使用Synthego公司提供的CRISPR设计工具为每个靶基因设计sgRNA。

2. 合成作为寡核苷酸的相应DNA片段（20 bp）并克隆到pgRNA载体中（见注释2）。

3. 用pgRNA重组载体转化大肠杆菌DH5α，并在LB Tet10平板上于37 ℃进行筛选。

4. 使用特异性引物对pgRNA_*gene*_For/pgRNA（500 bp）_Rev［表17-3（a）和（d）］，通过菌落PCR验证在pgRNA载体中DNA插入的正确性［见第三节标题一（四）］。

5. 使用质粒小量提取试剂盒从阳性大肠杆菌DH5α克隆中提取重组载体，并通过测序验证。

四、 pKnock_USDS_*gene*的接合转移及pgRNA_*gene*向恶臭假单胞菌KT2440的转化

1. 将过夜培养的辅助菌株大肠杆菌HB101/pRK600（表达参与将DNA转移到受体株的移动和转移基因），供体菌株大肠杆菌DH5α λpir（携带目标重组pKnock载体）和受体菌株恶臭假单胞菌KT2440生长细胞接种在含50 μg/mL氯霉素、50 μg/mL卡那霉素和50 μg/mL羧苄西林的3 mL LB培养基中。分别在37 ℃和30 ℃下以200 r/min振荡培养大肠杆菌和恶臭假单胞菌KT2440。

2. 将过夜培养的供体菌株（50 μL）、辅助菌株（50 μL）和受体菌株（200 μL）于1.5 mL的离心管中混合。通过移液器来混合培养物。

3. 将整个混合液涂布在非选择性LB琼脂平板上。

4. 在30 ℃下孵育过夜，用2 mL LB培养基冲洗平板的偶联混合物。

5. 用LB培养基制备一系列稀释液（10倍、100倍和1000倍稀释），并取每

种稀释液200 μL涂布假单胞菌分离琼脂Km50平板上。在30 ℃下培养直到出现菌落为止。

6. 使用两对不同的引物：一个基因组引物和一个载体特异性引物（gene_Flank_For/pKnock Flank Insert_ Rev和pKnock Flank Insert_ For/gene_Flank_For)［表17-3（c）］，通过菌落PCR验证pKnock_USDS_gene质粒与恶臭假单胞菌KT2440染色体的正确整合［见第三节标题一（四）］。

7. 在添加50 μg/mL卡那霉素的3 mL LB培养基中培养阳性菌落，30 ℃，200 r/min振荡培养过夜。

8. 取过夜培养的菌液3 mL，在4 ℃下离心（相对离心力5752 g）获得细胞。

9. 在室温下，用5 mL无菌的300 mmol/L蔗糖溶液洗涤细胞沉淀两次，最后在100 μL的300 mmol/L蔗糖溶液中重悬。

10. 将100 μL细胞悬液和100 ng pCas9/λRed载体的混合物转移到预冷的2 mm间隙宽度电击杯中，然后在2.5 kV电压下进行电穿孔。

11. 将转化后的细胞转移到盛有1 mL LB培养基的13 mL无菌试管中，在30 ℃，200 r/min下孵育2 h。

12. 在室温下，离心1 min（相对离心力5752 g），收集细胞。弃去700 μL的上清液，用剩余的培养基重悬细胞。

13. 将100 μL细胞重悬液涂布在LB Km50/Gent35琼脂平板上，30 ℃孵育至菌落出现。

14. 选择一个菌落，在添加35 μg/mL庆大霉素和50 μg/mL卡那霉素的3 mL LB培养基中，30 ℃，200 r/min下振荡培养过夜。

15. 加入2 g/100 mL的L-阿拉伯糖，在30 ℃，200 r/min条件下培养2 h，诱导pCas9/λRed载体上λRed基因的表达。

16. 用电穿孔法将50 ng的pgRNA_gene转化至细胞，如步骤7～13所述。

17. 将转化后的细胞涂布在LB Gent35/Tet25平板上，于30 ℃培养，直到菌落出现。

五、 缺失突变体的选择

1. 通过将单菌落分别划线接种于LB Km50和LB平板上，筛选卡那霉素耐药性丢失的菌落（见注释3）。

2. 利用靶基因两侧的引物［表17-3（c）］，通过菌落PCR［见第三节标题一（四）］验证卡那霉素抗性是否丢失。

3. 利用目的基因序列内的特异性引物［表17-3（c）］进行二次菌落PCR

[见第三节标题一（四）]，对阳性菌落进行再确认。

4. 在不含任何抗生素的LB培养基中培养细胞过夜，并在非选择性LB平板上划线接种，以消除pCas9载体和pgRNA载体。

5. 通过在LB Gent35和LB Tet25平板上筛选生成的突变体单菌落，验证庆大霉素和四环素耐药性是否丢失。

六、 缺失突变体的生长和PHA富集

1. 将野生型恶臭假单胞菌KT2440或KT2440缺失突变体单菌落接种于3 mL含1.95 g/L辛酸钠的MSM_{full}培养基中，在30 ℃下振荡（200 r/min）培养16 h。

2. 用MSM_{full}培养基稀释过夜培养物，使OD_{600}值为1，转移到250 mL锥形瓶中，其中包含50 mL添加1.95 g/L辛酸钠的MSM_{full}或MSM_{lim}培养基。

3. 在30 ℃下振荡（200 r/min）培养48 h。

4. 在室温下离心（相对离心力1878 g）10 min，弃上清液，收集细胞。

5. 冻干细胞并称重以测定细胞干重（CDW）。

6. 取5～10 mg干燥的细胞材料置于15 mL Pyrex®试管中进行酸化甲醇水解[57]。

7. 用2 mL酸化甲醇（含硫酸15%，体积分数）和2 mL含91 mg/mL苯甲酸甲酯（作为内标）的氯仿重悬细胞。

8. 将混合物在100 ℃的油浴中孵育3 h。从油浴中取出试管，用纸巾擦拭后在室温下冷却。

9. 将试管放在冰上培养至少2 min。

10. 向每个样品中加入1 mL去离子水，剧烈涡旋30 s。

11. 离心（1878 g）5 min以达到相分离。

12. 除去下层相，通过棉絮过滤干燥。

13. 用气相色谱-质谱联用仪（配备HP-5MS色谱柱，30 m×250 μm，0.25 μm液膜厚度）分析(R)-3-羟基烷酸（R3HA）甲酯，程序升温条件为：50 ℃保持3 min，以10 ℃/min升温至250 ℃，保持1 min。采用市售的R3HA甲酯（Bioplastech公司，爱尔兰）作为PHA样品的对照标准品。

第四节 注释

1. pKnock自杀载体的复制需要由*pir*基因编码的π蛋白。因此，利用大肠

杆菌DH5aλpir菌株来实现重组pKnock载体的高效复制。

2. sgRNA序列非常短，使其插入pgRNA载体出现困难。这个问题可以通过合成一个较长的DNA序列来解决，我们合成了一个118 bp的由20 bpsgRNADNA序列和98 bp的pgRNA载体同源DNA序列组成的DNA片段（表17-4）。为了提高pgRNA载体的组装效率，将该序列（118 bp）与500 bp长度的pgRNA序列片段重叠并整合，该片段通过使用引物对pgRNA(500 bp)For/pgRNA(500 bp)_Rev的PCR获得［见第三节标题一（二）］获得［表17-3（a）］。sgRNA(118 bp)与pgRNA(500 bp)的重叠PCR整合反应［见第三节标题一（二）］使用引物对pgRNA_gene_/pgRNA(500 bp)_Rev［表17-3（a）和（d）］，以2ng sgRNA(118 bp)和10 ng pgRNA(500 bp)作为模板。从1%琼脂糖凝胶中纯化生成的sgRNA(118 bp)-pgRNA(500 bp)，与通过特异性引物对pgRNA(3.1 kb)_For/ pgRNA(3.1 kb)_Rev［表17-3（a）］扩增获得的3.1 kb pgRNA片段进行组装［见第三节标题一（三）］。然后将设计的pgRNA重组载体导入大肠杆菌。

3. 在这个特定的过程中，通过简单地培养细胞而没有选择压力（即抗生素）来消除质粒是相对容易的。然而，有时需要使用消除剂，如溴化乙锭、吖啶橙、十二烷基硫酸钠（SDS）、生长温度升高或其他处理方法。

参考文献

[1] Lemoigne M (1925) Etudes sur l'autolyse microbienne acidification par formation d'acideβ-oxybutyrique. Ann Inst Pasteur 39:144-173.

[2] Jendrossek D (2007) Peculiarities of PHA granules preparation and PHA depolymerase activity determination. Appl Microbiol Biotechnol 74(6): 1186-1196.

[3] Braunegg G, Genser K, Bona R et al Production of PHAs from agricultural waste material.In: Macromolecular symposia, 1999, vol1. Wiley Online Library, pp 375-383.

[4] Ojumu T, Yu J, Solomon B (2004) Production of polyhydroxyalkanoates, a bacterial biodegradable polymers. Afr J Biotechnol 3(1): 18-24.

[5] Rehm BH (2003) Polyester synthases: natural catalysts for plastics. Biochem J 376(1):15-33.

[6] Kootstra M, Elissen H, Huurman S (2017) PHA's (polyhydroxyalkanoates): general information on structure and raw materials for their production. A running document for "Kleinschalige Bioraffinage WP9: PHA".Task 5. Wageningen Plant Research report 727. Wageningen UR, PPO/Acrres.

[7] Ishii-Hyakutake M, Mizuno S, Tsuge T (2018) Biosynthesis and characteristics of aromatic polyhydroxyalkanoates. Polymers 10(11): 1267.

[8] Ong SY, Zainab LI, Pyary S et al (2018) A novel biological recovery approach for PHA employing selective digestion of bacterial biomass in animals. Appl Microbiol Biotechnol 102(5): 2117-2127.

[9] Barnard GN, Sanders J (1989) The poly-betahydroxybutyrate granule in vivo. A new insight based on NMR spectroscopy of whole cells. J Biol Chem 264(6): 3286-3291.

[10] Amache R, Sukan A, Safari M et al (2013) Advances in PHAs production. Chem Eng Trans 32: 931-936.

[11] Leong YK, Show PL, Ooi CW et al (2014)

Current trends in polyhydroxyalkanoates (PHAs) biosynthesis: insights from the recombinant *Escherichia coli*. J Biotechnol 180: 52-65.

[12] Wang YJ, Hua FL, Tsang YF et al (2007) Synthesis of PHAs from waster under various C: Nratios. Bioresour Technol 98(8): 1690-1693.

[13] Muhammadi S, Afzal M et al (2015) Bacterial polyhydroxyalkanoates-eco-friendly next generation plastic: production, biocompatibility, biodegradation, physical properties and applications. Green Chem Lett Rev 8(3-4): 56-77.

[14] Foster LJ (2007) Biosynthesis, properties and potential of natural-synthetic hybrids of polyhydroxyalkanoates and polyethylene glycols. Appl Microbiol Biotechnol 75(6): 1241-1247.

[15] Kim DY, Kim HW, Chung MG et al (2007) Biosynthesis, modification, and biodegradation of bacterial medium-chain-length polyhydroxyalkanoates. J Microbiol 45(2): 87-97.

[16] Blank LM, Narancic T, Mampel J et al (2020) Biotechnological upcycling of plastic waste and other non-conventional feedstocks in a circular economy. Curr Opin Biotechnol 62: 212-219.

[17] Kenny ST, Runic JN, Kaminsky W et al (2008) Up-cycling of PET (polyethylene terephthalate) to the biodegradable plastic PHA (polyhydroxyalkanoate). Environ Sci Technol 42 (20): 7696-7701.

[18] Guzik MW, Kenny ST, Duane GF et al (2014) Conversion of post consumer polyethylene to the biodegradable polymer polyhydroxyalkanoate. Appl Microbiol Biotechnol 98(9): 4223-4232.

[19] Ward PG, Goff M, Donner M et al (2006) A two step chemo-biotechnological conversion of polystyrene to a biodegradable thermoplastic. Environ Sci Technol 40(7): 2433-2437.

[20] Ruiz C, Kenny ST, Babu PR et al (2019) High cell density conversion of hydrolysed waste cooking oil fatty acids into medium chain length polyhydroxyalkanoate using *Pseudomonas putida* KT2440. Catalysts 9(5).

[21] Ruiz C, Kenny ST, Narancic T et al (2019) Conversion of waste cooking oil into medium chain polyhydroxyalkanoates in a high cell density fermentation. J Biotechnol 306: 9-15.

[22] Amelia TSM, Govindasamy S, Tamothran AM et al (2019) Applications of PHA in agriculture. In: Biotechnological applications of polyhydroxyalkanoates. Springer, pp 347-361.

[23] Luckachan GE, Pillai C (2011) Biodegradable polymers—a review on recent trends and emerging perspectives. J Polym Environ 19(3): 637-676.

[24] Tan G-YA, Chen C-L, Li L et al (2014) Start a research on biopolymer polyhydroxyalkanoate (PHA): a review. Polymers 6(3):706-754.

[25] Manavitehrani I, Fathi A, Badr H et al (2016) Biomedical applications of biodegradable polyesters.

Polymers 8(1):20.

[26] Gao X, Chen J-C, Wu Q et al (2011) Polyhydroxyalkanoates as a source of chemicals, polymers, and biofuels. Curr Opin Biotechnol 22(6): 768-774.

[27] de Roo G, Kellerhals MB, Ren Q et al (2002) Production of chiral *R*-3-hydroxyalkanoic acids and *R*-3-hydroxyalkanoic acid methylesters via hydrolytic degradation of polyhydroxyalkanoate synthesized by pseudomonads. Biotechnol Bioeng 77(6):717-722.

[28] Chen G-Q, Wu Q (2005) Microbial production and applications of chiral hydroxyalkanoates. Appl Microbiol Biotechnol 67(5): 592-599.

[29] De Roo G (2002) Physiological basis of polyhydroxyalkanoate metabolism in *Pseudomonas putida*. ETH Zurich.

[30] Ward PG (2004) Polyhydroxyalkanoate accumulation by *Pseudomonas putida* CA-3. University College Dublin.

[31] Prieto A, Escapa IF, Martínez V et al (2016) Aholistic view of polyhydroxyalkanoate metabolism in *Pseudomonas putida*. Environ Microbiol 18(2): 341-357.

[32] Rehm BH, Kruger N, Steinbuchel A (1998) A new metabolic link between fatty acid de novo synthesis and polyhydroxyalkanoic acid synthesis. The PHAG gene from *Pseudomonas putida* KT2440 encodes a 3-hydroxyacyl-acyl carrier protein-coenzyme a transferase. J Biol Chem 273(37): 24044-24051.

[33] Witholt B, Kessler B (1999) Perspectives of medium chain length poly (hydroxyalkanoates), a versatile set of bacterial bioplastics. Curr Opin Biotechnol 10(3): 279-285.

[34] Tsuge T, Fukui T, Matsusaki H et al (2000) Molecular cloning of two (*R*)-specific enoyl CoA hydratase genes from *Pseudomonas aeruginosa* and their use for polyhydroxyalkanoatesynthesis. FEMS Microbiol Lett 184(2): 193-198.

[35] Tsuge T, Taguchi K, Doi Y (2003) Molecular characterization and properties of (*R*)-specific enoyl-CoA hydratases from *Pseudomonas aeruginosa*: metabolic tools for synthesis of polyhydroxyalkanoates via fatty acid *β*-oxidation. Int J Biol Macromol 31(4-5): 195-205.

[36] Davis R, Chandrashekar A, Shamala TR (2008) Role of (*R*)-specific enoyl coenzyme A hydratases of *Pseudomonas* sp in the production of polyhydroxyalkanoates. Antonie Van Leeuwenhoek 93(3): 285-296.

[37] Chung MG, Rhee YH (2012) Overexpression of the (*R*)-specific enoyl-CoA hydratase gene from *Pseudomonas chlororaphis* HS21 in *Pseudomonas* strains for the biosynthesis of polyhydroxyalkanoates of altered monomer composition. Biosci Biotechnol Biochem 76(3): 613-616.

[38] Fiedler S, Steinbuchel A, Rehm BH (2002) The role of the fatty acid beta-oxidation multienzyme complex

from *Pseudomonas oleovorans* in polyhydroxyalkanoate biosynthesis:molecular characterization of the fadBA operon from *P. oleovorans* and of the enoyl-CoA hydratase genes phaJ from *P. oleovorans* and *Pseudomonas putida*. Arch Microbiol 178(2): 149-160.

[39] Sato S, Kanazawa H, Tsuge T (2011) Expression and characterization of (*R*)-specific enoyl coenzyme A hydratases making a channeling route to polyhydroxyalkanoate biosynthesis in *Pseudomonas putida*. Appl Microbiol Biotechnol 90(3): 951-959.

[40] Ren Q, Sierro N, Witholt B et al (2000) FabG, an NADPH-dependent 3-ketoacyl reductase of *Pseudomonas aeruginosa*, provides precursors for medium-chain-length poly-3-hydroxyalkanoate biosynthesis in *Escherichia coli*. J Bacteriol 182(10): 2978-2981.

[41] Steinbüchel A, Lütke-Eversloh T (2003) Metabolic engineering and pathway construction for biotechnological production of relevant polyhydroxyalkanoates in microorganisms.Biochem Eng J 16(2): 81-96.

[42] Le Meur S, Zinn M, Egli T et al (2012) Production of medium-chain-length polyhydroxyalkanoates by sequential feeding of xylose and octanoic acid in engineered *Pseudomonas putida* KT2440. BMC Biotechnol 12: 53.

[43] Nelson KE, Weinel C, Paulsen IT et al (2002) Complete genome sequence and comparative analysis of the metabolically versatile *Pseudomonas putida* KT2440. Environ Microbiol 4(12): 799-808.

[44] Hori K, Marsudi S, Unno H (2002) Simultaneous production of polyhydroxyalkanoates and rhamnolipids by *Pseudomonas aeruginosa*. Biotechnol Bioeng 78(6): 699-707.

[45] Madison LL, Huisman GW (1999) Metabolic engineering of poly(3-hydroxyalkanoates):from DNA to plastic. Microbiol Mol Biol Rev 63(1): 21-53.

[46] Song G, Jia M, Chen K et al (2016) CRISPR/Cas9: a powerful tool for crop genome editing.Crop J 4(2): 75-82.

[47] Cook TB, Rand JM, Nurani W et al (2018) Genetic tools for reliable gene expression and recombineering

in *Pseudomonas putida*. J Ind Microbiol Biotechnol 45(7): 517-527.

[48] Liang X, Potter J, Kumar S et al (2015) Rapid and highly efficient mammalian cell engineering via Cas9 protein transfection. J Biotechnol 208: 44-53.

[49] Wang H, La Russa M, Qi LS (2016) CRISPR/Cas9 in genome editing and beyond. Annu Rev Biochem 85: 227-264.

[50] Wu D, Guan X, Zhu Y et al (2017) Structural basis of stringent PAM recognition by CRISPR-C2c1 in complex with sgRNA. Cell Res 27(5): 705-708.

[51] Shah SA, Erdmann S, Mojica FJ et al (2013) Protospacer recognition motifs: mixed identities and functional diversity. RNA Biol 10(5): 891-899.

[52] Kleinstiver BP, Prew MS, Tsai SQ et al (2015) Broadening the targeting range of *Staphylococcus aureus* CRISPR-Cas9 by modifying PAM recognition. Nat Biotechnol 33(12): 1293-1298.

[53] Martínez-García E, de Lorenzo V (2011) Engineering multiple genomic deletions in Gram-negative bacteria: analysis of the multiresistant antibiotic profile of *Pseudomonas putida* KT2440. Environ Microbiol 13 (10): 2702-2716.

[54] Manghwar H, Lindsey K, Zhang X et al (2019) CRISPR/Cas system: recent advances and future prospects for genome editing. Trends Plant Sci 24(12):1102-1125.

[55] Sun J, Wang Q, Jiang Y et al (2018) Genome editing and transcriptional repression in *Pseudomonas putida* KT2440 via the type Ⅱ CRISPR system. Microb Cell Factories 17(1):41.

[56] Zheng T, Hou Y, Zhang P et al (2017) Profiling single-guide RNA specificity revealsa mismatch sensitive core sequence. Sci Rep7: 40638.

[57] Lageveen RG, Huisman GW, Preusting H et al (1988) Formation of polyesters by *Pseudomonas oleovorans*: effect of substrates on formation and composition of poly-(R)-3-hydroxyalkanoates and poly-(R)-3-hydroxyalkenoates. Appl Environ Microbiol 54(12): 2924-2932.